全国高等职业院校食品类专业第二轮规划教材（职业本科适用）

（供食品类及相关专业用）

食品包装技术

第2版

主　编　孙金才　王燕荣

副主编　翟鹏贵　李文婧

编　者　（以姓氏笔画为序）

王燕荣（内蒙古农业大学职业技术学院）

卢利群（海通食品集团有限公司）

师丽丽（山东商业职业技术学院）

许文昭（农夫山泉股份有限公司）

孙金才（浙江药科职业大学）

李文婧（山东商业职业技术学院）

李晓娟（内蒙古农业大学职业技术学院）

肖尚月（浙江药科职业大学）

高　扬（山西药科职业学院）

翟鹏贵（养生堂有限公司）

中国健康传媒集团

中国医药科技出版社

内 容 提 要

本教材是"全国高等职业院校食品类专业第二轮规划教材"之一，系根据食品行业技术领域对食品及其包装、食品贮运岗位的任职要求及其职业能力特点编写而成。本着科学性、系统性和实用性的编写原则，教材内容主要包括食品包装概述、食品包装材料及制品、食品包装技术原理及应用、各类食品包装实例、食品包装设计、食品包装安全与法规标准等，以及对应的实践操作项目内容。每章列出了知识目标、能力目标、素质目标，融入"大食物观"等思政内容，设立了必要的情境导入、知识链接以及练习题；教学内容丰富，技术实用，实践性较强。本教材为书网融合教材，即纸质教材有机融合电子教材、教学配套资源（PPT、微课、视频等）、数字化教学服务（在线教学、在线作业、在线考试）。

本教材主要供全国高等职业院校（含职业本科）食品类及相关专业教学使用，也可作为食品及包装生产企业各层次员工的培训用书以及食品等相关行业从业人员的参考用书。

图书在版编目（CIP）数据

食品包装技术/孙金才，王燕荣主编. —2 版. —北京：中国医药科技出版社，2024.4

全国高等职业院校食品类专业第二轮规划教材

ISBN 978 – 7 – 5214 – 4584 – 8

Ⅰ.①食… Ⅱ.①孙… ②王… Ⅲ.①食品包装 – 包装技术 – 高等职业教育 – 教材 Ⅳ.①TS206

中国国家版本馆 CIP 数据核字（2024）第 085247 号

美术编辑　陈君杞

版式设计　友全图文

出版　**中国健康传媒集团**｜中国医药科技出版社

地址　北京市海淀区文慧园北路甲 22 号

邮编　100082

电话　发行：010 – 62227427　邮购：010 – 62236938

网址　www.cmstp.com

规格　889mm×1194mm $\frac{1}{16}$

印张　12 $\frac{3}{4}$

字数　364 千字

初版　2019 年 1 月第 1 版

版次　2024 年 5 月第 2 版

印次　2024 年 5 月第 1 次印刷

印刷　北京侨友印刷有限公司

经销　全国各地新华书店

书号　ISBN 978 – 7 – 5214 – 4584 – 8

定价　45.00 元

获取新书信息、投稿、为图书纠错，请扫码联系我们。

出版说明

为了贯彻党的二十大精神，落实《国家职业教育改革实施方案》《关于推动现代职业教育高质量发展的意见》等文件精神，对标国家健康战略、服务健康产业转型升级，服务职业教育教学改革，对接职业岗位需求，强化职业能力培养，中国健康传媒集团中国医药科技出版社在教育部、国家药品监督管理局的领导下，通过走访主要院校，对2019年出版的"全国高职高专院校食品类专业'十三五'规划教材"进行广泛征求意见，有针对性地制定了第二轮规划教材的修订出版方案，并组织相关院校和企业专家修订编写"全国高等职业院校食品类专业第二轮规划教材"。本轮教材吸取了行业发展最新成果，体现了食品类专业的新进展、新方法、新标准，旨在赋予教材以下特点。

1. 强化课程思政，体现立德树人

坚决把立德树人贯穿、落实到教材建设全过程的各方面、各环节。教材编写将价值塑造、知识传授和能力培养三者融为一体。深度挖掘提炼专业知识体系中所蕴含的思想价值和精神内涵，科学合理拓展课程的广度、深度和温度，多角度增加课程的知识性、人文性，提升引领性、时代性和开放性。深化职业理想和职业道德教育，教育引导学生深刻理解并自觉实践行业的职业精神和职业规范，增强职业责任感。深挖食品类专业中的思政元素，引导学生树立坚持食品安全信仰与准则，严格执行食品卫生与安全规范，始终坚守食品安全防线的职业操守。

2. 体现职教精神，突出必需够用

教材编写坚持"以就业为导向、以全面素质为基础、以能力为本位"的现代职业教育教学改革方向，根据《高等职业学校专业教学标准》《职业教育专业目录(2021)》要求，进一步优化精简内容，落实必需够用原则，以培养满足岗位需求、教学需求和社会需求的高素质技能型人才，体现高职教育特点。同时做到有序衔接中职、高职、高职本科，对接产业体系，服务产业基础高级化、产业链现代化。

3. 坚持工学结合，注重德技并修

教材融入行业人员参与编写，强化以岗位需求为导向的理实教学，注重理论知识与岗位需求 相结合，对接职业标准和岗位要求。在不影响教材主体内容的基础上保留第一版教材中的"学习目标""知识链接""练习题"模块，去掉"知识拓展"模块。进一步优化各模块内容，培养学生理论联系实践的综合分析能力；增强教材的可读性和实用性，培养学生学习的自觉性和主动性。在教材正文适当位置插入"情境导入"，起到边读边想、边读边悟、边读边练的作用，做到理论与相关岗位相结合，强化培养学生创新思维能力和操作能力。

4.建设立体教材，丰富教学资源

提倡校企"双元"合作开发教材，引入岗位微课或视频，实现岗位情景再现，激发学生学习兴趣。依托"医药大学堂"在线学习平台搭建与教材配套的数字化资源(数字教材、教学课件、图片、视频、动画及练习题等)，丰富多样化、立体化教学资源，并提升教学手段，促进师生互动，满足教学管理需要，为提高教育教学水平和质量提供支撑。

本套教材的修订出版得到了全国知名专家的精心指导和各有关院校领导与编者的大力支持，在此一并表示衷心感谢。希望广大师生在教学中积极使用本套教材并提出宝贵意见，以便修订完善，共同打造精品教材。

数字化教材编委会

主　编　孙金才　王燕荣

副主编　翟鹏贵　李文婧

编　者（以姓氏笔画为序）

王燕荣（内蒙古农业大学职业技术学院）

卢利群（海通食品集团有限公司）

师丽丽（山东商业职业技术学院）

许文昭（农夫山泉股份有限公司）

孙金才（浙江药科职业大学）

李文婧（山东商业职业技术学院）

李晓娟（内蒙古农业大学职业技术学院）

肖尚月（浙江药科职业大学）

高　扬（山西药科职业学院）

翟鹏贵（养生堂有限公司）

前　言

2019 年以来，我国食品产业步入高质量发展时期。"树立大食物观""构建多元化食物供给体系"，其核心是实现食物多元化、高质化，目的是满足人民群众对美好生活的需求。与此同时，人们对于食品及其包装的要求也与日俱增。在食品加工、贮运和销售过程中为保障食品质量和安全的包装及包装技术取得了进步，包装设计更加时尚。

本次修订紧跟当前社会经济发展，吸纳典型食品企业技术专家为教材编者，力求教材内容符合行业要求与社会用人需求，体现学科发展动态，拓展学生知识面，帮助学生掌握基本技能，更加注重培育学生的职业综合素养；引入思政元素，同时突出知识点与技能点的关系；丰富了数字化教学资源；调整和改进原八项实训内容，并增加至九项。其他主要修订内容如下。

1. 增加预制菜、特殊食品及其包装的概念，增加食品包装安全性检测技术、印码技术等内容；去掉"软饮料""蛋类包装"等不适时的概念。

2. 调整第一章第二节"食品包装技术的研究任务及主要内容"为"食品包装技术及其质量评价"，更新第一章第三节"食品包装的发展趋势"内容。

3. 调整第三章为"食品包装基本技术及应用"，突出原理和应用，兼顾体现职业本科特色，增添"第四章　食品包装专用技术及应用""第五章　功能性包装技术及应用"。

4. 对原第四章内容进行整合、修正，并改为"第六章　各类食品包装实例"。

5. 原第五章改为第七章"食品包装设计"，并就"食品包装设计基本思路"做调整，增添包装设计新要求。

6. 原第六章改为"第八章　食品包装安全与法规标准"，减少法规标准具体内容，强化安全性及测试内容，并更新法规标准为最新版。

本教材的编写分工为：第一章由孙金才、肖尚月编写，第二章由李文婧、师丽丽编写，第三章由王燕荣、卢利群编写，第四章、第五章由王燕荣、李晓娟编写，第六章由卢利群、高扬、许文昭编写，第七章由肖尚月、孙金才编写，第八章由许文昭、翟鹏贵编写。各章节的实训项目主要由孙金才、肖尚月、王燕荣编制。全书由孙金才、王燕荣统稿。

本教材中列举了部分食品及品牌，并展示了部分食品包装示例，仅供教学使用，不作为商业用途，特此说明。由于本教材涉及的领域较为宽泛，食品、包装行业与相关加工技术、法规更新较快，加之编者的知识和能力有限，教材中难免存在一些疏漏和不足之处，敬请广大读者和同行专家批评指正！

编　者
2024 年 1 月

目录

第一章

食品包装概述

学习目标

知识目标

1. **掌握** 食品包装的基本概念和功能。
2. **熟悉** 食品包装技术要求；食品包装质量评价技术要素；现代食品包装的主要分类。
3. **了解** 食品包装的现状及其发展新趋势。

能力目标

1. 能理解食品包装的基本概念，能够分析食品包装的功能、质量要求。
2. 能理解食品包装技术的要求及其质量评价标准，提出食品包装改进意见。

素质目标

1. 树立大食物观，提高食品质量安全意识，结合个人发展、企业发展和国家发展，树立为人民、为国家、为民族的情怀和责任感，增强文化自信。
2. 了解食品包装的意义和发展趋势，激发勇于探索、爱岗敬业和专研精神，树立资源节约、绿色环保意识。

古时候，人们为使食物得以长期保存或便于携带，将食品装入树叶或树藤所制的篮中，或装入瓦罐、竹筒。几千年来，人们一直用竹叶包粽子，直到包装新材料、新技术迅猛发展的今天仍在沿用。闻名遐迩的陶坛包装，用于酒的包装可以保持酒质几十年甚至几百上千年不变，使用食品包装的习惯古已有之，已经成为我们生活中不可或缺的一部分。

食品包装已成为现代商品社会中食品的必需部分，也是现代食品工业的最后一道工序，且在食品流通经营中起着越来越重要的作用。包装的科学性、合理性以及包装设计体现在保证食品原有价值和状态的过程中，也直接影响商品本身的市场竞争力乃至品牌形象。随着科学技术水平和生活水平的提高，人们对食品及其包装的要求也与日俱增，尤其是在互联网、物联网、人工智能/数字经济时代。食品包装技术的迅速发展和包装形式的丰富多彩，既满足了人们对美好生活的需求，也改变着人们的生活方式。

第一节　食品包装基本概念

一、食品包装的定义

根据中华人民共和国国家标准（GB/T 4122.1—2008），包装（package，packaging）的定义如下：为在流通过程中保护产品，方便储运，促进销售，按一定技术方法而采用的容器、材料及辅助物等的总体名称。也指为了达到上述目的而采用容器、材料和辅助物的过程中施加一定方法等的操作活动。或者可以简单地说，包装是为了实现特定功能而对产品施加的技术措施。

其他国家或组织对现代包装的含义有不同的表述和理解，对于现代包装，其基本含义都可归纳为两方面内容：①关于包装商品的容器、材料及辅助物品；②关于实施盛装和封缄、包扎等的技术活动。

食品包装（food packaging）的定义为：采用适当的包装材料（简称包材）、容器和包装技术，把食品包裹起来，以便食品在贮藏、运输和销售过程中保持其价值和原有状态。

二、食品包装的功能

包装在现代商品物流，尤其是食品流通销售中起着极其重要的作用，包装的科学合理性在一定程度上影响着食品的质量可靠性以及传达到消费者手中的食品状态；包装体现着商品形象并影响消费者的购买欲望，其包装设计装潢直接影响商品本身的市场竞争力乃至品牌和企业形象。现代食品包装的功能主要体现在以下四个方面。

（一）保护商品

包装最基本、最重要的作用是保护商品。商品在贮运、销售、消费等流通过程中，常会受到各种不利条件及环境因素的破坏和影响，采用科学合理的内、外包装可使商品免受或减少这些破坏和影响，以期达到保护食品的目的。

对食品产生破坏的因素大致有两类：一类是自然因素，包括光线、氧气、水及水蒸气、高低温、微生物、昆虫、尘埃等，可引起食品变色、氧化、变味、腐败和污染；另一类是人为因素，包括冲击、振动、跌落、承压载荷、盗窃等，可引起内装物变形、破损和变质等。

不同食品、不同流通环境对包装保护功能的要求不同。如饼干易碎、易吸潮，其包装应耐压防潮；油炸豌豆极易氧化变质，要求其包装能阻氧避光照；而对生鲜食品为维持其生鲜状态，要求其包装具有一定的氧气、二氧化碳和水蒸气的透过率。

因此，包装设计者应首先根据产品定位，分析产品的特性及其在流通过程中可能发生的质变和影响因素，选择适当的包装材料、容器及技术方法对产品做合理的包装设计，保证产品质量。

（二）方便贮运

包装能为生产、流通、消费等环节提供诸多方便，能方便厂家及运输部门搬运装卸、仓储部门堆放保管、商店陈列销售，也方便消费者携带、取用和消费。现代包装还注重包装形态的展示方便、自动售货方便、快递速运方便及消费时的开启和定量取用的方便。一般来说，产品没有包装就不能贮运和销售。有的包装是食品流通的容器，如瓶装酒类、饮料、罐装罐头、袋装的奶粉等，这些包装的瓶、罐和袋既是包装容器，也是食品流通和销售的移具，给食品流通带来了极大的方便。

（三）促进销售

包装是提高商品竞争能力、促进销售的重要手段。精美的包装能从心理上征服消费者，增加其购买欲望；在销售市场中，包装更是充当着无声推销员的角色，包装形象也直接反映一个品牌和一个企业的形象。

现代包装设计已成为企业营销战略的重要组成部分。产品包装包含企业名称、企业标志、商标、品牌特色以及产品性能、成分容量等商品信息，消费者可通过产品包装得到直观、精确的品牌和企业形象。因此，食品作为商品，具有普遍性和日常消费性的特点，使得其通过包装来传达和树立企业品牌形象更显重要。

（四）提高商品价值

包装是商品生产的延续，产品通过包装才能免受各种损害，避免降低或失去其原有的价值。因此，投入包装的价值不但在食品出售时得到补偿，而且能给食品增加价值。包装的增值作用不仅体现在包装直接给商品增加价值——最直接的增值方式，还体现在通过包装塑造名牌所体现的品牌价值——无形而巨大的增值方式。若包装增值策略运用得当，将有望取得事半功倍的效果。

三、食品包装的分类方法

现代食品包装种类很多，因分类角度不同而形成多种分类方法。

（一）按流通过程中的作用分类

1. 销售包装（sale package）　又称小包装或商业包装，不仅具有对商品的保护作用，而且更注重包装的促销和增值功能，通过包装装潢设计手段来树立商品企业形象，吸引消费者，提高商品竞争力。瓶、罐、盒、袋及其组合包装一般属于销售包装。

2. 运输包装（transport package）　又称大包装，应具有很好的保护功能以及方便贮运和装卸功能，其外表面对贮运注意事项应有明确的文字说明或图示，如"防雨""易燃""不可倒置"等。瓦楞纸箱、木箱、金属大桶、各种托盘、集装箱等都属于运输包装。

（二）按包装结构形式分类

1. 贴体包装（appressed package）　将产品封合在用塑料片制成的、与产品形状相似的型材和盖材之间的一种包装形式。

2. 泡罩包装（blister package）　将产品封合在用透明塑料片材料制成的泡罩与盖材之间的一种包装形式。

3. 热收缩包装（shrink package）　将产品用热收缩薄膜裹包或装袋，通过加热，使薄膜收缩而形成产品包装的一种包装形式。

4. 开窗式包装（fenestrated package）　在不透明的包装盒上装配一块透明熟料或玻璃纸"窗"，或者在熟料袋上留一块不印刷的透明的"窗"，方便购买者观察内装物的一种形式。

5. 可携带包装（portable package）　在包装容器上制有提手或类似装置，以便于携带的包装形式。

6. 托盘包装（salver package）　将产品或包装件堆码在托盘上，通过捆扎、裹包或粘结等方法固定而形成的一种包装形式。

7. 组合包装（combined package）　将同类或不同类商品组合在一起进行适当包装，形成一种搬运或销售单元的包装形式。

此外，还有悬挂式包装、可折叠式包装、喷雾式包装、自封式包装等。

（三）按包装材料和容器分类

按包装材料和容器分类如表 1-1 所示。

表 1-1　包装按包装材料和容器的分类

包装材料	包装容器类型
纸与纸板	纸盒、纸箱、纸袋、纸罐、纸杯、纸质托盘、纸浆模塑制品等
塑料	塑料薄膜袋、中空包装容器、片材热成型容器、热收缩膜包装、塑料瓶等
金属	马口铁、无锡钢板等制成的金属罐、桶等，铝、铝箔制成的罐、软管、软包装袋等
复合材料	纸、塑料薄膜、铝箔等组合而成的复合软包装材料制成的包装袋、复合罐、软管等
玻璃陶瓷	瓶、罐、坛等

（四）按包装技术方法分类

按包装技术方法分类，包装可分为真空包装和充气包装、控制气氛包装、脱氧包装、防潮包装、软罐头包装、无菌包装、热成型包装、热收缩包装、缓冲包装、微波食品包装、智能包装和活性包装等。

（五）按销售对象分类

按销售对象的不同，包装可分为出口包装、内销包装、军用包装和民用包装等。

随着数字化技术的发展以及对环境可持续发展的要求不断提高，出现了 AR 包装、AI 包装，可溶性包装、可食性包装、保鲜包装、绿色包装、可持续包装、可种植包装等。

第二节　食品包装技术及其质量评价

食品包装与现代生活息息相关，现代社会生活离不开包装，食品包装工程作为一门综合性的应用科学，涉及化学、生物学、物理学、美学设计等基础科学，以及包装材料、包装机械、市场营销等专业知识，也包含食品工程、机械力学工程、化学工程及社会人文等领域。因此，做好食品包装工作，不仅要掌握与食品包装相关学科的技术知识，以及综合运用相关知识和技术进行包装操作的能力和方法，还要掌握如何建立评价食品包装质量的标准体系。

一、食品包装技术要求

做好食品包装工作，既要了解市场需求，又要研究、掌握和了解相应的技术内容。

1. 了解食品本身特性及其所需的保护条件　首先应了解食品的主要成分、特性及其在加工和贮藏运输过程中可能发生的内在反应（包括非生物的内在生化反应和生物所引起的腐败变质反应）的机制；其次，应研究影响食品中主要成分，特别是影响脂肪、蛋白质、维生素等营养成分的敏感因素，包括光线、氧气、温度、湿度、微生物及机械力学等方面的影响因素。只有掌握被包装食品的生物、化学、物理学特性及其敏感因素，确定其要求的保护条件，才能确定选用什么样的包装材料、包装工艺技术进行包装操作，达到保护产品及适当延长贮存期的目的。

2. 研究和掌握包装材料的包装性能、适用范围及条件　包装材料种类繁多、性能各异，因此，只有了解各类食品包装材料及容器的特性、包装性能以及可能存在的安全因素，才能根据包装食品的防护要求选择合适的包装材料。选择既能保护食品的风味和质量，又能体现其商品价值，并综合包装成本确定的合理的包装材料。例如，需高温杀菌的食品应选用耐高温的包装材料，而低温冷藏食品则应选用耐低温的包装材料。

3. 研究和了解商品的市场定位及流通区域条件　商品的市场定位、运输方式及流通区域的气候和地理条件等是食品包装设计必须考虑的因素。不同运输方式对包装的保护性要求不同，公路运输比铁路运输有更高的缓冲包装要求。对包装食品而言，商品流通区域的气候条件变化至关重要，因为环境温湿度对食品内部成分的化学变化、食品微生物及其包装材料本身的阻隔性都有着很大的影响；较高温湿度流通的食品，其包装要求更高；寒冷地区流通的产品包装，应避免使用遇冷变硬脆化的高分子包装材料；另外，对于冷冻食品，若零售的运输包装采用干冰保冷，则需进一步考虑选用耐受干冰低温要求的包装材料。

4. 掌握有关的包装技术方法，科学安装、合理设计　在选取合适的包装材料和容器后，应采取最适宜的包装技术方法。包装技术的选用与包装材料密切相关，也与包装食品的市场定位等因素密切相关。同一种食品往往可以采用不同的包装技术方法来达到相同或相近的包装要求和效果。例如，对于易氧化的食品，可采用真空或充气包装，也可采用封入脱氧剂进行包装。包装技术的关键是对被包装物品的特殊防护要求，如防潮、防水、防霉、防锈、保鲜、灭菌，在包装工艺过程中均有相应的工序，应采取特殊的技术措施。

用于包装的设备有包装机械、印刷机械和包装相关机械（如包装容器加工机械等），品种繁多、类型各异，其专业化情况、自动化程度、生产效率也大相径庭。包装工艺设计人员应研究各种包装设备的性能及其应用范围，在编制包装工艺规程时，根据各方面的约束条件，选择合适的包装设备，特别是完成全部或部分包装过程的包装机械，即完成主要包装工序如成型、充填、封口、裹包等工序的设备，完成清洗、干燥、杀菌、贴标、捆扎、装箱、拆卸等前后包装工序的设备，以及完成转送、选别等辅助包装工序的设备。

对于食品包装的外在设计要求体现在对包装的装潢、结构设计上，要根据食品所需要的保护性要求、预计包装成本、包装量等诸方面条件进行合理的包装设计，包括容器形状、耐压强度、结构形式、尺寸、封合方式等。应做到包装结构合理、节省材料、节约运输空间，尽量做到一器多用。例如有的包装容器既可包装、陈列，又可当餐具，并应避免过分包装或欺骗性包装。装潢设计应与内装商品相适应；图案要有吸引力并迎合销售地消费者的喜好。图案和色泽要避免出口国消费者的禁忌；文字说明要简明，商标应醒目。

5. 掌握包装测试及方法　合格的商品必须有合格的包装，商品检测除对产品本身进行检测外，对包装也必须检测，合格后方能进入流通领域。包装测试项目很多，大致可分以下两类。

（1）包装材料或容器的检测　包括包装材料和容器中氧气、二氧化碳和水蒸气的透过率以及透光率等的阻透性测试；包装材料的耐压强度、耐拉强度、耐撕裂强度、耐折次数、软化及脆化温度、黏合部分的剥离和剪切强度的测试；包装材料与内装食品间的反应，如印刷油墨、材料添加剂等有害成分向食品迁移量的测试；包装容器的耐霉试验和耐锈蚀试验等。

（2）包装件的检测　包括跌落、耐压、耐振动、耐冲击和回转试验等，主要解决贮运流通过程中的耐破损问题，这些项目一般可通过模拟运输测试来验证其符合性。

包装检测项目非常多，但并非每一个包装都要进行全面检测。对具体的包装究竟要进行哪些测试，应视内装食品的特性及其敏感因素、包装材料种类及国家标准和法规要求而定。例如，罐头食品用空罐常需测定其内涂料在食用品中的溶解情况；脱氧包装应测定包装材料的透氧率；防潮包装应测定包装材料的水蒸气透过率等。

二、食品包装质量评价

食品包装评价是依照规定程序，运用有效的方法，对食品包装材料选择、设计等进行审查与辨别，并对其效果和影响进行判断的过程。包装质量是指产品包装能否满足生产、贮运、销售至消费的整个生产流通过程中的需要及其满足程度的属性。包装质量的好坏，不仅影响包装的综合成本效益、产品质量，而且影响市场竞争力和企业品牌形象。因此，建立食品包装质量评价标准是做好包装工作的重要内容。食品包装评价技术要素主要有以下五个方面。

（一）包装安全性

包装食品、包装本身以及包装设计过程中的卫生与安全均直接关系到消费者的健康和安全。食品包装可能存在在开启、使用等过程中对人身造成物理伤害及潜在人身物理伤害的情况，食品包装的使用安全性是食品包装评价技术要素之一。包装材料的安全与卫生问题主要来自包装材料内部的有毒有害成分对包装食品的迁移和溶入，这些有毒有害成分主要包括：材料中的有毒元素，如铅、砷等；合成树脂中的有毒单体，各种有毒添加剂及黏合剂；涂料等辅助包装材料中的有毒成分。

（二）包装保护性

食品极易变质，包装在设定的食品保质期内能否保证食品的质量和原有状态是评价包装质量的关键。包装对食品的保护性主要表现为食品生产、贮藏、流通等过程中对内装物的保护程度。其主要包括材料应用、材料特性、材料适应、结构特性以及结构适应等方面。食品包装材料特性对内装物的保护体现在强度、透气性、防油性、阻氧性、阻湿性、阻光性、耐酸性、耐温性等性能指标；材料需适应气候、温度、湿度等不同环境而保护内装物。食品包装结构设计还应符合耐压强度、耐冲击、耐跌落等性能指标的测试。

（三）包装节约性

包装节约性体现在食品包装材料应用是否有利于防止食品在生产、贮藏和流通等过程中的损失，是否有利于产品保质期内的食用品质；包装结构设计所采用的分装、反复开启等方式是否便于食品取用暂存；其最小包装是否考虑人均食用分量、保质期等因素；包装展示是否考虑到消费人群、年龄、性别、场所等因素。

（四）包装环保性

包装与资源、环境密切相关，并成为全球关注的热点问题。包装用材消耗大量资源，数量巨大的包装废弃物又成为环境的重要污染源，因此，包装的环保性是评价包装的重要技术要素之一，主要体现在材料是否属于可食用、可降解、可回收等环境友好的食品包装材料及容器，材料的用量是否合理，包装的空隙率、包装层数是否过度，还需考虑结构设计与食品的装卸、运输和贮存的适用性以及材料复合和重复利用。

（五）包装便利性

包装材料和容器是否便于食品销售、拆开，包装结构设计是否满足生产、贮藏、流通和消费过程中的搬运便利和开启便利等是评价包装便利性的重要条件。

第三节　食品包装的发展趋势

食品包装的目的是保证食品的质量和安全性，提供便利，突出商品包装外表及标识，提高商品价值。目前，随着各种新型食品的出现，预制菜进入大众视野，现代社会结构和生活方式的不断变化，人们消费意识发生改变，对新型食品包装技术及包装材料的需求也随之增加。如冻干食品、微波食品、自加热食品、自冷式食品等新型食品出现，以及环境保护问题，迫切需要与之相适应并对环境和人类生存无害的绿色包装材料、环保包装材料以及相匹配的包装新材料和新技术。同时，人们已从过去对食品包装的视觉、触觉、味觉的保护要求转向内在品质、营养，消除已有或潜在的污染与危害等深层要求，使得食品包装材料朝着实现抗拒外在环境污染与消除内在食品的潜在污染与质变的方向发展。

一、食品包装的绿色环保化

资源的消耗和环境的保护是全球关注的两大热点生态问题。包装与资源、环境密切相关，从绿色低碳、节能减排的观点出发，包装力求精简合理，防止过分包装和夸张包装；充分考虑包装材料的轻量化，采用提高材料综合性能等措施探索容器薄壁化和寻求新的代用材料。采用天然、可回收、重复利用和可生物降解包装材料，如纸、可重复使用的罐子以及单色包装设计等。为方便消费者携带，同时减少包装材料的使用，降低成本，食品包装正逐步向轻量化转变，如用涂覆聚偏二氯乙烯（PVDC）的聚酯（PET）瓶或聚萘二甲酸乙二醇酯（PEN）瓶盛装啤酒代替目前的玻璃瓶，采用拉伸冲拔及深冲拔工艺降低易拉罐的厚度。

二、食品包装的智能化与方便性

为方便消费者，可利用光能、化学能及金属氧化原理，使食品在短时间内实现自加热或自动冷却，满足室外工作者、旅游者、老人及儿童的需要。如自冷式饮料罐，内装为压缩 CO_2 小容器，在开启时，CO_2 体积迅速膨胀，可在 9 秒内使饮料温度下降到 4℃ 左右。利用生石灰与水混合产热以及金属氧化还原原理，开发自热包装。过去，食品包装为追求密封性而将包装容器制作得十分严密，开启极不方便且开启具有破坏性，需将食品在开封后及时食用完。随着工艺的改进和材料的更新，易开、易封型包装容器因其使用方便而快速发展，可用易开、易封材料如复合塑料薄膜、铝板等部分取代马口铁皮，用易拉罐、自封袋、易开罐及旋转式玻璃瓶部分取代圆罐、卷封式玻璃瓶，在满足食品保存的前提下更方便消费者开启及使用。

三、食品包装的多样性与功能性

最近几年来，食品包装技术取得了巨大的进步，主要表现在食品安全、货架期长、经济、环保及使用方便等方面，同时食品保藏方法也发生了相应的变化。在 10~15 年前，禽类产品及工业原料肉都是以冷冻形式流通和销售的，随着气调包装（MAP）技术和新型气密包装材料的出现，目前这些产品的流通和销售则主要是以冷藏产品的形式来实现的。透气膜的出现，使得鲜切果蔬产品的加工及跨国流通成为可能。此外，包装也从单一技术转向与加工相结合的一体化技术，研究取得进展并得到广泛应用。目前不再将包装与加工分割，而是将包装技术延伸到加工领域，实现包装加工一体化。例如将鲜蛋、鲜椒用包装材料与包装技术进行包装，实现了皮蛋、泡椒的一步完成。全新概念的包装材料包括防光污染包装材料、防菌包装材料、可溶性包装材料、可食性包装材料等，为改善包装性能，人们又开发出新型 MAP 和活性与智能化包装系统。目前，在"田间—餐桌"的整个食物供应链中，包装所起的作用越来越重要。例如，草莓和蘑菇等新鲜农产品，采摘后就在田间或温室直接进行消费包装，装入塑料或纤维基托盘，这样，产品在到达消费者手中之前，仅仅发生一次人的直接接触。消费者对于生鲜食品的保鲜与营养品质追求日益增强，除抑菌包装的广泛使用外，智能包装、活性包装、保鲜包装也应运而生。智能包装体系主要包括诊断或检测包装技术，如时间 - 温度指示标签（TTIs）、新鲜度指示标签、氧指示标签、包装泄露标签、二氧化碳指示标签、致病菌指示标签等。活性包装体系主要包括吸氧剂包装、乙烯吸附剂包装、二氧化碳和气味清除剂包装、抗菌活性包装系统和吸湿包装的原理和应用。另外，半成品和方便食品一般都采用新型食品包装技术，如采用耐微波托盘包装，能够直接烹制甚至直接食用。

当然，随着生物技术（如生物传感器、免疫诊断器）、酶技术、分析手段（如电子鼻）、材料技术（如智能化材料、聚合物改性）、微电子技术（廉价的可印刷结构）、传感技术和数字印刷技术等的进步，新型的智能化包装也会随之出现。在保证食品安全和食品质量、供应链中跟踪食品过程中，活性与智能化包装、条形码、智能标签和射频识别等技术，以及按照需要和个性选择来生产包装等开发的新技术可相互组合起来应用。在将来，食物供应链的管理极有可能采用以无线信息传递和活性、智能化、信息化的包装为特征的系统。

知识链接

可种植包装：神奇的种子纸

可种植包装是一种新型的环保包装方式，是指在包装材料中加入植物种子，使得包装在完成使用后能够供植物生长所用，从而达到减少废弃物和保护环境的目的。

这种包装方式已经在一些领域得到了应用。例如在农产品包装中，可种植包装可以用来种植杂粮、蔬菜等；在快递包装中，可种植包装可以用来种植绿植或花卉等。这种包装方式不仅可以减少废弃物，还可以美化环境，提高人们的生活质量。

练 习 题

答案解析

1. 食品包装的定义及其基本含义是什么？
2. 试分析现代食品包装四大功能的相互关系。
3. 根据包装基本概念及食品包装质量评价技术要素，谈谈如何做好食品包装。
4. 根据当前社会高质量发展要求，谈谈食品包装发展的趋势。

书网融合……

本章小结

食品包装材料及制品

学习目标

知识目标

1. 掌握 食品包装材料的特性及其性能指标；常用食品包装用纸或者纸板、纸箱的种类、特点及应用。

2. 熟悉 塑料薄膜（含复合包装材料）的分类、特性及性能指标；玻璃包装材料和金属包装材料的特性。

3. 了解 陶瓷包装材料的特性。

能力目标

1. 能够根据不同食品的特点选择适合的包装材料及包装容器。

2. 能够运用食品包装复合材料的复合工艺，结合复合材料的结构要求，正确选择复合包装的材料。

3. 能够运用网络及实地调研，对食品包装技术的新发展、新技术、新材料进行调研分析。

素质目标

1. 通过对环境可降解塑料的学习，树立大食物观，培养在保护好生态环境的基础上构建食物生产力与生态系统资源承载力平衡的大食物体系。

2. 通过对包装材料发展变化的学习，进一步开阔视野，学习先进技术，坚持用创新思维、方法，充分发挥科技创新驱动作用。

3. 通过对传统包装材料的学习，增强民族自豪感，增强实现中华民族伟大复兴的精神力量。

情境导入

情境 据报道，每年大约有1500万海洋生物因塑料垃圾而死亡，并且这一现象有不断恶化之势。塑料微粒的污染面积平均每年增长 $80000 km^2$。另外，海水中存在大量的塑料微粒，这些微粒很难为肉眼所发现。相对于较大体积的塑料垃圾来说，呈微粒状的塑料碎末对海洋生物更具危害性。这些直径不超过5mm的微小塑料颗粒有时会漂浮到海水表面，或者沉落海底，或者又被冲刷到海岸。由于体积过小，这些塑料垃圾含有有毒成分，极易被海洋生物摄入体内并在体内蓄积，严重的可导致死亡。而通过食物链，这些塑料颗粒又可能以各种方式进入人类体内。

思考 1. 在包装材料的发展上，我们应该如何改进？

2. 在日常生活中，你见过哪些可降解的包装材料？

第一节　纸类包装材料及制品 _e微课1

纸是一种传统的食品包装材料。食品包装用纸是以纸浆及纸板为主要原料的制品，包装纸的原材料例如竹、木等，是可以采伐并能够再生的植物；其他原料例如芦苇、蔗渣、棉秆、麦秸等，也是废弃物或者可再培育、重复利用的资源。

一、包装性能及质量指标

（一）纸类包装材料的特性

纸具有良好的弹性和韧性，不受热和光的影响，且具有更加良好的适应性，通过印刷可以使其具有独一无二的漂亮外观。纸容易被加工成型和被包装机切割。各种不同的包装纸根据使用要求，可以提供完整的印刷范围，从胶印、凹印到柔印等。纸质材料还具有良好的透气性、柔软性、强度和可控的撕裂性。食品包装用纸的包装性能主要体现为：机械性能、阻隔性能、印刷性能、加工性能、安全性能。

1. 机械性能　纸类材料具有一定的强度，机械适应性能好。强度大小取决于纸的种类、质量、表面状况、加工工艺及一定的湿度、温度条件。纸和纸板的强度受环境温湿度的影响较大，纸质纤维具有较强的吸水性，当空气温度、湿度变化时，会引起纸和纸板平衡水分的变化。当湿度增大时，纸纤维吸水导致纸的抗拉强度和撕裂强度下降，最终使其机械强度降低，从而影响纸和纸板的实用性。因此，在测定纸和纸板的强度等性能指标时，必须保持在同一个相对湿度和温度条件下。我国采用的是温度23℃ ±1℃、相对湿度50% ±2%的试验条件，以此来测定纸和纸板的强度指标。

2. 阻隔性能　纸和纸板的阻隔性较差，这对某些食品是有利的，如袋泡茶茶包和水果包装等。纸和纸板主要由多孔性的纤维组成，对水分、气体、光线、油脂等具有一定程度的渗透性，而且其阻隔性受温度、湿度的影响较大。单一的纸材料一般不能用于包装水分、油脂含量较高的食品及阻隔性要求高的食品，但可以通过适当的表面加工来改善其阻隔性能。

3. 印刷性能　纸和纸板吸收粘结油墨的能力较强，印刷性能好，因此常用于提供印刷表面，便于印刷装潢、涂塑加工和黏合等。其印刷性能主要决定于表面平滑度、施胶度、弹性及粘结力等性质。

4. 加工性能　纸和纸板有良好的加工使用性能，易于实现机械化操作，加工成具有各种性能的包装容器；易于设计各种功能性结构，如开窗、提手、间壁及设计展示台等，且可折叠处理，采用多种封合方式，目前已经有成熟的生产工艺。纸和纸板表面还可以进行浸渍、涂布、复合等加工，以具备必要的防潮性、防虫性、阻隔性、热封性、强度等，扩大其使用范围。

5. 安全性能　纯净的纸是无毒无害的，且不污染内容物，但如果经过化学法制浆加工，纸和纸板通常会残留一定的化学物质，如硫酸盐法制浆过程中残留的碱液及盐类。因此，必须根据食品特性来正确合理选择各种纸和纸板。

（二）纸材料的质量指标

包装用纸和纸板的质量要求包括外观、物理性质、力学性质、光学性质、化学性质、卫生安全性能等。

1. 物理性质指标

（1）定量　每平方米纸或纸板的质量，单位为 g/m^2。

（2）厚度　纸样在两测量板之间，一定压力下直接测出的厚度，单位为 mm。

（3）紧度　纸的单位体积质量，表示纸的结实与松弛程度。

（4）成纸方向　纵向指与造纸机运行方向平行的方向；横向指与造纸机运行方向垂直的方向。

（5）纸面　正面指抄纸时与毛毯接触的一面，也称毯面；反面指抄纸时贴向抄纸网的一面，也称网面。纸张的正面平滑、紧密；反面由于有铜网纹，比较粗糙、疏松。

（6）水分　单位质量的试样在 $100 \sim 105℃$ 下烘干至恒重时所减少的质量与试样质量的百分比，以"%"表示。

（7）平滑度　在规定的真空度下，使定量体积的空气透过纸样与玻璃面之间的缝隙所用的时间，单位为秒。

（8）施胶度　用标准墨划线后不发生扩散和渗透的线条的最大宽度，单位为mm。

（9）吸水性　单位面积的试样在规定的压力、温度条件下，浸水60秒后吸收的实际水分量，单位为 $g/(m^2 \cdot h)$。

2. 力学性质指标

（1）抗张力强度　纸或纸板抵抗平行施加拉力的能力，即拉断之前所承受的最大拉力。

（2）伸长率　纸或纸板受到拉力由原长至拉断时，增加的长度与原试样长度的百分比，以"%"表示。

（3）耐破度　又称破裂强度，指单位面积纸或纸板所能承受的均匀增大的垂直最大压力，单位为 N/m^2。

（4）撕裂强度　采用预切口将纸两边往相反方向撕裂至一定长度所需的力，是表示纸抗撕破能力的质量指标，单位为mN。

（5）耐折度　在一定张力下将纸或纸板往返折叠，直至折缝断裂为止的双折次数，分为纵向和横向两项，单位为折叠次数。

（6）戳穿强度　在流通过程中，突然受到外部冲击时所能承受的冲击力的强度，用冲击能表示，单位为J。

（7）环压强度　在一定加压速度下，使环形试样平均受压、压溃时所能承受的最大力，单位为 N/m。

（8）边压强度　在一定加压速度下，使矩形试样的瓦楞垂直于压板，平均受压时所能承受的最大力，单位为 N/m。

（9）挺度　纸和纸板抵抗弯曲的强度性能，也表示其柔软或硬挺的程度。

3. 光学性质指标

（1）白度　白或近白的纸对蓝光的反射率所显示的白净程度。用标准白度计对照测量，以反射百分率表示。

（2）透明度　可见光透过纸的程度，以清楚地看到底样字迹或线条的试样层数来表示。

（3）尘埃度　肉眼可见的与纸张表面颜色有显著差别的斑点，单位为个/m^2。

4. 化学性质指标

（1）灰分　造纸植物纤维材料经灼烧后残渣的质量与绝对干试样质量之比。主要为了检验纸中填料的含量是否适合纸的使用性能，以"%"表示。

（2）酸碱度　酸或碱的含量。属于纸类化学性质的质量指标。

5. 卫生安全性能指标　
对于食品包装用纸，除了一般性能以外，在卫生安全性能方面还有专门的要求，必须检测安全卫生性，包括重金属含量、荧光物质、大肠埃希菌检出水平等，应当控制在安全的范围内。不同用途的包装纸和纸板对卫生安全性能的要求不同。

二、包装用纸和纸板

食品包装用纸和纸板通常有较高的强度和韧性，能耐压、耐折，还要求无菌、无污染、抗油和符合食品包装安全要求。纸类产品分为纸与纸板两大类，以定量为划分标准。凡定量在 $225g/m^2$ 以下或厚度小于 $0.1mm$ 的称为纸或纸张；定量在 $225g/m^2$ 以上或厚度大于 $0.1mm$ 的称为纸板。有些折叠盒纸板、瓦楞原纸的定量虽小于 $225g/m^2$，但通常也称为纸板；有些定量大于 $225g/m^2$ 的纸，如白卡纸、绘图纸等通常也称为纸。纸板主要用于生产纸箱、纸盒、纸桶等包装容器。食品包装纸包括原纸、牛皮纸、鸡皮纸、羊皮纸、衬纸、箱板纸、瓦楞原纸、蜂窝纸板、浸蜡纸、玻璃纸、锡纸等。

（一）食品包装用纸

1. 牛皮纸（kraft paper）　是用硫酸盐木浆制成的高级包装用纸，具有高施胶度，因其坚韧结实似牛皮而得名，定量一般在 $40\sim120g/m^2$，分为 A、B 和 C 三个等级，可经纸机压光或不压光。根据纸的外观，有单面光、双面光和条纹等品种，也有漂白与未漂白之分。多为本色纸，色泽为黄褐色。牛皮纸机械强度高，有良好的耐破度和纵向撕裂度，抗水性、防潮性和印刷性良好，大量用于食品的销售包装和运输包装，如包装点心、粉末等食品多采用强度不太大、表面涂树脂等材料的牛皮纸。

2. 羊皮纸（parchment paper）　又称植物羊皮纸或硫酸纸。它是用未施胶的高质量化学浆纸，在温度 $15\sim17℃$ 下浸入 72% 硫酸溶液中处理，待表面纤维胶化，即羊皮化后，经洗涤并用 0.1%～0.4% 碳酸钠碱液中和残酸，再用甘油塑化，形成的质地紧密坚韧的半透明乳白色双面平滑纸张。由于采用硫酸处理而羊皮化，也称硫酸纸。羊皮纸具有良好的防潮性、气密性、耐油性和机械性能。适于油性食品、冷冻食品、防氧化食品的防护要求，可以用于制作乳制品、油脂、鱼肉、糖果、点心、茶叶等食品的包装。食品包装用羊皮纸定量为 $45g/m^2$、$60g/m^2$。使用时应注意羊皮纸酸性对金属制品的腐蚀作用。

3. 鸡皮纸（wrapping paper）　是一种单面光的平板薄型包装纸，定量为 $40g/m^2$。鸡皮纸采用漂白硫酸盐木浆生产，不如牛皮纸强韧，故戏称为"鸡皮纸"。鸡皮纸纸质均匀、坚韧，有较高的耐破度、耐折度和耐水性，光泽良好，可供包装食品、日用百货等，也可印制商标。根据订货要求可生产各种颜色的鸡皮纸。鸡皮纸生产过程和单面光牛皮纸生产过程相似，要施胶、加填和染色。用于食品包装的鸡皮纸不得使用对人体有害的化学助剂，要求纸质均匀、纸面平整、正面光泽良好及无明显外观缺陷。

4. 半透明纸（semitranspapent paper）　是一种柔软的薄型纸，定量为 $31g/m^2$。它是用漂白硫酸盐木浆，经长时间的高黏度打浆及特殊压光处理而制成的双面光纸。质地紧密，具有半透明、防油、防水防潮等性能，且有一定的机械强度。半透明纸可用于制作衬袋盒，也可作为糕点、黄油、糖果等油脂食品或马铃薯片、糕点等脱水食品的包装。

5. 玻璃纸（glass paper）　是一种天然再生纤维素透明薄膜，又称赛璐玢。它是以高级漂白化学木浆经过一系列化学处理制成黏胶液，再成型为薄膜而制成的。透明性极好，质地柔软，厚薄均匀，有优良的光泽度、印刷性、阻气性、耐油性、耐热性，且不带静电；但防潮性差，撕裂强度较小，干燥后发脆，不能热封。玻璃纸和其他材料复合，可以改善其性能。为了提高其防潮性，可在普通玻璃纸上涂一层或两层树脂制成防潮玻璃纸。在玻璃纸上涂蜡可以制成蜡纸，与食品直接接触，有很好的保护性。玻璃纸是一种透明性最好的高级包装材料，可见光透过率达 100%，主要用于糖果、糕点、快餐食品、药品等商品的美化包装，也可用于纸盒的开窗部位。

6. 复合纸（compound paper）　是一类加工纸，是将纸与其他阻隔性包装材料复合而成的一种高性能材料。常用的复合材料有塑料及塑料薄膜、金属箔（铝箔）等。复合方法有挤压、涂布、层合等方法。复合纸具有许多优异的综合性能，改善了纸的单一性能，使纸质材料可以大量用于食品包装。

（二）食品包装用纸板

1. 白纸板　是一种具有 2～3 层结构的白色挂面纸板。经彩色印刷后可制成各种类型的纸盒、纸箱，起保护商品、装潢美化商品的促销作用，也可用于制作吊牌、衬板和吸塑包装的底板。白纸板有单面和双面两种，其结构由面层、芯层、底层组成。单面白纸板面层通常用漂白的化学木浆制成，表面平整、洁白、光亮；芯层和底层常用半化学木浆、精选废纸浆、化学草浆等低级原料制成。双面白纸板底层原料与面层相同，仅芯层原料较差。

白纸板与其他包装材料相比，具有一定的挺度和良好印刷性；缓冲性能好，制成纸盒后能有效地保护商品；具有优良的成型性与折叠性，适于多种加工方法，机械加工能够实现高速连续生产；废旧纸板可以再生利用，自然条件下能够被微生物降解，不污染环境；白纸板作为基材，还可与其他材料复合制成性能优良的复合包装材料。白纸板主要用于销售包装，可制成各类纸盒、纸箱等，具有保护商品、装潢美化商品的促销作用。

2. 黄纸板　又称草纸板，俗称马粪纸，是一种低档包装纸板。黄纸板以稻草和麦草的混合浆为原料，经压光处理而成。纸板呈草黄色，组织紧密，双面平整，并具有一定的耐破度和挺度。黄纸板主要用于加工中小型纸盒、双层瓦楞纸箱的芯层等。

3. 箱纸板　是以化学草浆或废纸浆为主的纸板。以本色居多，表面平整、光滑，纤维紧密、纸质坚挺、韧性好，具有较好的耐压、抗拉、耐撕裂、耐戳穿、耐折叠和耐水性能，印刷性能好。箱纸板按质量分为 A、B、C、D、E 五级，其中 A、B、C 为挂面纸板。A 级适宜制造精细、贵重和冷藏物品包装用的出口瓦楞纸板；B 级适宜制造出口物品包装用的瓦楞纸板；C 级适宜制造较大型物品包装用的瓦楞纸板；D 级适宜制造一般包装用的瓦楞纸板；E 级适宜制造轻载瓦楞纸板。成品规格又分为平板纸和卷筒纸两种。

4. 瓦楞原纸　是一种低定量的薄纸板，具有一定的耐压、抗拉、耐破、耐折叠的性能。瓦楞原纸经轧制成瓦楞纸后，用黏合剂与箱纸板黏合成瓦楞纸板，可供制造纸盒、纸箱和作衬垫用。瓦楞纸在瓦楞纸板中起支撑和骨架作用，提高瓦楞原纸的质量是提高纸箱抗压强度的一个重要方面。瓦楞原纸的纤维组织应均匀，纸幅间厚薄一致；纸面应平整，不许有影响使用的折子、窟窿、硬杂物等外观纸病；切边应整齐，不许有裂口、缺角、毛边等现象；水分含量控制尤其关键，应控制在 8%～12%，如果水分超过 15%，加工时会出现纸身软、挺力差、压不起楞、不吃胶、不黏合等现象；如果水分低于 8%，纸质发脆，压楞时会出现破裂现象。

5. 瓦楞纸板　由瓦楞原纸轧制成屋顶瓦片状波纹，然后将瓦楞纸与两面箱板纸黏合制成。瓦楞波纹宛如一个个连接的小型拱门，相互并列支撑形成类似三角的结构体，既坚固又富弹性，能承受一定的压力。其挺度、硬度、耐压、耐破、延伸性等性能均比一般纸板要高。由它制成的纸箱也比较坚挺，更有利于保护所包装的产品。瓦楞形状由两圆弧、一直线相连接所决定，瓦楞波纹的形状直接关系到瓦楞纸板的抗压强度及缓冲性能。瓦楞纸板属于异形材料，不同的方向具有不同的性能，当向瓦楞纸板施加平面压力时，其富有弹性和缓冲性能；当向瓦楞纸板垂直方向施加压力时，其平贴层起固定瓦楞位置的作用。它主要用来制作瓦楞纸箱和纸盒，还可以用作包装衬垫缓冲材料。

（1）楞形　瓦楞的形状一般可分为 U 形、V 形和 UV 形三种，如图 2-1 所示。

1）U 形瓦楞　圆弧半径较大，缓冲性能好，富有弹性，压力消除后仍能恢复原状，但抗压力较弱，黏合剂的施涂面大，容易黏合。

2）V 形瓦楞　圆弧半径较小，缓冲性能差，抗压力强，在加压初期抗压性较好，但超过最高点后即迅速破坏。黏合剂的施涂面小，不易黏合，成本较低。

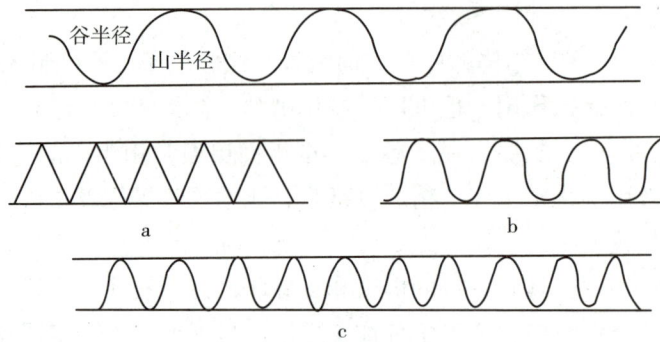

图 2-1　瓦楞纸板的楞形

a. V 形；b. U 形；c. UV 形

3）UV 形瓦楞　一种介于 V 形和 U 形之间的楞形，其圆弧半径大于 V 形，小于 U 形，因而兼有二者的优点。所以，目前广泛使用 UV 形瓦楞来制造瓦楞纸板。

按国家标准 GB/T 6544—2008《瓦楞纸板》规定，所有楞型的瓦楞形状均采用 UV 形，瓦楞纸板的楞型有 A、B、C、E、F 五种，具体分类见表 2-1。

表 2-1　我国瓦楞纸板的楞型标准（GB/T 6544—2008）

楞型	楞高（mm）	楞宽（mm）	楞数（个/300mm）
A	4.5 ~5.0	8.0 ~9.5	34 ±3
B	2.5 ~3.0	5.5 ~6.5	50 ±4
C	3.5 ~4.0	6.8 ~7.9	41 ±3
E	1.1 ~2.0	3.0 ~3.5	93 ±6
F	0.6 ~0.9	1.9 ~2.6	136 ±20

（2）种类　瓦楞纸板按其材料的组成可分为以下几种，如图 2-2 所示。

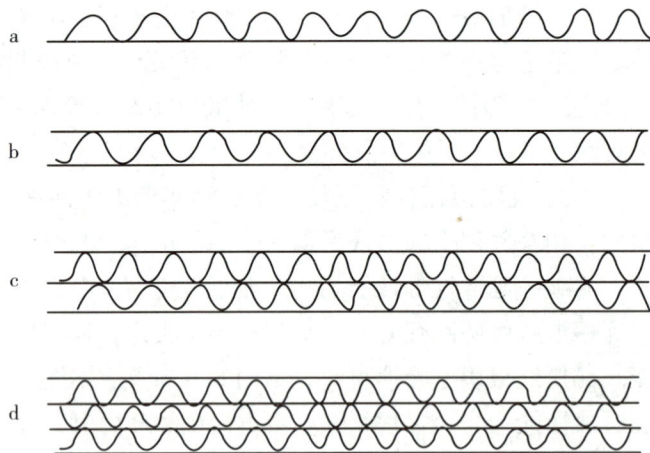

图 2-2　瓦楞纸板的种类

a. 单面瓦楞；b. 双面瓦楞；c. 双芯双面瓦楞；d. 三芯双面瓦楞

1）单面瓦楞纸板　仅在瓦楞芯纸的一侧贴有面纸，一般不用于制作瓦楞纸箱，而是作为缓冲材料和缓冲衬垫（图 2-2a）。

2）双面瓦楞纸板　又称单瓦楞纸板，在瓦楞芯纸的两侧均贴以面纸，目前多使用这种纸板制造瓦楞纸箱，其张力强度大于同重量其他纸板，此型瓦楞纸板用于包装时，具有一定缓冲防震性能（图 2-2b）。

3）双芯双面瓦楞纸板　简称双瓦楞纸板，用双层瓦楞芯纸加面纸板制成，即由一块单面瓦楞纸板和一块双面瓦楞纸板黏合而成。在结构上，可以采用各种楞型的组合形式，如 AB、BC、AC、AA 等结构。组合形式不同，其性能也各不相同。一般外层用抗戳穿能力好的楞型，而内层用抗压强度高的楞型。双瓦楞纸板比单瓦楞纸板厚，所以各方面的性能都比较好，特别是垂直抗压强度明显提高，多用于制造易损物品、重物品以及需要长期保存的物品（如含水分较多的新鲜果品）等的包装纸箱（图 2 - 2c）。

4）三芯双面瓦楞纸板　简称三瓦楞纸板，使用三层瓦楞芯纸制成，即由一块单面瓦楞纸板和一块双面瓦楞纸板黏合而成。在结构上，也可以采用 A、B、C、E 各种楞型的组合，常用 AAB、AAC、CCB 和 BAE 结构。其强度比双瓦楞纸板又要强一些，可以用来包装重物品以代替木箱，一般与托盘或集装箱配合使用（图 2 - 2d）。

（3）技术指标　可参照国家标准 GB/T 6544—2008 的有关规定。该标准按瓦楞纸板的最小综合定量将单瓦楞纸板和双瓦楞纸板各分为五类，三瓦楞纸板分为四类。同时，标准规定瓦楞纸板表面应清洁、平整，不许有缺材、薄边，切边整齐，在每 1m 的单张瓦楞纸板上，不应有大于 20mm 的翘曲。

（4）物理性能及测试　瓦楞纸箱及纸板有许多性能要求，一般的物理性能包括定量、厚度、水分等；强度性能包括耐破度、戳穿强度、平压强度、边压强度、黏合强度、防震性能等。纸箱的包装性能除了与箱体尺寸、制造技术、流通环境等密切相关外，最主要的还是取决于瓦楞纸板的性能，需要对以上性能进行测试，以满足贮运和保藏过程中的各种要求。

三、包装用纸制品

包装用纸制品包括纸箱、纸盒、纸袋、纸杯、复合纸罐、纸托盘、纸浆模塑制品等。纸箱、纸盒是主要的纸制包装容器，形状大的称为箱，小的称为盒。纸箱一般作为运输包装，纸盒一般作为销售包装。

（一）包装纸箱

包装用纸箱可分为瓦楞纸箱和硬纸板箱两类，最常用的为瓦楞纸箱。

1. 瓦楞纸箱的特性　瓦楞纸箱由瓦楞纸板经成箱机加工而成。由于瓦楞波形使纸板结构中空 60%～70% 的体积，与相同定量的层合纸板相比，瓦楞纸板的厚度要大两倍，因而增强了纸板的横向耐压强度，同时又具有缓冲作用，故被广泛应用。与传统的运输包装相比，瓦楞纸箱有如下特点。

（1）原料充足，成本低　生产瓦楞纸板的原料很多，边角木料、竹、麦草、芦苇等均可；瓦楞纸箱的质量与同体积木箱相比，其原料质量仅为木箱的 20%～25%，成本较低。

（2）轻便、牢固、缓冲性能好　瓦楞纸板是空心结构，用最少的材料构成刚性较大的箱体，故轻便、牢固，缓冲防震性能良好，能有效地保护商品免受碰撞和冲击。

（3）加工简便　瓦楞纸箱的生产和包装操作可实现高度机械化和自动化，同时便于装卸、搬运和堆码。

（4）使用范围广　对瓦楞纸板表面进行各种涂覆加工可大大扩展其使用范围，如防潮瓦楞纸箱可包装水果、蔬菜；塑料薄膜覆盖的，可包装易吸潮食品；使用塑料薄膜衬套，可形成密封以包装液体、半液体食品等。

（5）方便贮运　瓦楞空箱可折叠或平铺展开运输和存放，节省运输工具和库房的有效空间，提高其使用效率。

（6）易于装潢　瓦楞纸板有良好的吸墨能力，印刷装潢效果好。

2. 纸箱的结构形式　纸箱种类繁多，结构各异。按照国际纸箱箱型标准，基本箱型一般用四位数字表示，前两位表示箱型种类，后两位表示同一箱型种类中不同的纸箱式样。按规定将纸箱分成02、03、04、05、06、07和09七种。

（1）02类摇盖纸箱　由一片纸板组成，经裁切、钉合、黏合成箱后折叠而成。运输时呈平板状，使用时封合上下摇盖。这类纸箱使用最广，可用来包装多种商品。02类箱的结构如图2-3所示。

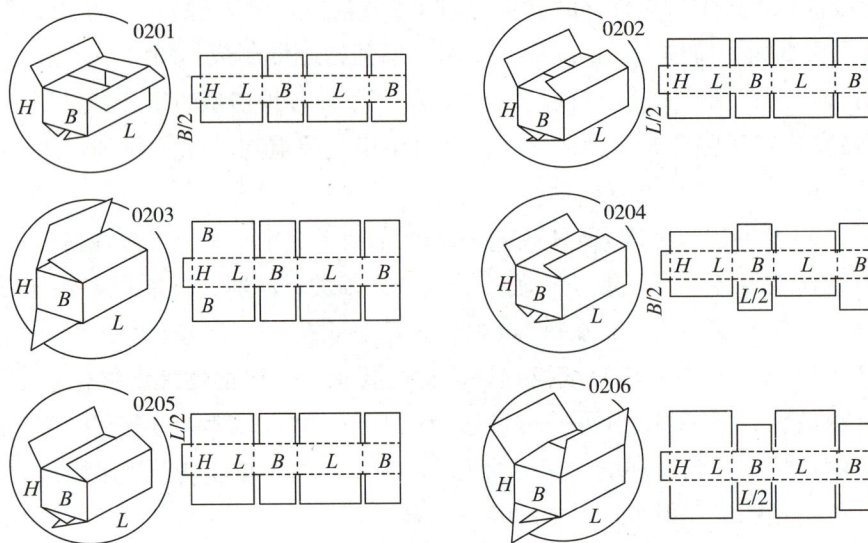

图2-3　02类摇盖纸箱
L、B、H分别表示箱体的长、宽、高

（2）03类套合型纸箱　由两片或三片纸板加工而成，由上、下两部分或上盖、箱体、箱底三部分组成。纸箱正放时，顶盖或底盖可以全部或部分盖住箱体。03类箱的结构如图2-4所示。

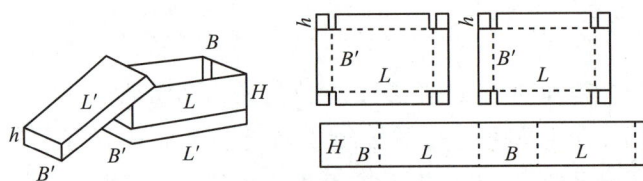

图2-4　03类套合型纸箱
L'、B'、h分别表示顶盖（底盖）的长、宽、高；L、B、H分别表示箱体的长、宽、高

（3）04类折叠型纸箱　由一片纸板组成，只要折叠即能成型，无须钉合或黏合成箱。使用时先包装商品，折叠后用打包带捆扎即成包装件；还可设计锁口、提手和展示牌等结构。适合于生产线上成件或成块的商品包装。04类箱的结构如图2-5所示。

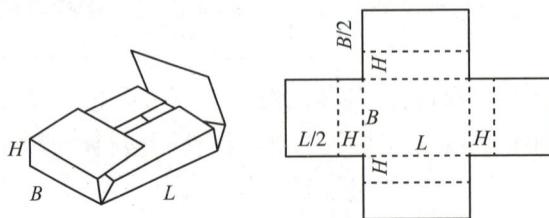

图2-5　04类折叠型纸箱
L、B、H分别表示箱体的长、宽、高

（4）05 类滑盖型纸箱　由数个内箱或框架及外箱组成，内箱与外箱以相对方向运动套入。这种箱可以作为其他纸箱的外箱。05 类箱的结构如图 2−6 所示。

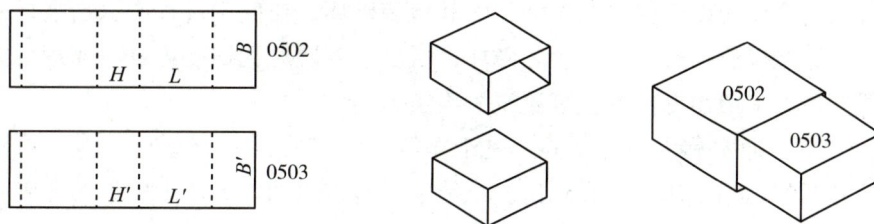

图 2−6　05 类滑盖型纸箱

L'、B'、H 分别表示内箱的长、宽、高；L、B、H 分别表示外箱的长、宽、高

（5）06 类固定型纸箱　由两个分离的端面及连接这两个端面的箱体组成。使用前通过钉合、黏合剂或胶纸带黏合将端面及箱体连接起来，箱体和箱壁由不同材料组成，没有分离的上、下盖，成箱后不能折叠。06 类箱的结构如图 2−7 所示。

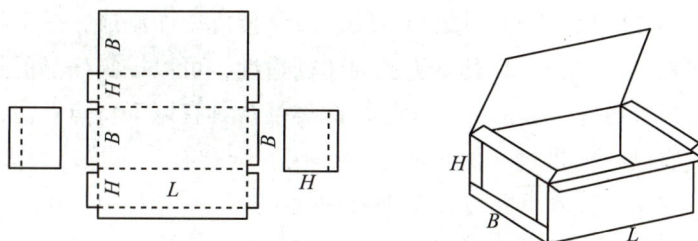

图 2−7　06 类固定型纸箱

L、B、H 分别表示箱体的长、宽、高

（6）07 类自动型纸箱　由一片纸板加工成型，大多用胶粘结成箱。运输、贮存时呈平板状，使用时只要打开箱体即可自动固定成型。07 类箱的结构如图 2−8 所示。

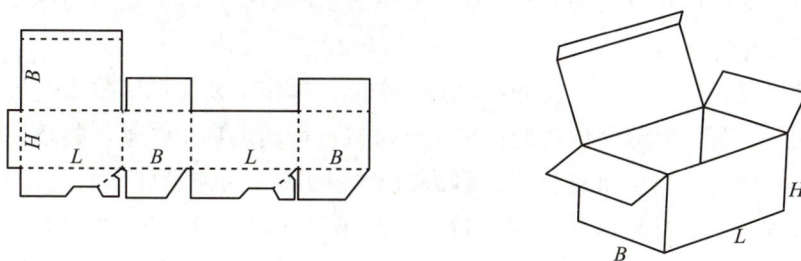

图 2−8　07 类自动型纸箱

L、B、H 分别表示箱体的长、宽、高

（7）09 类纸箱内衬件　包括隔垫、隔框、衬垫、隔板、垫板等。盒式纸板、衬套周边不封闭，放在纸盒内部能加强箱壁并提高包装的可靠性。隔垫、隔框用于分割被包装的产品，提高箱底的强度等。常见的隔框如图 2−9 所示。

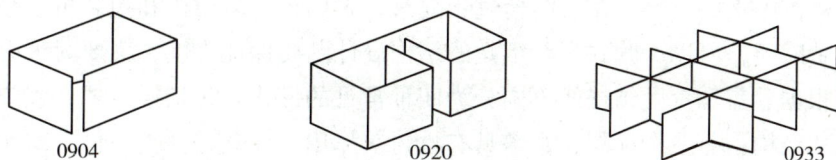

图 2−9　09 类隔框

3. 瓦楞纸箱的性能及其测试 瓦楞纸箱在装载、封闭、堆垛、贮存及运输过程中，当包装强度不足时，垂直、水平方向的压力会引起包装破坏。在包装过程中，装有粒状的、粉状的以及其他产品的包装箱跌落时，这种载荷会使包装产生轴向拉伸，引起包装破坏；在使用过程中，当强行从包装箱中取商品时，包装箱会发生边缘撕裂，也会引起包装破坏。所以，需要对瓦楞纸箱进行物理性能的测试，具体测试方法包括下述四种，一般由专门的包装测试机构实施。

（1）压缩强度试验 通常称抗压力试验，是纸箱测试最基本的一个项目。将试验样品置于试验机两平面压板之间，然后均匀施加压力，直到试验纸箱发生破裂时的最大压力即纸箱压缩强度。抗压强度是考核纸箱质量的重要指标，它反映纸箱内在强度质量，也是运输包装的主要考核指标。

（2）破坏性模拟试验 瓦楞纸箱装入商品后要进行破坏性模拟试验，如跌落试验、斜面冲击试验、回转试验等。

（3）喷淋试验 其目的在于确定在直接淋雨情况下纸箱的抗水性能。

（4）耐候试验 其目的在于确定湿度、温度或海雾对纸箱强度的影响。

（二）包装纸盒

纸盒由纸板裁切、折痕压线后，经弯折成形、装订或黏接成型而制成，是直接和消费者接触的包装形式。纸盒包装可以形成精美造型，并且具有优良的印刷适性，可以提高商品的销售竞争力。常见有固体食品盒以及盛装牛奶、果汁等流体食品的纸盒等。此类纸盒具有以下特点：占用空间小、展销陈列方便、印刷装潢效果好，具有展示、推销、保护商品等作用。纸盒有正方形、长方形，有正四面体纸盒，也有屋顶型纸盒等，制造容易，成本低，可以实现机械化生产。制盒材料已由单一纸板材料向纸基复合纸板材料发展。不同纸盒的差别在于结构形式、开口方式和封口方法。通常按制盒方式可分为折叠纸盒和固定纸盒两大类。

1. 折叠纸盒 是一种应用范围最广、结构变化最多的销售用包装。在食品包装中，它广泛应用于谷物、饼干、冷冻食品、冰淇淋、糖果等。纸板经裁切压痕后折叠成盒，成品可折叠成平板状，打开即成盒形，纸板厚度在 0.3 ~ 1.1mm，可选用的纸板有白纸板、挂面纸板、双面异色纸板及其他涂布纸板等耐折纸箱板。耐折纸板两面均有足够的长纤维以产生必要的耐折性能和足够的弯曲强度，使其折叠后不会沿压痕处开裂。

折叠纸盒与其他纸盒相比较有以下优势：原料成本低，制作工艺简单，整体造价低。折叠纸盒可折成平板状，占用空间小，所以物流费用较低；在包装机械上可实现自动张盒、装填、折盖、封口、集装和堆码，生产效率高，适合大、中批量生产；可进行盒内间隔、摇盖延伸、曲线压痕、开窗、广告板、展销台等多种新颖处理，使其具有良好的展示效果。其不足之处是强度较低，一般只能包装 1 ~ 2.5kg 的商品，最大盒形尺寸也只能在 200 ~ 300mm；外观质地不够高雅，不宜作为贵重礼品的包装。折叠纸盒按结构特征可分为管式折叠纸盒、盘式折叠纸盒和非管非盘式折叠纸盒三类。常用的折叠纸盒形式有扣盖式、黏接式、手提式、开窗式等。

（1）管式折叠纸盒 是主要的折叠纸盒种类之一，是由一页纸板裁切压痕后折叠、边缝黏接的一类纸盒，盒底均采用摇翼折叠、组装固定或封口的形式。盒盖是商品内装物进出的门户，必须便于内装物的填和取，且装入后不易自开，而在使用中又便于消费者开启。纸盒盒底主要承受内装物的重量，也受压力、振动、跌落等因素的影响，盒底结构过于复杂，采用自动装填机和包装机会影响生产速度，而手工组装又比较耗费时间，所以，管式折叠纸盒的结构设计既要保证强度，又要力求简单。

管式折叠纸盒根据盒盖和盒底结构的不同分为四种常见的形式，包括插入式、锁口式、插锁式及黏合封口式。①插入式结构：有三个摇翼，盒盖具有再封盖作用，在盒盖摇翼上做一些小的变形即可进行锁合。②锁口式结构是主盖板的锁头或锁头群插入相对盖板的锁孔内，其封口比较牢固，但开启稍有不便。③插锁式结构：两边摇翼锁口相接合，其封口比较牢固。④黏合封口式结构：盒盖主盖板与其余三块襟片黏合，封口密封性能较好，包装粉末或颗粒状食品不易泄漏，开启方便，适用于高速全自动包装机，应用较广。常见的管式折叠纸盒如图 2 – 10 所示。

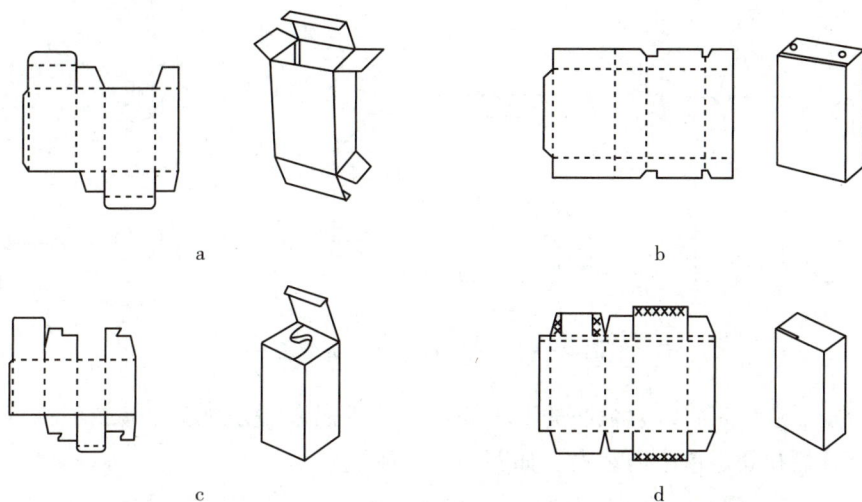

图 2 – 10　常见的管式折叠纸盒
a. 插入式折叠纸盒；b. 锁口式折叠纸盒；c. 插锁式折叠纸盒；d. 黏合封口式折叠纸盒

管式折叠纸盒除上述四种形式外，常用的还有正揿封口式、连续摇翼窝进式、锁底式手提式和间壁封底式。

正揿封口式折叠纸盒：是在纸盒盒体上进行折线或弧线压痕，利用纸板的强度和挺度，揿下压翼来实现封口，包装操作简单，节省纸板，并可设计出许多别具一格的纸盒造型，但只限于小型轻量商品，如图 2 – 11 所示。

图 2 – 11　正揿封口式折叠纸盒

连续摇翼窝进式折叠纸盒：是一种特殊的锁口形式，通过盒盖各摇翼彼此啮合折叠，使盒盖片组成造型优美的图案，装饰性强，可用于礼品包装。缺点是手工组装比较麻烦，如图 2 – 12 所示。

图 2 – 12　连续摇翼窝进式折叠纸盒

锁底式手提折叠纸盒：需用手工组装，盒底能承受一定的重量，常用于中型纸盒的多件组合包装。自动锁底式结构成型后仍可折叠成平板状贮运，可用于纸盒自动包装生产线。对于重量较大的瓶装食品，一般采用锁底式管式折叠纸盒。手提式纸盒在酒类、礼品食品包装上得到广泛应用，受到广大消费者的欢迎。如图2-13所示。

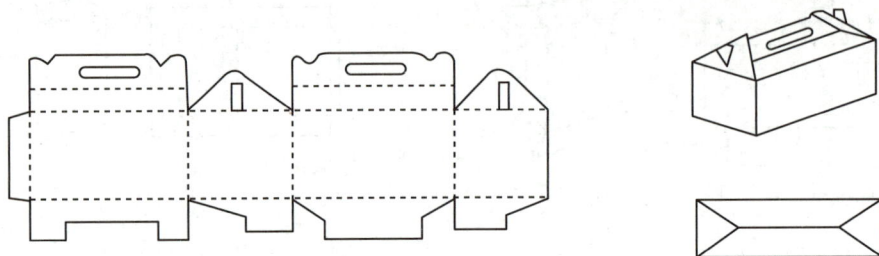

图2-13　锁底式手提折叠纸盒

间壁封底式折叠纸盒：是将纸盒盒底的四个底片设计成把盒内分割成相等或不相等的、多隔断的不同间壁状态，有效分隔和固定单个内装物。如图2-14所示。

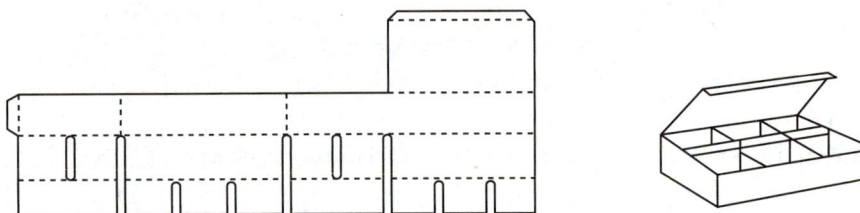

图2-14　间壁封底式折叠纸盒

（2）盘式折叠纸盒　由一张纸板裁切压痕，其四边以直角或斜角折叠成主要盒型，有时在角隅边侧进行锁合或黏接成盒，如有需要，可在盒型的一个侧面延伸组成盒盖。由于盘式折叠纸盒盒盖位置在最大面积盒面上，负载面比较大，开启后观察内装物的面积也大，适合诸如饼干、糕点等不易从盒的狭窄面放入或取出的易碎食品的包装。盘式折叠纸盒的盒盖结构一般分为摇盖式、锁合式、插别式、黏合式等。与管式折叠纸盒所不同的是，这种盒型在盒底几乎无结构变化，主要的结构变化在盒体位置。常见的盘式折叠纸盒如图2-15所示。

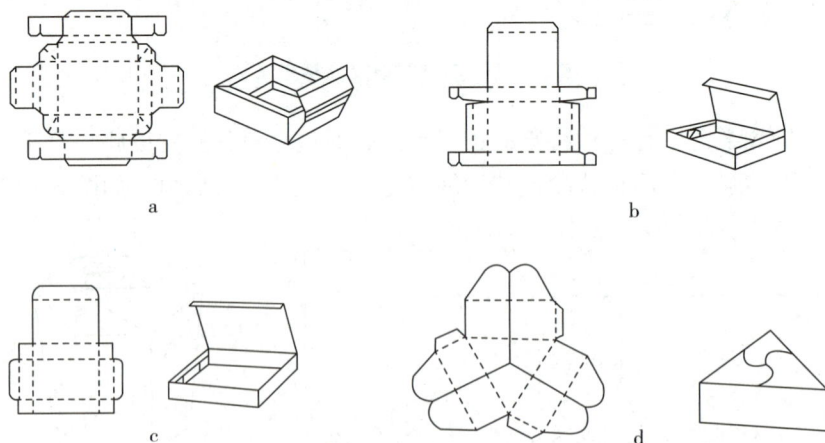

图2-15　盘式折叠纸盒

a. 全封口一页成型盘式摇盖纸盒；b. 锁合式盘式折叠纸盒；

c. 襟片黏合盘式折叠纸盒；d. 插别式折叠纸盒

（3）非管非盘式折叠纸盒　比管式和盘式盒都复杂，既不是单纯由纸板绕一轴线旋转成型，也不是由四周侧板呈直角或斜角折叠成型，而是有自己独特的成型特点。非管非盘式折叠纸盒多为间壁式折叠纸盒，常用于瓶罐包装食品的组合包装。如图 2 - 16 所示。

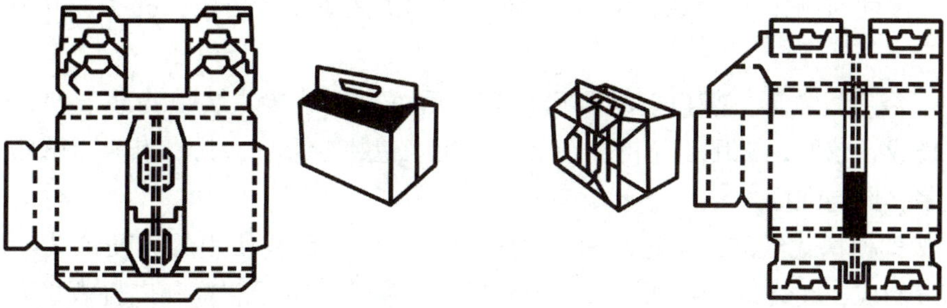

图 2 - 16　非管非盘式折叠纸盒

2. 固定纸盒　又称粘贴纸盒，由手工粘贴制作，它的结构、形状、尺寸、占有空间等在制盒时已被确定，如中秋月饼的包装盒。其主要优点如下：与折叠纸盒相比，外观设计的选样范围广，适合多种食品的包装；强度和刚性比折叠纸盒好，抗冲击保护性好；货架陈列方便，具有良好的展示促销功能。固定纸盒也有一些缺点，如：制作劳动量大，生产效率低，生产成本高，不适宜大批量生产；占用空间多，所需物流费用也高；由于贴面材料系手工定位，印刷面容易移位，效果较折叠纸盒差。常用固定纸盒有套盖式、摇盖式、抽屉式等。

（1）套盖式固定纸盒　较高且呈筒状，筒上有盖，纸筒横截面可为任意几何图形，通过外敷贴面纸装饰固定纸盒，可体现民族传统文化特色，常用来包装传统饼糕类食品。如图 2 - 17 所示。

（2）摇盖式固定纸盒　由一页纸板成型，用纸或布黏合、钉合或扣眼固定盒体角隅，结构简单，便于批量生产，但其压痕及角隅尺寸精度较差。由于摇盖式固定纸盒具有较好的展销功能，故常用作礼品包装。如图 2 - 18 所示。

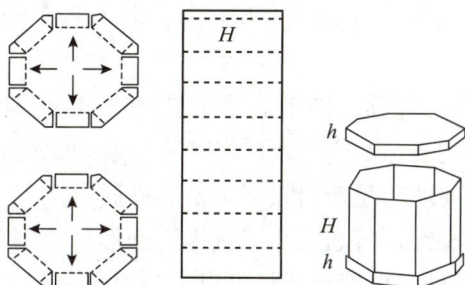

图 2 - 17　套盖式固定纸盒

H 代表盒体的高；h 代表盒盖的高

图 2 - 18　摇盖式固定纸盒

（三）其他纸质容器

其他纸质容器主要指纸袋、复合纸杯、复合纸罐、纸浆模塑制品、纸托盘等，它们在食品包装上的应用日益广泛。

1. 纸袋　是用纸制成的袋式容器，常作为软包装容器盛装食品。纸袋种类繁多，可分为大纸袋和小纸袋两种。大纸袋也称为贮运袋，一般由多层纸或复合纸制成，用于盛放粮食、砂糖等粉粒状食品；小纸袋主要用于零售食品。包装纸袋具有成本低（是同等容积包装中费用最低的材料），柔软性好（装袋、搬运、倾倒都简单易行），且商品形状不受限制，适用性较好，易于进行密封式无菌包装，适于机械化自动化操作，可实现制袋、装填、封口连续化生产，无环境污染等特点；但纸袋的刚性不足，强度较低，抗压及抗冲击性能较差，容易破裂。纸袋的结构形式有以下几种。

（1）扁平式纸袋　十分常见，形状类似于公文袋及信封，有纵向搭接和底端翻折的贴缝，开口和折盖均在具有较大尺寸的侧面上，底部不形成平面，根据需要可设置搭盖、提手、开窗等。常用于包装粉状食品。

（2）方底袋　袋底呈方形，袋口容易开启，开启后可直立放置，装填物品方便，由单层或多层复合材料制成，制袋成本较低，常用于超市、杂货店，用于包装糖果、面粉、点心、咖啡等产品。这种袋的缺点是折痕太多，影响强度。

（3）手提袋　即便携式纸袋，是近年来较为流行的、可以重复使用的方便纸袋。多采用印刷精美的铜版纸或覆膜纸制成，在袋口处有加强边，配有提手，便于携带，装饰和广告效果好，常用于礼品包装。手提袋根据袋底形式可分为尖底手提袋、方底手提袋和角底手提袋。

（4）异形袋　是根据商品形状及销售对象所设计的不规则形状纸袋。异形袋形式多样，多用于儿童糖果等休闲食品。

（5）运输包装纸袋　是用于水泥、农药、化肥、砂糖、食盐和豆类等的大包装纸袋。一般可分为两类：一类为轻载袋，由一或两层纸制成，既可作为外包装，也可作为内衬与塑料编织袋组合使用；另一类是重载贮运袋，由三层以上的纸构成，主要用于装填大量散装物品。为了防潮，有时在纸袋中层加入塑料膜层或沥青防潮纸。

纸袋的封口方式主要包括缝制封口、胶粘带封口、绳子捆扎封口、金属条开关扣式封口、热封合等。

2. 纸杯　是一种纸质小型包装容器。通常口大底小，可以一只只套叠起来，便于取用、装填和贮存，并带有不同的封口形式。常用一次性纸杯为复合纸杯，由以纸为基材的复合材料经卷绕在制杯机上制成。

专用纸杯材料主要有三类：①塑料/纸复合材料，可耐沸水煮而作热饮杯；②涂蜡纸板材料，主要用作冷饮料杯或常温、低温的流体杯；③塑料/铝箔/纸，主要用作长期保存型纸杯，具有罐头的功能，因此也称作纸杯罐头。

（1）特点　与玻璃杯相比，纸杯的成本低，质量轻且不易破损，能节省物流费用。纸与铝箔、塑料等材料复合，可提高保护功能。造型及印刷上的变化，使其装饰及广告效果好。采用自动化设备高效率地制杯及充填，使用方便，易外封，易复原，易于废弃物处理，便于回收利用，节省资源。

（2）类型及应用　根据形状，纸杯可分为圆形、角形、圆筒形等若干种，其中，圆形杯应用最为普遍；根据结构，纸杯可以分为有盖、无盖、有把手、无把手四种；根据材质，可以分为单层杯与复合杯；根据用途，又可分为冷饮杯、热饮杯、果酱杯等。纸杯主要用于盛装液体食品，如饮料、咖啡、啤酒等。随着市场和消费者消费心理的变化，纸杯的用途也变得更加广泛。纸杯经常被用作餐饮行业、酒店业以及飞机、轮船上的一次性使用容器，用于盛装乳制品、果酱、饮料及快餐食品。纸杯基本结构为杯身、杯底及各种形式的杯盖，还可以根据需要设计各种新的杯型，以满足不同食品的包装需要。作为"绿色包装"的纸杯，在餐饮行业中越来越多地被使用，发展极为迅速。不同材质纸杯的应用见表2-2。

表2-2　几种不同材质纸杯的应用

纸杯类型	适用食品
纸、AL/纸、纸/AL、纸/AL/PE	快餐类
蜡/纸、纸/蜡、蜡/纸/PE	冰淇淋、冷饮料、软制品
PE/纸/PE、纸/PE、皱纹纸/纸/PE	热饮料、软制品、快餐类

3. 复合纸罐　是近些年发展起来的一种纸与其他材料复合而制成的包装容器。复合纸罐集合了多种包装材料的性能。

（1）特点及应用　成本低、重量轻、外观好，易于回收处理；无臭、无毒，安全可靠；保护性能优良，可防水、防潮，有一定的隔热效果，可较好地保护食品；造型结构多样，外层可进行彩印，具有良好的装潢效果。与马口铁罐相比，耐压强度与其相近，而内壁具有耐蚀性，外观漂亮且不生锈，实用性好。复合纸罐可用于盛装粉体、块状的固体食品，如可可粉、茶叶、麦片、咖啡及各类固体饮料；也适合用作休闲食品的包装，如薯片等，还适于用作流体的包装，如牛奶、果汁饮料等。复合纸罐具有绝热性，可阻隔外界温度对食品的影响，但在冷冻食品和热加工食品的包装上会减缓冷却和加热的速率。

（2）结构　复合纸罐根据材质、厚度的不同有多种造型，主要由罐身、罐底和罐盖三部分组成。罐身一般采用平卷式和螺旋式两种类型，平卷式要比螺旋式强度高。罐身的层数越多，厚度越大，强度越高，但成本也越高，而且会给制罐、封口、加工带来困难，罐身直径也会受到限制。金属底、盖的采用有利于增大容器的强度和刚性。

1）罐身　复合纸罐罐身包括由价格较低的全纸板（内涂料）制成的搭接式结构和采用成本较高的复合材料制成的平卷多层结构和斜卷结构。复合材料主要由内衬层、中间层、外层商标纸、黏合剂组成。内衬层应具有安全性和内容物保护性，常用塑料薄膜、蜡纸、半透明纸、防锈纸、玻璃纸等复合内衬。中间层也称为加强层，应提供高强度和刚性，常用含50%～70%废纸的再生牛皮纸板。外层商标纸应具有较好的外观、印刷性和阻隔性，常用的有牛皮纸复合商标纸和铝箔复合商标纸。黏合剂常用的有聚乙烯醇-聚醋酸乙烯共混物、聚乙烯、糊精、动物胶等。复合罐的罐身直径，国际通用标准为52mm、65mm、73mm、83mm、99mm、125mm、153mm；罐身高度一般为70～250mm，普通罐罐高约为直径的2倍。

2）罐底和罐盖　复合罐的罐底和罐盖常用纸板、金属（马口铁和合金铝）、塑料及复合材料等几种材质。盖的种类有死盖、活盖和易拉盖等几种；罐底有金属底和复合材料底之分。

4. 纸浆模制品　是植物原料或废纸经过制浆后，通过模具来成型的一类产品。纸浆模制品的形状取决于成型模的形状，故形状灵活多变，可满足不同商品的包装要求。它最初应用于易碎商品运输中的缓冲包装，目前广泛应用于鸡蛋、快餐食品、水果、饮料等的运输包装。

（1）特点　优点为原料丰富，成本低，多为再生废纸，便于回收，可减少资源浪费，废弃物可以降解，无环境污染；对商品具有优良的保护性能，能防震、缓冲、定位、抗压，便于通风散热；生产投资少，容易成型，工艺简单，加工适应性强，只要更换模具，就可形成各种形状的产品；可以通过加入防水剂来提高抗弯和抗裂（撕裂）强度，采用现代生产技术，可以实现高速自动化大批量生产；具有良好的吸水性、疏水性和隔热性。缺点是受潮后易变形，强度也会随之下降，而且纸浆模塑制品的外观档次不高。

（2）制造　有两种方法，即普通模制法和精密模制法。产品类型如图2-19所示。

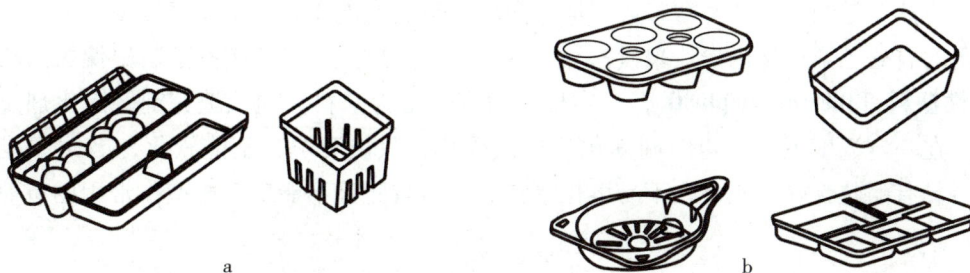

图2-19　纸浆模塑产品

a. 普通模制法制品；b. 精密模制法制品

1）普通模制法　此法制造的产品如浆果小篓，果蔬预包装盘，蛋类、果品的定位浅盘等。这些产品便于物流运输；生产效率较高；原料便宜，成本低；具有一定的减震缓冲性能。

2）精密模制法　此法所制造产品的成形、真空加压、除水密实等前段工艺与普通模制法基本相同，但在干燥阶段有所不同。

5. 纸质托盘　作为一种纸质容器，由复合纸经冲切成杯后冲压而成，纸盘深度可达6~8mm。纸质托盘所用材料主要以纸板为基材，主要是漂白牛皮纸经涂布高压低密度聚乙烯、低压高密度聚乙烯和聚丙烯等涂料后制成的复合材料。必要时可涂布聚酯塑料，可耐200℃以上的热加工温度。表2-3列出了热加工与涂料的选用原则。纸质托盘主要用于烹调食品、热加工食品（微波炉食品等）、快餐食品等的包装及用作收缩包装底盘，具有耐高温、耐油、加工快、成本低、使用方便、外观好等优点。

表2-3　热加工温度与涂料的选用原则

加热设备	涂料
微波炉	PP、HDPE
饮用炉（140~150℃）	PP
热风炉（130~140℃）	PP
蒸汽箱（100℃）	PP、HDPE
热水槽（100℃）	PP、HDPE

第二节　塑料包装材料及制品

将塑料用作包装材料是现代包装技术发展的重要标志，因其原材料来源丰富、成本低廉、性能优良，而成为近年来世界上发展最快、用量巨大的包装材料。塑料包装材料广泛应用于食品包装，逐步取代了玻璃、金属、纸类等传统包装材料，使食品包装的面貌发生了巨大的改变，体现出现代食品包装形式丰富多样、流通使用方便的特点，成为食品销售包装中最主要的包装材料。

一、塑料的基本概念、组成和包装性能指标

（一）塑料的概念

塑料是一种以树脂为基本成分，再加入改善性能的各种添加剂而制成的高分子材料。塑料的品种很多，按塑料在加热、冷却时所呈现性质的不同，可分为热塑性塑料和热固性塑料两类。

1. 热塑性塑料（thermoplastic）　主要以加聚树脂为基料，加入适量添加剂而制成。塑料加工时，原料受热后逐渐变软而熔融，借助压力的作用即可制成一定形状的模塑物。有些塑料受热时熔融，冷却后硬固，再次加热又可软化熔融重新塑制。这一过程可以反复进行多次，材料的化学结构基本不变化，这一类塑料称为热塑性塑料。这类塑料成型加工简单、包装性能良好、可反复成型，但刚硬性低、耐热性不高。常用的有聚乙烯、聚丙烯、聚氯乙烯、聚乙烯醇、聚酰胺、聚碳酸酯、聚偏二氯乙烯等。

2. 热固性塑料（thermoset plastic）　主要以缩聚树脂为基料，加入填充剂、固化剂及其他适量添加剂而制成。在一定温度下经一定时间固化后再次受热，只能分解，不能软化，因此不能反复塑制成型。这类塑料具有耐热性好、刚硬、不易熔化等特点，但较脆且不能反复成型。常用的有氨基塑料、酚醛塑料。

（二）塑料的组成

1. 聚合物树脂　塑料中，聚合物树脂占40%~100%，塑料的性能主要取决于树脂的种类、性质及

在塑料中所占的比例，各类添加剂也能改变塑料的性质，但所用树脂种类仍是决定塑料性能和用途的根本因素。目前生产上常用树脂有两大类。①加聚树脂：是由聚合（加聚）反应合成的树脂，由含有双键或三键的分子或由环状分子开环所成的双官能分子形成。一般是线型高分子，具有热塑性。如聚乙烯、聚丙烯、聚氯乙烯、聚乙烯醇、聚苯乙烯等，构成食品包装用树脂的主体。②缩聚树脂：是由缩聚反应合成的树脂，由含有两个或两个以上官能团的分子缩聚而成，同时放出水等简单物质。含两个官能团的分子缩聚成线型高分子，含两个以上官能团的分子则一般缩聚成体型或网型高分子，后者大多具有热固性。如酚醛树脂、环氧树脂、聚氨酯等，在食品包装上应用较少。

2. 添加剂　常用的添加剂有增塑剂、稳定剂、填充剂、抗氧化剂等。

（1）增塑剂　是一类提高树脂可塑性和柔软性的添加剂，通常是一些有机低分子物质。聚合物分子间夹有低分子物质后，加大了分子间距，能降低其分子间作用力，从而增强大分子的柔顺性和相对滑移流动能力。因此，树脂中加入一定量增塑剂后，树脂呈黏流态时黏度降低，流动塑变能力增高，可改善塑料的成型加工性能。

（2）稳定剂　可防止或延缓高分子材料的老化变质。塑料老化变质的原因主要有氧、光和热等。稳定剂主要有三类。①抗氧剂：有胺类抗氧剂和酚类抗氧剂。酚类抗氧剂的抗氧能力虽不及胺类，但因具有毒性低、不易污染的特点而被大量应用。如抗氧剂 1076、抗氧剂 330 等，因其安全无毒，可用于食品包装用塑料。②光稳定剂：用于反射或吸收紫外光物质，防止塑料树脂老化，延长其使用寿命，效果显著且用量极少。光稳定剂品种繁多，用于食品包装应选用无毒或低毒的品种。③热稳定剂：可防止塑料在加工和使用过程中因受热而引起降解，是塑料等高分子材料加工时不可缺少的一类助剂。目前应用最多的是用于聚氯乙烯的热稳定剂，其中，铅稳定剂和金属皂类热稳定剂因含重金属而毒性大，因此，用于食品包装应选用有机锡稳定剂等低毒性产品。

（3）填充剂　作用是可以弥补树脂某些性能上的不足，改善塑料的使用性能，如提高制品的尺寸稳定性、耐热性、硬度、耐候性等，同时可降低塑料成本。常用填充剂有碳酸钙、陶土、滑石粉、石棉、硫酸钙等，其用量一般为 20% ~ 50%。

（4）着色剂　用于改变塑料等合成材料固有的颜色，分为无机颜料、有机颜料和其他染料。塑料着色可使制品美观，提高其商品价值，还可起屏蔽紫外线和保护内容物的作用。

（5）其他添加剂　根据功能和使用要求，在塑料中还可加入润滑剂、固化剂、发泡剂、抗静电剂和阻燃剂等。

塑料所用各种添加剂应具有与树脂很好的相溶性、稳定性、不相互影响各自作用等特性。对用于食品包装的塑料，特别要求添加剂具有无味、无臭、无毒、不溶出的性质，以免影响包装食品的品质和安全。

（三）塑料的主要性能指标

塑料的主要性能指标是能保护内容物，防止其变质、被破坏，保证内容物质量的性能。主要指标如下。

1. 阻透性　包括对水分、水蒸气、气体、光线等的阻隔。

2. 力学性能　是指在外力作用下，材料表现出的抵抗外力作用而不发生变形和破坏的性能。主要有硬度、抗张/抗压/抗弯强度、抗爆破强度、抗撕裂强度等。

3. 稳定性　是指材料抵抗环境因素（温度、介质、光等）的影响，而保持其原有性能的能力。包括耐高低温性、耐化学性、耐老化性等。

（1）耐高低温性　温度升高，塑料材料的强度刚性明显降低（耐高温性用玻璃化转变温度为指标来表示）；温度降低，会使塑料的塑性和韧性下降而变脆（耐低温性用脆化温度表示）。

（2）耐化学性　指塑料在化学介质中的耐受程度，主要是塑料在介质中经一定时间后的质量、体积、强度、色泽等的变化情况。

（3）抗老化性　指塑料在加工、贮存、使用过程中受到光、热、氧、水、生物等外界因素的作用，保持其化学结构和原有性能而不被破坏的能力。

4. 卫生安全性　食品用塑料包装材料的卫生安全性非常重要，主要包括无毒性、抗生物侵入性以及耐蚀性、防有害物质渗透性等。

（1）无毒性　塑料由于其成分组成、材料制造、成型加工以及材料与食品相互作用等原因，存在着有毒单体或催化剂残留、有毒添加剂及其分解老化产生的有毒产物等物质溶出和污染食品的不安全问题。目前国际上都采用模拟溶媒溶出试验来测定塑料包装材料中有毒有害物的溶出量，并对其进行毒性试验，确定保证人体安全的有毒物质极限溶出量和某些塑料材料的使用限制条件。

（2）抗生物侵入性　塑料包装材料无缺口及孔隙缺陷时，一般其材料本身就可抵抗环境微生物的侵入渗透，但要完全抵抗昆虫、老鼠等生物的侵入则较困难。材料抗生物侵入的能力与其强度有关，而塑料的强度比金属、玻璃低得多，为保证包装食品在贮存环境中免受生物侵入污染，有必要对材料进行虫害侵害率或入侵率试验，为食品包装的选材及确定包装质量要求和贮存条件等技术指标提供依据。

5. 加工工艺性及主要性能指标

（1）包装制品成型加工工艺性及主要性能指标　塑料包装制品大多数是塑料加热到黏流状态后在一定压力下成型的，表示其成型工艺性好坏的主要指标有：熔融指数（MI），成型温度及温度范围（温度低、范围宽则成型容易）、成型压力、塑料热成型时的流动性、成型收缩率。

（2）包装操作加工工艺性及主要性能指标　表示塑料包装材料在食品包装各工艺过程中的操作，特别是机械化、自动化操作过程中的适应能力。主要指标有：机械性能，包括强度和刚度；热封性能，包括热封温度、压力、时间及热封强度（在规定的冷却时间内，热封焊缝所能达到的抗破裂强度）等。

（3）印刷适应性　包括油墨颜料与塑料的相容性、印刷精度、清晰度、印刷层耐磨性等。

二、塑料包装材料的应用及特点

塑料在包装领域的应用比较广泛，其在包装行业方面的主要应用包括如下。

1. 塑料薄膜　包括单层薄膜、复合薄膜和薄片，这类材料做成的包装也称为软包装，主要用于食品、药品或其他小商品等。单层薄膜的用量最大，约占薄膜的2/3，其余的则为复合薄膜及薄片。

2. 塑料容器

（1）塑料瓶、桶、罐及软管容器　使用的材料以高、低密度聚乙烯和聚丙烯为主，也有用聚氯乙烯、聚酰胺、聚苯乙烯、聚酯、聚碳酸酯等树脂的。这类容器容量可小至几毫升，大至几千升；具有耐化学性、气密性及抗冲击性好，自重轻，运输方便，破损率低等特点。如聚酯吹塑薄壁瓶，透气性低，能承受压力，已普遍用来盛装饮用水、汽水等充气饮料。

（2）杯、盒、盘、箱等容器　采用高、低密度聚乙烯、聚丙烯以及聚苯乙烯的发泡或不发泡片材，通过热成型方法制成，用于包装食品。塑料包装箱的性能比纸箱或木箱好得多，与木箱相比，用高密度聚乙烯制成的各种周转箱更容易清洗、消毒，使用寿命长。用低发泡钙塑材料制作包装箱还可降低包装商品的成本。

3. 防震缓冲包装材料　主要是用聚苯乙烯、低密度聚乙烯、聚氨酯和聚氯乙烯制成的泡沫塑料。按发泡程度和交联与否，泡沫塑料分为硬质和软质两类；按泡沫结构，分为闭孔和开孔两种。密度 $0.02 \sim 0.06 g/cm^3$，具有良好的隔热和防震性，主要用作包装箱内衬。气泡塑料薄膜或气垫薄膜，是在两层低密度聚乙烯薄膜之间充以气泡而制成，密度为 $0.008 \sim 0.03 g/cm^3$，适用于包装食品、医药品、化妆品和小型精密仪器。泡沫纸，是将聚苯乙烯或低密度聚乙烯在挤出机内通入加压易于气化的气体，经挤出吹塑而成的低发泡薄片；再用热成型方法，可将其制成食品包装托盘、餐盘、蛋盒及快餐食品包装盒等。

4. 密封材料　包括密封剂和瓶盖衬、垫片等，以聚氨酯或乙烯－醋酸乙烯酯树脂为主要成分，是一类具有黏合性和密封性的液体稠状糊或弹性体，用作桶、瓶、罐的封口材料。橡胶或无毒软聚氯乙烯片材，可作瓶盖、罐盖的密封垫片。

5. 带状材料　包括打包带、撕裂膜、胶粘带、绳索等。塑料打包带是用聚丙烯、高密度聚乙烯或聚氯乙烯的带坯，经单轴拉伸取向、压花而制成宽 13～16mm 的带，与铁皮或纸质打包带相比，捆扎方便、结实。胶粘带是一种压敏胶带，将压敏胶涂于薄膜带基或牛皮纸带基上，带的背面有防黏层。将压敏胶涂于纸质或铝箔彩色标贴背面，俗称不干胶标贴。热熔胶和乙烯－醋酸乙烯酯树脂乳液是包装箱盒封口的主要胶黏剂，消耗量占包装用胶黏剂的 80% 以上。

塑料包装材料由于具有良好的耐酸、耐碱、耐有机溶剂性质，密度小且具有比强度高、易成型、易着色等特点和加工成本低、性能较高的优势，常被用于食品包装。

三、食品包装常用塑料材料

（一）聚乙烯和聚丙烯

1. 聚乙烯（PE）　聚乙烯树脂是由乙烯单体经加成聚合而成的高分子化合物，为无臭、无毒、乳白色的蜡状固体。聚乙烯塑料由 PE 树脂加入少量的润滑剂和抗氧化剂等添加剂制成。

（1）包装特性　阻水、阻湿性好，但阻气和阻有机蒸气的性能差；化学稳定性良好，常温下与一般酸碱不起作用，但耐油性稍差；有一定的机械抗拉和抗撕裂强度，柔韧性好；耐低温性很好，能适应食品的冷冻处理，但耐高温性差，一般不能用作高温杀菌食品的包装；光泽度、透明度不高，印刷性能差，用作外包装需经电晕处理和表面化学处理改善印刷性能；加工成型方便，制品灵活多样，且热封性能很好；PE 树脂本身无毒，添加剂用量极少，因此被认为是一种安全性好的包装材料。

（2）主要品种、性能特点及应用

1）低密度聚乙烯（LDPE）　阻气阻油性差，机械强度也低，但延伸性、抗撕裂性和耐冲击性好，透明度较高，热封性和加工性能好，柔软性好，耐低温。LDPE 在包装上主要制成薄膜，用于防潮要求不高的食品。利用其透气性好的特点，可用于果蔬的保鲜包装，也可用于冷冻食品包装，但不宜单独用于有隔氧要求的食品包装；经拉伸处理后可用于热收缩包装，由于其热封性、安全性好，价格便宜，常作复合材料的热封层，大量用于各类食品的包装。

2）高密度聚乙烯（HDPE）　具有较高的机械强度、硬度，阻隔性和强度均比 LDPE 高；耐热性也高，长期使用温度可达 100℃，但柔韧性、透明性、热成型加工性等性能有所下降。HDPE 也大量用于薄膜包装食品，与 LDPE 相比，相同包装强度条件下可节省原材料；由于其耐高温性较好，也可作为复合膜的热封层，用于高温杀菌（110℃）食品的包装；也可制成瓶、罐容器盛装食品。

3）线型低密度聚乙烯（LLDPE）　强度性能比 LDPE 好，抗拉强度提高了 50%，且柔韧性比 HDPE 好，加工性能也较好，可不加增塑剂吹塑成型。LLDPE 主要制成薄膜，用于包装肉类、冷冻食品和奶制品，但其阻气性差，不能满足较长时间的保质要求。为改善这一缺陷，可采用与丁基橡胶共混来提高阻隔性，这种改性的 PE 产品在食品包装上有较好的应用前景。

2. 聚丙烯（PP）　主要成分是 PP 树脂，是目前质量最轻的食品包装用塑料材料。

（1）包装特性　阻隔性优于 PE，水蒸气透过率和氧气透过率与 HDPE 相似，但阻气性仍较差；机械性能较好，具有的强度、硬度、刚性都高于 PE，尤其是具有良好的抗弯强度；化学稳定性良好，在一定温度范围内，对酸、碱、盐及许多溶剂等有稳定性；耐高温性优良，可在100～120℃范围内长期使用，无负荷时可在150℃使用，耐低温性比 PE 差，–17℃时变脆；光泽度高，透明性好，印刷性差，印刷前表面需经一定处理，但表面装潢印刷效果好；成型加工性能良好但制品收缩率较大，热封性比 PE 差，但比其他塑料要好；安全性高于 PE。

（2）包装应用　PP 主要制成薄膜材料来包装食品，经拉伸处理后可制得双向拉伸聚丙烯（BOPP）和定向聚丙烯（OPP），拉伸后的各种性能，包括强度、透明度、光泽度、阻隔性，均比普通 PP 有所提高，尤其是 BOPP，强度是 PE 的8倍，吸油率为 PE 的1/5，故适宜包装含油食品，可替代玻璃纸包装点心、面包等。PP 阻湿耐水性比玻璃纸好，透明度、光泽性及耐撕裂性不低于玻璃纸，印刷装潢效果不如玻璃纸，但成本可降低40%左右，且可用作糖果、点心的扭结包装。PP 可制成热收缩膜进行热收缩包装，也可制成透明的其他包装容器或制品；同时还可制成各种形式的捆扎绳、带，在食品包装上用途十分广泛。

（二）聚苯乙烯和 K – 树脂

1. 聚苯乙烯（PS）

（1）性能特点　阻湿、阻气性能差，阻湿性能低于 PE；机械性能好，具有较高的刚硬性，但脆性大，耐冲击性能很差；能耐一般酸、碱、盐、低级醇，其水溶液性能良好，但易受到有机溶剂如烃类、酯类等的侵蚀软化甚至溶解；透明度好，高达88%～92%，有良好的光泽性；耐热性差，连续使用温度为60～80℃，耐低温性良好；成型加工性好，易着色和表面印刷，制品装饰效果很好；无毒无味，安全性好，但 PS 树脂中残留的单体苯乙烯及其他一些挥发性物质有低毒，对人体最大无害剂量为133mg/kg，因此，塑料制品中单体残留量应限定在1%以下。

（2）包装应用　PS 塑料在包装上主要制成透明食品盒、水果盘、小餐具等，色泽艳丽，形状各异，包装效果好。PS 薄膜和片材经拉伸处理后，冲击强度得到改善，可制成收缩薄膜，片材大量用于热成型包装容器。发泡聚苯乙烯（EPS）可用作保温及缓冲包装材料，EPS 低发泡薄片材可热成型为一次性使用的快餐盒（盘），使用方便，价格便宜，但因包装废弃物难以处理而成为环境公害，因此逐渐被其他可降解材料所取代。

（3）改性品种　PS 最主要的缺点是脆性大。其改性品种丙烯腈 – 丁二烯 – 苯乙烯塑料（ABS）由丙烯腈、丁二烯和苯乙烯共聚而成，具有良好的柔韧性和热塑性，对某些酸、碱、油脂具有良好的耐性，在食品工程上常用作管材。

2. K – 树脂　是一种具有良好抗冲击性能的聚苯乙烯类透明树脂，由丁二烯和苯乙烯共聚而成。由于其高透明和耐冲击性，被用于制造各种包装容器，如盒、杯、罐等。K – 树脂无毒，可与食品直接接触，经辐照（2.6mGy γ 射线）后其物理性能不受影响，符合食品和药品的有关安全性规定，在食品包装尤其是辐照食品包装中的应用前景很被看好。

（三）聚氯乙烯和聚偏二氯乙烯

1. 聚氯乙烯（PVC）　以 PVC 树脂为主体，加入增塑剂、稳定剂等添加剂混合而成。

（1）性能特点　PVC 树脂热稳定性差，在空气中超过150℃会降解而放出 HCl，长期处于100℃下会降解，在成型加工时也会发生热分解，这些因素限制了 PVC 制品的使用温度，一般需在 PVC 树脂中加入2%～5%的稳定剂。PVC 树脂的分子结构决定了它具有较高的黏流化温度，且该黏流化温度很接近其分解温度，其黏流态时的流动性也差，为此需加入增塑剂来改善其成型加工性能。根据增塑剂加入量的不同可获得不同品种的 PVC 塑料，增塑剂的量达树脂量的30%～40%时可构成软质 PVC，增塑剂的量小于5%时可构成硬质 PVC。

（2）包装特性　PVC 的阻气、阻油性优于 PE，硬质 PVC 的阻气性优于软质 PVC；阻湿性比 PE 差；

化学稳定性优良，透明度、光泽性比 PE 优良；机械性能好，硬质 PVC 有很好的抗拉强度和刚性，软质 PVC 相对较差，但柔韧性和抗撕裂强度较 PE 高；耐高低温性差，一般使用温度为 $-15 \sim 55℃$，有低温脆性；加工性能因加入增塑剂和稳定剂而得到改善，加工温度在 $140 \sim 180℃$；着色性、印刷性和热封性较好。

（3）安全性　PVC 树脂本身无毒，但其中残留的单体氯乙烯（VC）有麻醉和致畸致癌作用，对人体的安全限量为 1mg/kg，故 PVC 用作食品包装材料时应严格控制材料中单体氯乙烯的残留量，PVC 树脂中单体氯乙烯残留量 $\leqslant 3 \times 10^{-6}$（体积分数）、包装制品中小于 1×10^{-6}（体积分数）时，才能满足食品安全要求。

稳定剂是影响 PVC 塑料安全性的另一个重要因素。用于食品包装的 PVC 材料不允许加入铅盐、镉盐、钡盐等毒性较强的稳定剂，应选用低毒且溶出量小的稳定剂。增塑剂是影响 PVC 安全性的又一重要因素。用作食品包装的 PVC 如使用邻苯二甲酸二辛酯、二癸酯等低毒品种作增塑剂，使用剂量也应控制在安全范围内。

（4）包装应用　PVC 存在的安全问题限制了其在食品包装中的使用范围，软质 PVC 增塑剂含量大，安全性差，不用于直接接触食品的包装，但可利用其柔软性、加工性好的特点来制作弹性拉伸膜和热收缩膜。硬质 PVC 中不含或含微量增塑剂，安全性好，可直接用于食品包装。

（5）改性品种　PVC 树脂中加入无毒小分子共混能起增塑作用，故不含增塑剂，在低温下仍保持良好韧性，具有中等阻隔性，卫生安全，价格也便宜，其薄膜制品可用作食品的收缩包装，薄片热成型容器用于冰淇淋、果冻等的热成型包装。

2. 聚偏二氯乙烯（PVDC）　由 PVDC 树脂和少量增塑剂和稳定剂制成。

（1）性能特点　PVDC 因软化温度高，接近其分解温度，在热、紫外线等作用下易分解，同时与一般增塑剂相溶作用差，加热成型困难而难以应用。其加工性较差，制成薄膜材料时一般需加入稳定剂和增塑剂。

（2）包装特性　PVDC 具有许多优异的包装性能：阻隔性很高，且受环境温度的影响较小，耐高低温性良好，适用于高温杀菌和低温冷藏；化学稳定性很好，不易受酸、碱和普通有机溶剂的侵蚀；透明性、光泽性良好，制成收缩膜后的收缩率可达 30% ~ 60%，适合作畜肉制品的灌肠包装。但因其热封性较差，膜封口强度低，一般需采用高频或脉冲热封合，也可采用铝丝结扎封口。

（3）包装应用　PVDC 膜是一种高阻隔性包装材料，其成型加工困难，价格较高。目前除单独用于食品包装外，还大量用于与其他材料复合制成高性能复合包装材料。PVDC 由于有良好的熔黏性，可作复合材料的黏合剂，或溶于溶剂成涂料，涂覆在其他薄膜材料或容器表面，可显著提高阻隔性能，适用于长期保存的食品包装。

（四）聚酰胺和聚乙烯醇

1. 聚酰胺（PA）　俗称尼龙（Nylon，Ny），是分子主链上含大量酰胺基团结构的线型结晶型高聚物。其包装特性如下。

（1）阻气性优良，分子极性较强，是一种典型的亲水性聚合物，阻湿性差，吸水性强，且随吸水量的增加而滞胀，使其阻气阻湿性能急剧下降。

（2）化学稳定性好：PA 具有优良的耐油、耐碱和耐大多数盐溶液的性能，但强酸能侵蚀它，水能使其溶胀。

（3）抗拉强度较大，随吸湿量的增多，其抗拉强度降低；抗冲击强度比其他塑料明显要高，且随吸湿量增加而提高。

（4）耐高低温性优良：正常使用温度范围在 $-60 \sim 130℃$，短时耐高温达 $200℃$。

（5）成型加工性较好，但热封性不良，一般常用于复合材料。

（6）安全性好。

PA 薄膜制品大量用于食品包装，为提高其包装性能，可使用拉伸 PA 薄膜，并与 PE、PVDC 或者 PP 复合，提高防潮阻湿和热封性能，可用于畜肉制品的高温蒸煮包装和深度冷冻包装。

2. 聚乙烯醇（PVA） 由聚醋酸乙烯酯经碱性醇液醇解而得，是一种分子极性较强且高度结晶的高分子化合物。

（1）性能特点 PVA 通常制成薄膜包装食品，其阻气性能很好，特别是对有机溶剂蒸气、惰性气体及芳香气体；但因其为亲水性物质，阻湿性差，透湿能力是 PE 的 5～10 倍，吸水性强，且随吸湿量的增加而使其阻气性急剧降低；化学稳定性良好，透明度、光泽性及印刷性都很好；机械性能好，抗拉强度、韧性、延伸率均较高，但会因吸湿量和增塑剂量的增加而使强度降低；耐高温性较好，耐低温性较差；卫生安全性好。

（2）包装应用 PVA 薄膜可直接用于包装含油食品和风味食品，不能用于防潮包装，但通过与其他材料复合可避免易吸潮的缺点，充分发挥其优良的阻气性能，广泛应用于肉类制品如香肠、烤肉、切片火腿等的包装，也可用于黄油、干酪及快餐食品的包装。

（五）聚酯和聚碳酸酯

1. 聚酯（PET） 是聚对苯二甲酸乙二醇酯的简称，俗称涤纶。

（1）性能特点 PET 用于食品包装具有许多优良的特性，阻气、阻湿、阻油性优，化学稳定性良好；具有其他塑料所不及的高强韧性，抗拉强度是 PE 的 5～10 倍、PA 的 3 倍，抗冲强度也很高，还具有良好的耐磨和耐折叠性；具有优良的耐高低温性能，可在 –70～120℃ 温度下长期使用，短期使用可耐 150℃ 高温，且高低温对其机械性能影响很小；光亮透明，可见光透过率高达 90% 以上，并可阻挡紫外线；印刷性能较好；安全性好，溶出物总量很小；但由于熔点高，成型加工和热封较困难。

（2）包装应用 PET 薄膜用于食品包装主要有以下四种形式。

1）无晶型未定向透明薄膜 抗油脂性很好，可用来包装含油及肉类制品，还可作食品桶、箱、盒等容器的衬袋。

2）无晶型定向拉伸收缩膜 是将上述薄膜进行定向拉伸而成，表现出高强度和良好热收缩性，可用作畜肉食品的收缩包装。

3）结晶型塑料薄膜 即通过拉伸提高 PET 的结晶度，使薄膜的强度、阻隔性、透明度、光泽性得到提高，包装性能更优越，可大量用于食品包装。

4）与其他材料复合 如与真空镀铝、涂 PVDC 等复合成高阻隔包装材料，用于保质期较长的高温蒸煮杀菌食品包装和冷冻食品包装。

PET 还有较好的稳定性，经过拉伸，强度高、透明性好，许多饮料都使用 PET 瓶包装。PET 适合用作保香性包装材料。

（3）改性品种 聚萘二甲酸乙二醇酯（PEN）与 PET 结构相似，只是以萘环代替苯环。PEN 比 PET 具有更优异的阻隔性，特别是阻气性、防紫外线性和耐热性比 PET 更好。PEN 作为一种高性能、新型包装材料，有一定的开发前景。

2. 聚碳酸酯（PC） 是分子链中含有碳酸酯基的高分子聚合物。根据酯基的结构可分为脂肪族、芳香族、脂肪族–芳香族等多种类型。

（1）性能特点 PC 的大分子链节结构决定了它能够结晶，又难于熔解结晶，有很好的透明性和机械性能，尤其是低温抗冲击性能；不足是刚性大而耐应力、耐开裂性差。应用共混改性技术，如用 PE、

PP、PET、ABS 和 PA 等与之共混成塑料合金可改善其性能，但共混改性产品一般都会失去光学透明性。PC 是一种非常优良的包装材料，但因价格贵而限制了它的广泛应用。

（2）包装应用　PC 可注塑成型为盆、盒，还可吹塑成型为瓶、罐等韧性高的产品，用途较广。因其透明性好，可制成"透明"罐头，耐 120℃ 高温杀菌处理。

（六）乙烯–醋酸乙烯共聚物和乙烯–乙烯醇共聚物

1. 乙烯–醋酸乙烯共聚物（EVA）　由乙烯和醋酸乙烯酯（VA）共聚而得。

（1）性能特点　EVA 阻隔性比 LDPE 差，且随密度降低而透气性增加；环境抗老化性能比 PE 好，强度也比 LDPE 高，增加 VA 含量能更好地抵抗紫外线；耐臭氧作用比橡胶高；透明度高，光泽性好，易着色，装饰效果好；成型加工温度比 PE 低 20～30℃，加工性好，可热封也可黏合；具有抗霉菌生长的特性，卫生安全。

（2）包装应用　不同的 EVA 在食品包装上的用途不同。VA 含量少的 EVA 可作呼吸膜包装生鲜果蔬，也可直接用于其他食品的包装；VA 含量在 10%～30% 的 EVA 可用作食品的弹性裹包或收缩包装，因其热封温度低、封合强度高、透明性好，而常作复合膜的内封层；EVA 挤出涂布在 BOPP、PET 和玻璃纸上，可直接用来包装干酪等食品；VA 含量高的 EVA 可用作黏合剂和涂料。

2. 乙烯–乙烯醇共聚物（EVAL）　是乙烯和乙烯醇的共聚物。乙烯醇改善了乙烯的阻气性，而乙烯则改善了乙烯醇的加工性和阻湿性，故 EVAL 具有聚乙烯的易流动性、加工成型性和优良的阻湿性，又具有聚乙烯醇极好的阻气性。

（1）性能特点　EVAL 树脂是高度结晶型树脂，其最突出的优点是对氧气、二氧化碳、氮气的高阻隔性及优异的保香和阻异味性能。EVAL 的性能依赖于其共聚物中单体的相对浓度，当乙烯含量增加时，阻气性下降，阻湿性提高，加工性能也提高。EVAL 主链上有羟基存在而具亲水性，吸收水分后会影响其阻隔性，为此常采用共挤方法把 EVAL 夹在聚烯烃等防潮材料的中间，以充分体现其高阻隔性能。EVAL 有良好的耐油和耐有机溶剂性，且具有高抗静电性。EVAL 薄膜有高光泽度和透明度。

（2）包装应用　EVAL 作为高性能包装新材料，已用于有高阻隔性要求的包装上，例如真空包装、充气包装或脱氧包装，可有效保持包装内环境气氛的稳定。

（七）离子键聚合物及其他塑料树脂

1. 离子键聚合物（ionomer）　是一种以离子键交联大分子的高分子化合物。目前常用的是乙烯和甲基丙烯酸共聚物引入钠离子或锌离子交联而成的产品，也称离聚体，商品名为 Surlyn。由于大分子主链有离子键存在，而使聚合物具有交联大分子的特性，是一种高韧性的热塑性塑料。

（1）性能特点　Surlyn 薄膜用于食品包装所表现的主要特性如下：有极好的冲击强度，抗张强度是 LDPE 的 2 倍多，且在低温下性能优良，韧性弹性好，有优良的抗刺破性和耐折叠性；阻气性优于聚乙烯，但阻湿性差。耐酸、碱和油脂性优良；透明性优良，光泽度高；高温下易氧化老化，正常使用温度不应高于 80℃。最大的特点是有极好的热封性，在相同温度下封合强度几乎是 PE、EVA 的 10 倍，且热封温度低、范围宽（100～160℃）；成型加工性较好，印刷适应性好，且无臭、无味、无毒，卫生安全。

（2）包装应用　离子型聚合物薄膜适用于形状复杂或带棱角的食品包装，特别适用于包装油脂性食品，可用作普通包装、热收缩包装、弹性裹包，也可作复合材料的热封层。

2. 其他塑料树脂

（1）聚氨酯　由多元醇与多元异氰酸酯反应而得，根据组成配方的不同，可获得硬、半硬及软的泡沫塑料、塑料、弹性体、涂料和黏合剂等，包装中主要用其泡沫塑料产品及黏合剂产品。聚氨酯由于化学结构具有强极性特点，而使它具有耐磨、耐低温、耐化学药品等性能突出的优点，可制成薄膜用于包装。

（2）氟树脂 是由含氟单体聚合成的一类高聚物。具有优良的高低温性能和耐化学药品性能，特别是聚四氟乙烯，可以耐浓酸和氧化剂（如硫酸、硝酸、王水等）；摩擦系数低，是优良的自润滑材料，具有不黏合性。作为包装材料，氟树脂主要制成容器和薄膜，在环境条件特殊苛刻的包装场合中应用，如高温、防黏和耐药品的场合。

（八）复合软包装材料

复合软包装材料是指由两层或两层以上不同品种的可挠性材料，通过一定技术组合而成的"结构化"多层材料，所用复合基材有塑料薄膜、铝箔和纸等。一般复合软包装材料的结构为：面层＋黏接层＋阻隔层＋黏接层＋热封层。

1. 复合软材料特性 复合材料种类繁多，根据所用基材种类、组合层数、复合工艺方法等的不同，可以形成不同构造、性能、用途的复合材料，其中基材的数量和性能是决定复合材料性能的主要因素。

复合软包装材料突出的优势为以下两点。

（1）综合包装性能好 综合了构成复合材料的所有单膜的性能，具有高阻隔性、高强度、良好热封性、耐高低温性和包装操作适应性。

（2）安全性好 可将印刷装饰层置于中间，具有不污染内容物并保护印刷装饰层的作用。

2. 食品包装用复合软包装材料结构要求

（1）内层要求 无毒、无味、耐油、耐化学性能好，具有热封性或黏合性，常用的有 PE、PP、EVA 及离子型聚合物等热塑性塑料。

（2）外层要求 光学性能好，印刷性好，耐磨耐热，具有强度和刚性，常用的有 PA、PET、BOPP、PC、铝箔及纸等。

（3）中间层要求 具有高阻隔性（阻气、阻香、防潮、遮光），铝箔和 PVDC 是最常用的品种。

（4）复合材料的表示方法 从左至右依次为外层、中间层和内层材料，如：纸/PE/Al/PE，外层纸提供印刷性能，中间 PE 层起粘结作用，中间 Al 层提供阻隔性和刚度，内层 PE 提供热封性能。

3. 复合工艺及其复合材料 复合工艺方法主要有涂布法、共挤法和层合法三种，可单独应用，也可复合应用。

（1）涂布法（coating） 是在一种基材表面涂上涂布剂，并经干燥或冷却后形成复合材料的加工方法。涂布法所用基材为纸、玻璃纸、铝箔及各种塑料薄膜，涂布剂有 LDPE、PVDC、EVA 和 ionomer 等。涂布 PVDC 主要用于提高薄膜阻隔性，涂布 PE、EVA、ionomer 主要提供良好的热封性。典型的涂布复合材料有 PT/PE、OPP/PE（EVA）、Ny/PE（EVA）、PET/PE（EVA）。

（2）共挤法（co－extrusion） 是用两台或两台以上的挤出机，分别将加热熔融的异色或异种塑料从一个模孔中挤出成膜的工艺。该法主要用于材料性能相近或相同的多层组合共挤。共挤膜常以 PE、PP 为基材，有两层、三层、五层共挤组合。典型的共挤复合膜有 LDPE/PP/LDPE、PP/LDPE、LDPE/LDPE 及 LDPE/LDPE/LDPE（异色组合）。

（3）层合法（laminating） 是用黏合剂把两层或两层以上的基材黏合在一起而形成复合材料的一种工艺方法。该法适用于某些无法用挤出和复合工艺加工的复合材料，如纸、铝箔等。层合法的特点是应用范围广，只要选择合适的黏合材料和黏合剂，就可使任何薄膜相互黏合；黏合强度高，同时可将印刷色层黏夹于薄膜之间，隔离和保护印刷层。典型的层合复合膜有纸/Al/PE、BOPP/PA/PP、PET/Al/PP、Al/PE 等。表 2－4 为各种复合膜的性能比较及用途。

表 2-4　食品包装常用复合膜包装性能及用途

复合包装用薄膜的构成	特性										用途
	阻湿性	阻气性	耐油性	耐水性	耐煮性	耐寒性	透明性	防紫外线	成型性	封合性	
PT/PE	☆	☆	○	×	×	×	☆	×	×	☆	方便面、米制糕点、医药
OPP/PE	☆	○	○	☆	☆	☆	☆	×	○	☆	干紫菜、方便面、米制糕点、冷冻食品
PVDC涂PT/PE	☆	☆	○	☆	☆	○	☆	○~×	×	☆	豆酱、腌菜、火腿、果子酱、饮料粉、鱼类加工品
OPP/CPP	☆	○	☆	☆	○	○	☆	×	○	☆	糕点（米制、豆制及油糕点）
PT/CPP	☆	☆	☆	×	×	×	☆	×	×	☆	糕点
OPP/PT/PP	☆	☆	☆	☆	☆	☆	☆	×	×	☆	豆酱、腌菜、糖酱制鱼品、果子酱
OPP/K-PT/PE	☆	☆	☆	☆	☆	○	☆	○~×	×	☆	高级加工肉类食品、豆品、面条
OPP/PVDC/PE	☆	☆	☆	☆	☆	☆	☆	○~×	×	☆	火腿、红肠、鱼糕
PET/PE	☆	☆	☆	☆	☆	☆	☆	○~×	○	☆	蒸煮食品、冷冻食品、年糕、饮料粉、面条
PET/PVDC/PE	☆	☆	☆	☆	☆	☆	☆	○~×	☆	☆	豆酱、鱼糕、冷冻食品、熏制食品
Ny/PE	○	○	☆	☆	☆	☆	☆	×	○	☆	鱼糕、面条、年糕、冷冻食品、饮料粉
Ny/PVDC/PE	☆	☆	☆	☆	☆	☆	☆	○	○	☆	鱼糕、面条、年糕、冷冻食品、饮料粉
OPP/PVA/PE	☆	☆	☆	☆	○	○	☆	×	○	☆	豆酱、饮料等
OPP/EVAL/PE	☆	☆	☆	☆	○	○	☆	×	○	☆	气密性小袋（饮料粉、鱼片）
PC/PE	○	×	○	☆	☆	☆	☆	○~×	○	☆	切片火腿、饮料粉
Al/PE	☆	☆	☆	☆	○	☆	×	☆	×	☆	医药、照片用胶卷、糕点
PT/Al/PE	☆	☆	☆	×	×	○	×	☆	×	☆	医药、糕点、茶叶、方便食品
PET/Al/PE	☆	☆	☆	☆	☆	☆	×	☆	×	☆	咖喱、焖制食品、蒸煮食品
PT/纸/PVDC	☆	☆	☆	×	×	○	×	☆	×	☆	干紫菜、茶叶、干食品
PT/Al/纸/PE	☆	☆	☆	○	×	○	×	☆	×	☆	茶叶、香波、汤粉、豆料粉、奶粉

注：☆好，○一般，×差。

4. 高温蒸煮袋用复合膜　高温蒸煮袋（petrol pouch）是一类有特殊耐高温要求的复合包装材料，

按其杀菌时使用的温度，可分为高温蒸煮袋（121℃杀菌 30 分钟）和超高温蒸煮袋（135℃杀菌 30 分钟）；按其结构来分，有透明袋和不透明袋两种。制作高温蒸煮袋的复合薄膜有透明和不透明两种。透明复合薄膜可用 PET 或 PA 等薄膜作外层（高阻隔型透明袋使用 K-PET 膜），PP 作为内层，中间层可用 PVDC 或 PVA；不透明复合薄膜中间层为铝箔。

高温蒸煮袋应能承受 121℃以上的高温加热灭菌，对气体、水蒸气具有高阻隔性且热封性好，如用 PE 为内层，仅能承受 110℃以下的灭菌温度。故高温蒸煮袋一般采用 PP 作热封层。透明袋杀菌时传热较慢，适用于内容物在 300g 以下的小型蒸煮袋，而内容物超过 500g 的蒸煮袋应使用有铝箔的不透明蒸煮袋。

四、塑料包装容器及制品

塑料通过加工可制成具有各种性能和形状的包装容器及制品。食品包装上常用的有塑料中空容器、热成型容器、塑料箱、钙塑瓦楞箱、塑料包装袋等。塑料包装容器成型加工方法很多，常用的有注射成型、中空吹塑成型、片材热成型等，可根据塑料性能，制品种类、形状、用途和成本等选择合理的成型方法。

（一）塑料瓶

塑料瓶因具有许多优异的性能而被广泛应用在液体食品包装上，除酒类用传统玻璃瓶包装外，塑料瓶已成为最主要的液体食品包装容器，大有取代普通玻璃瓶之趋势。

1. 塑料瓶成型工艺

（1）挤—吹工艺　是塑料瓶最常用的成型工艺。在塑料挤出机上将树脂加热熔融并通过模具挤出空心管坯，然后送入金属模具内，经一定长度合模后，从另一端向管内吹入压缩空气使塑料管管坯膨胀贴模，经冷却后形成制品。它是生产 LDPE、HDPE、PVC 小口瓶的主要方法。

（2）注—吹工艺　包括两道主要工序，先是将塑料熔融注塑成具有一定形状的形坯，然后移去注塑模并趁热换上吹塑模，吹塑成型、冷却而形成制品。它是生产大口容器的主要方法，所适合的塑料品种主要有 PS、HDPE、LDPE、PET、PP、PVC、PAN 等。

（3）挤—拉—吹工艺　先将塑料熔融挤入出管坯，然后在拉伸温度下进行纵向拉伸并用压缩空气吹模成型，最后经冷却定型后启模取出成品。制品经定向拉伸而提高了透明度、阻隔性和强度，并降低了成本、减轻了质量。这种工艺主要适于 PP 和 PVC 等塑料制品。

（4）注—拉—吹工艺　瓶坯用注射法成型，再经拉伸和吹塑成型。其特点是制品精度高，颈部尺寸精确、无需修正；容器刚性好、强度高、外观质量好；适合大批量生产。其缺点为对狭口或异形瓶较难成型。这种工艺适于 PET、PP、PS 等塑料瓶成型。

（5）多层共挤(注)—吹工艺　主要用于多层复合塑料瓶罐的成型。

2. 食品包装常用塑料瓶　包装上常用的塑料瓶品种有 PE、PP、PVC、PET、PS 和 PC 等。

（1）硬质 PVC 瓶　无毒，质硬，透明度很好，在食品包装上主要用于食用油、酱油及不含气饮料等液态食品的包装。树脂中的氯乙烯（VC）单体的含量小于 1mg/kg，经检测在 25℃ 60 分钟的正庚烷溶出试验中，蒸发残留量小于 150mg/kg，即被认为是无毒食品级。PVC 瓶有双轴拉伸瓶和普通吹塑瓶两种。双轴拉伸 PVC 瓶的阻隔性和透明度均比普通吹塑 PVC 瓶好，用于碳酸饮料包装时的最大 CO_2 充气量为 5g/L，在 3 个月内能保持饮料中的 CO_2 含量。但应注意拉伸 PVC 瓶的阻氧性极为有限，不宜盛装对氧气敏感的液态食品。

（2）PE 瓶　主要有 LDPE 瓶和 HDPE 瓶。它在包装上应用很广，但由于其不透明和高透气性、渗油等缺点而很少用于液体食品包装。PE 瓶的高阻湿性和低价格使其广泛用于药品片剂的包装，也用于日化产品的包装。

（3）PET瓶　一般采用注—拉—吹工艺生产，是定向拉伸瓶的最大品种。其特点为高强度，高阻隔性，透明美观，阻气、保香性好，质轻（仅为玻璃瓶的1/10），再循环性好。因此，在碳酸饮料包装上，PET瓶几乎全部取代了玻璃瓶。PET瓶虽具有许多优点，具有高阻隔性，但对CO_2的阻隔性还不充分。采用PVDC涂制成PET-PVDC复合瓶，能有效提高其阻隔性而用于富含营养食品的长期贮存。

（4）PS瓶和PC瓶

1）PS瓶　只能用注—吹工艺生产，这是因为PS的脆性大。PS瓶最大的特点是光亮透明、尺寸稳定性好、阻气防水性能也较好，且价格较低，因此适用于对O_2敏感产品的包装，但应注意的是它不适合包装含大量香精香料的产品，因为其中的酯和酮会溶解PS。

2）PC瓶　具有极高的强度和透明度，耐热、耐冲击、耐油及耐应变，但其最大的不足就是价格昂贵，且加工性能差，加工条件要求高，故其应用较少。它在食品包装上用作小型牛奶瓶，可进行蒸汽消毒，也可采用微波灭菌，可重复使用15次，在国外也被广泛应用。

（5）PP瓶　加工性能差，故应用受限。采用挤—吹工艺生产的普通PP瓶，其透明度、耐油性、耐热性比PE瓶好，但其透明度、刚性和阻气性均不及PVC瓶，且低温下耐冲击能力较差，易脆裂，因此很少应用。采用挤（注）—拉—吹工艺生产的PP瓶，在性能上得到明显改善，有些性能还优于PVC瓶，且拉伸后质量减轻，能节约30%原料左右，可用于包装不含气果汁饮料及日化用品。

（二）塑料周转箱和钙塑瓦楞箱

1. 塑料周转箱　具有体积小、质量轻、美观耐用、易清洗、耐腐蚀、易成型加工和使用管理方便、安全卫生等特点，被广泛用作啤酒、汽水、生鲜果蔬、牛奶、禽蛋、水产品等的运输包装。塑料周转箱所用材料大多是PP和HDPE。以HDPE为原料制作的周转箱耐低温性能较好，而以PP为原料的周转箱的抗压性能比较好，更适用于需长期贮存垛放的食品。由于周转箱经日晒雨淋以及受外界环境的影响，易老化脆裂，制造时应对原料进行选择并选用适当的添加剂，一般选用分子量分布范围较宽的树脂，或者将HDPE和LDPE混用，另外还需加入抗氧剂、颜料、紫外线吸收剂等添加剂来改性，以提高塑料周转箱的使用年限。目前，EPS发泡塑料周转箱常作为生鲜果蔬的低温保鲜包装，因其具有隔热、防震、缓冲等优越性而被广泛应用。

2. 钙塑瓦楞箱　利用钙塑材料优异的防潮性能，来取代部分特殊场合的纸箱包装而发展起来的一种包装。钙塑材料是在PP、PE树脂中加入大量填料如碳酸钙、硫酸钙、滑石粉及少量助剂而形成的一种复合材料。钙塑材料由于具有塑料包装材料的特性，以及防潮防水、高强度等优点，可在高湿环境下用于冷冻食品、水产品、畜肉制品的包装，体现出质轻、美观整洁、耐用及尺寸稳定的优点；但钙塑材料表面光洁易打滑，减震缓冲性较差，且堆叠稳定性不佳，成本也相对较高。用于食品包装的钙塑材料助剂应满足食品安全要求，即无毒或有毒成分应在规定的剂量范围内。钙塑瓦楞箱与牛皮纸板瓦楞箱的性能比较见表2-5。

表2-5　钙塑瓦楞箱与牛皮纸板瓦楞箱的性能比较

名称	空箱抗压（kg）		瓦楞纸板平面抗压强度（MPa）	瓦楞纸板剥离强度（kg）	跌落试验（次）		撞击试验（次）	空箱质量（kg）
	干时	水淋5分钟			底着地	横头着地		
钙塑瓦楞箱	510	510	0.20	5	>50	10	>5	1.1
牛皮纸瓦楞箱	250	70	0.069	0.9	>50	10	>50	0.8

注：瓦楞箱均用单瓦楞纸板制成，规格为41cm×31cm×25cm。

（三）其他塑料包装容器

1. 塑料包装袋

（1）单层薄膜袋（single - layer film bag）　由各类聚乙烯、聚丙烯薄膜（通常为筒膜）制成。因其尺寸大小各异、厚薄及形状不同而用于多种物品包装，有口袋形塑料袋，也可做成背心袋用于市场购物。

LDPE 吹塑薄膜具有柔软、透明、防潮性能好、热封性能良好等优点，多用于小食品包装；HDPE 吹塑薄膜的力学性能优于 LDPE 吹塑薄膜，且具有挺刮、易开口的特点，但透明度较差，通常用于制作背心式购物袋；LLDPE 吹塑薄膜具有优良的抗戳穿性和良好的焊接性，即使在低温下仍具有较高的韧性，可用于制作对抗戳穿性要求较高的垃圾袋；PP 吹塑薄膜由于透明度高，多用于制作服装、针织品及食品的包装袋。

（2）复合薄膜袋（recombinal film bag）　是为满足食品包装对高阻隔、高强度、高温灭菌、低温保鲜等方面的要求，采用多层复合塑料膜制成的包装袋。如高温蒸煮袋便是复合薄膜包装袋的重要品种。

（3）挤出网眼袋（mesh bog）　是以 HDPE 为原料，经熔融挤出，旋转机头成型，再经单向拉伸而成的连续网束，只需按所需长度切割，将一端热熔在一起，另一端穿入提绳即成挤出网眼袋，适于水果、罐头、瓶酒的外包装，美观大方。另一种挤出网眼袋是以 EPS 为原料，经熔融挤出制成的，主要用于水果、瓶罐的缓冲包装。

2. 塑料片材热成型容器
将热塑性塑料片材加热到软化点以上、熔融温度以下的某一温度，采用适当模具，在气体压力、液体压力或机械压力的作用下形成与模具形状相同的包装容器。热成型容器具有许多优异的包装性能，其在食品包装上的应用得到了迅速发展。

3. 其他塑料包装制品

（1）高温杀菌塑料罐　材料组成为 PP/EVAL/PP，其特点在于夹层以 EVOH 为材料，保气性极为良好，保存期与罐头相同，在常温下能保存两年，可取代金属罐。

（2）微波炉、烤箱双用塑料托盘　以结晶型 PET 为材料，可耐高温，用于微波食品及烤箱食品。此种塑料托盘在欧美、日本等国家和地区广泛用于微波食品的包装。

（3）可挤压瓶　材料组成为 PP/EVOH/PP，用共挤压技术制造，保气性、挤压性良好，用于热充填、不杀菌的食品包装，如果酱、调味酱等。

第三节　金属包装材料及制品 微课2

金属包装主要以铁、铝等材料为原料，将其加工成各种形式的容器来包装食品。金属包装材料及容器具有包装性能优良、生产效率高、流通贮藏性能良好等特点，在食品包装上的应用越来越广泛，是现代最重要的四大包装材料之一。

一、金属包装材料性能特点

金属包装材料与其他包装材料相比，有许多显著的性能和特点。

1. 优点

（1）高阻隔性能　金属材料用于食品包装可阻挡气、汽、水、油、光等物质的通过，阻气性、防潮性、遮光性（特别是阻隔紫外线）、保香性优于塑料或者纸等其他包装材料，能长期使商品的质量和风味保持不变，表现出极好的保护功能，使包装食品具有较长的货架期。

（2）机械性能优良　金属材料具有良好的抗张、抗压、抗弯强度，韧性及硬度，用作食品包装能展现出耐压、耐温湿度变化和耐虫害的特性，金属材料包装的食品便于运输和贮存，同时适应包装的机械化、自动化操作，密封可靠，效率高。

（3）成型加工性能好，易于连续化生产　金属由于具有良好塑性，可制成食品包装所需要的各种形状容器。现代金属容器加工技术与设备成熟，生产效率高，如马口铁三片罐生产线生产速度可达 1200 罐/分，铝质二片罐生产线生产速度达 3600 罐/分，可以满足食品大规模自动化生产的需要。

（4）加工适应性能良好　金属材料具有耐高低温性、良好的导热性、耐热冲击性，用作食品包装可以适应食品冷热加工、高温杀菌以及杀菌后的快速冷却等加工需要。

（5）表面装饰性好　金属具有光泽，可通过表面彩印装饰提供美观的商品形象，以吸引消费者，促进销售。

（6）金属包装废弃物较易回收处理　金属包装废弃物易回收处理，可减少对环境的污染，金属包装材料是再生资源，这也是金属材料的明显优势。

2. 缺点

（1）化学稳定性差，耐蚀性不如塑料和玻璃　包装酸度高的食品时易被腐蚀，钢材中金属离子易析出，影响风味，污染食品。这在一定程度上限制了它的使用范围，一般需在金属包装容器内壁涂布涂料，加以改善。

（2）重量较大，价格较贵　金属材料与纸和塑料相比，其质量体积较大，加工成本较高，但也会随着生产技术的进步和大规模化生产而得以改善。

二、食品包装常用金属材料

食品包装常用金属材料按材质主要分为两类：①钢基包装材料，包括镀锡薄钢板（马口铁）、镀铬薄钢板、镀锌板、不锈钢板等；②铝质包装材料，包括铝合金薄板、铝箔、镀铝软包装等。

（一）镀锡薄钢板

镀锡薄钢板简称镀锡板，是在薄钢板表面镀锡而制成的产品，又称马口铁板，大量用于制造包装食品的各种容器。

1. 工艺与结构　将低碳薄钢板经酸洗、冷轧、电解清洗、退火、平整、剪边加工，再经清洗、电镀、软熔、钝化处理、涂油后剪切成镀锡板板材成品。镀锡板所用镀锡为高纯锡（含 Sn > 99.8%）。锡层也可用热浸镀法涂敷，此法所得镀锡板的锡层比较厚，用锡量大，镀锡层不需进行钝化处理；电镀锡的锡层薄而均匀，易于连续生产。镀锡板结构由五部分组成，如图 2-20 所示为各层的成分、厚度，根据镀锡工艺的不同而略有差异。

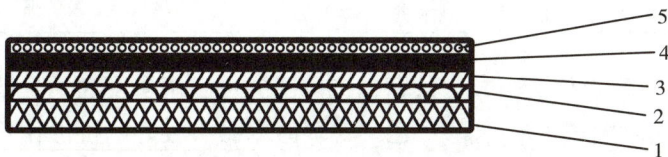

图 2-20　镀锡板的结构
1. 钢基板；2. 锡铁合金层；3. 锡层；4. 氧化膜；5. 油膜

2. 机械性能　受加工材料、工艺等因素的影响，镀锡板具有的机械性能如强度、硬度、塑性、韧性也各不相同，为满足使用性能和成型加工的要求，生产上用调质度作为指标来表示镀锡板的综合机械性能。镀锡板的调质度以其洛氏表面硬度（T）来表示，T 值越大，其具有的强度、硬度越高，而相应的塑性、韧性越低。不同调质度镀锡板的使用场合、加工方法各不相同。

3. 耐腐蚀性　锡的电极电位比铁高，化学性质稳定，如果镀锡层镀锡完整、纯度高，且镀层和钢基板结合牢固，镀锡层对铁能起到很好的保护作用。一般的食品可直接接触镀锡板容器，但食品种类繁多，成分特性各不相同，因此对镀锡板制成的包装容器的耐腐蚀性有不同的要求。

锡层的保护作用有限，对于腐蚀性较大的食品（如番茄酱）或者含有硝酸盐、亚硝酸盐的食品及肉禽类、水产类食品等在生产过程中能与锡作用产生硫化物的食品都会对镀锡板产生腐蚀作用。因此，这些食品不能与镀锡板罐直接接触，而应在镀锡板上涂覆涂料，将食品与镀锡板隔离，以减少它们之间的接触反应，确保罐装食品质量并延长其贮存时间。

涂料是有机化合物，主要成分为油料和树脂。由于涂料和食品直接接触，要求涂料必须无味、无臭、无毒，不影响食品品质；涂膜致密，连续完整，涂层干燥迅速，与镀锡板间有良好的亲和性；具有良好的机械性能，在随同镀锡板进行成型加工时能承受冲压、弯曲等作用，不破裂、不脱落；有足够的耐热性，能承受制罐加工、热杀菌加工等的高温作用而不变色、不起泡、不剥离。涂料板所用涂料种类很多，根据加工需要有不同的分类，使用过程中应合理选用。按其制成的容器是否与食品接触，可分为内涂料和外涂料；按涂料涂覆顺序的不同，可分为底涂料和面涂料，用于容器接缝或涂层破损处的为补涂料；适合制罐加工要求的为一般涂料和冲拔罐涂料。根据食品特性及其包装保护要求，将所用的内涂料分为抗酸涂料、抗硫涂料、抗酸抗硫两用涂料、抗黏涂料、啤酒饮料专用涂料及其他专用涂料等。

（二）无锡薄钢板

由于金属锡资源少、价格高，镀锡板成本较高。为降低产品包装成本，在满足使用要求的前提下，可采用无锡薄钢板代替马口铁用于食品包装。常用的有镀铬薄钢板、镀锌薄钢板和低碳薄钢板。

1. 镀铬薄钢板　表面镀有铬和铬的氧化物的低碳薄钢板，简称镀铬板。镀铬板的制造与镀锡板基本相同，将经轧制到一定厚度的薄钢板经电解、清洗、酸洗等处理后，在镀铬槽中镀铬，再经铬酸处理、水洗、风干、涂油即得制镀铬薄钢板。镀铬板由钢基板、铬层、水合氧化铬层和油膜构成，各结构层的厚度、成分及特性见表 2 - 6。

表 2 - 6　镀铬板各层的厚度、成分及特性

各层名称	成分	厚度	性能特点
油脂膜	葵二酸二辛酯	22mg/m²	防锈、润滑
水合氧化铬层	水和氧化铬	7.5 ~ 27mg/m²	保护金属铬层，便于涂料和印铁，防止产生孔眼
金属铬层	金属铬	32.3 ~ 14.0mg/m²	有一定耐蚀性，但比纯锡差
钢基板	低碳钢	制罐用 0.2 ~ 0.3mm	提供板材必需的强度，加工性良好

镀铬板的机械性能与镀锡板相差不大，其综合机械性能也以调质度表示。镀铬板的耐腐蚀性能比镀锡板稍差，铬层和氧化铬层对柠檬酸、乳酸、乙酸等弱酸弱碱有很好的抗蚀作用，但不能抗强酸、强碱的腐蚀，所以镀铬板通常在涂以涂料后使用。镀铬板表面对涂料的施涂性能好，涂料在板面附着强，比镀锡板附着力高 3 ~ 6 倍，因此，涂料镀铬板具有比涂料镀锡板更好的耐腐蚀性。使用镀铬板时尤其要注意剪切断口极易腐蚀，必须加涂料以完全覆盖，因镀铬层韧性较差，所以冲拔、封盖加工时表面铬层易损伤破裂，不能适应冲拔、减薄、多级拉伸的加工。镀铬板不能采用锡焊法接缝，需采用熔接或黏接方式，适于制造罐底、盖和二片罐，可采用较高温度烘烤。镀铬板加涂料后具有的耐蚀性比镀锡板高，

价格比镀锡板低 10% 左右，经济性较好，使用量逐渐扩大。

2. 镀锌薄钢板　又称白铁皮，是在低碳钢基板表面镀上一层厚 0.02mm 以上的锌层所制成的金属板材。其制造过程为：低碳钢板→轧制→清洗→退火处理→热浸镀锌→冷却→冲洗→拉伸矫直。镀锌板也可经电镀锌制成，电镀锌板的成型加工性能较热浸镀锌板好，可焊性较好，但是耐腐蚀性不如热浸镀锌板。镀锌板主要用作大容量的包装桶。

3. 低碳薄钢板　是含碳量 0.25%、厚度为 0.35~4mm 的普通碳素钢或优质碳素结构钢的钢板。低碳成分决定了低碳薄钢板塑性好，易于进行容器的成型加工和接缝的焊接加工，制成的容器有较好的强度和刚性，且价格便宜。低碳薄钢板表面加特殊涂料后可用于罐装饮料或其他食品，还可以将其制成窄带用来捆扎纸箱、木箱或包装件。

（三）铝质包装材料

铝质包装材料主要是指铝合金薄板、铝箔以及真空镀铝软包装。铝用于制作挤压软管或拉伸容器，铝板可用于食品罐、冲拔饮料罐的制作，铝箔主要用于复合材料软包装。铝质材料具有许多优良的包装特性，广泛用于食品包装。

铝质材料的优点：铝是轻金属，密度为 2.7g/cm^2，约为铁的 1/3，可减轻容器质量，降低贮运费用；耐热、导热性能好，热传导率约为钢的 3 倍，适于经加热处理和低温冷藏的食品包装，且可减少能耗；具有优良的阻挡气体、水蒸气、油和光线的性能，能起到很好的保护作用，延长食品的保质期；有很好的延展性，适于冲拔压延成薄壁容器或薄片，并具有二次加工性能和易开口性能，易于冲压成各种复杂的形状，易于制成铝箔并可与纸、塑料膜复合，制成具有良好包装性能的复合材料；铝材表面有光泽、光亮度高，不易生锈，易印刷装饰，具有良好的装潢效果；铝质包装废弃物可回收再利用，节约资源。

铝质材料的缺点：铝的正常可耐受 pH 为 4.8~8.5，酸性食品与铝会发生化学反应放出氢气而导致膨罐，对铝罐内壁进行涂料处理或复合处理可以改善其耐蚀性能；容器成型时，很难用焊接方式进行加工，因此加工局限性较大；铝的强度不如镀锡薄钢板和无锡薄钢板，而且表面易划伤，摩擦系数大；铝的薄壁容器受碰撞时易变形。

1. 铝合金薄板　是铝合金材料经铸造、热轧、退火、冷轧、热处理和矫平等工序制成的薄板。铝合金薄板所含的合金元素主要有镁、锰、铜、锌、铁、硅、铬等，这些元素会在一定程度上影响铝合金薄板的机械性能、耐蚀性能和加工使用性能。

2. 铝箔　是一种用工业纯铝薄板经多次冷轧、退火加工制成的可挠性金属箔材。食品包装用铝箔厚度一般为 0.05~0.07mm，与其他材料复合时铝箔厚度为 0.03~0.05mm 甚至更薄。

（1）铝箔的性能特点

1）光学性能　铝箔表面具有银白色金属光泽。其光学性能主要表现在对光的反射率高达 85%~90%，表面形成的氧化膜呈银白色，具有金属光泽。

2）高阻隔性能　具有优良的阻挡气体、水、光线及微生物的性能，能起到很好的保护作用，可用于密封包装、防潮包装和乳制品的隔气、保香包装，延长食品的保质期。

3）机械适应性能　铝箔的机械性能主要表现为抗拉强度、延伸率、抗破裂强度的大小，具有优良的加工适应性和高速自动化操作适应性；但由于硬化和退火后的"干燥"状态，使得铝箔耐折性差、易折皱，而且抗破裂强度较低。因此，铝箔较少单独使用，通常与纸、塑料膜等材料复合使用，作为阻隔层。

4）耐热、耐低温性好　铝箔可以耐高温蒸煮和其他热加工，具有良好的导热性，其热传导率可达 55%。铝箔还适用于冷冻贮存和包装，具有很好的耐低温性能和环境适应性。

5）化学性能　铝箔的化学性能主要是指对包装内容物的耐腐蚀能力。铝箔表面自然形成的氧化膜可以抑制氧化的进一步进行，但当铝箔用于一般接触性包装，特别是用于包装较高酸性和碱性的内容物时，往往在其接触表面涂以保护涂料或涂膜以提高其耐蚀性，也可以通过复合处理加以改善。

（2）铝箔的二次加工　轧制后未经处理的铝箔称为素箔或光箔。根据用途的不同，可以对素箔进行如下加工，制成更高级的包装材料。

1）染色加工　可对素箔进行染色，使其色彩鲜艳，提高其装饰效果。

2）印刷加工　可以进行单色印刷，也可以进行多色印刷。

3）涂布加工　在铝箔的一面或两面涂上合成树脂涂料，以形成薄膜，可提高耐腐蚀性、耐热性以及机械强度等。

4）复合加工　与各种纸类、塑料薄膜等进行复合，可提高铝箔的机械性能。

5）压花加工　通过模压辊，压出各种花纹、文字、符号等，增强宣传装饰效果。

3. 真空镀铝软包装　制作铝箔的纯铝价格较高，加工铝箔耗能又大，故使用铝箔包装成本较高，且单独使用有许多性能上的限制。因此，包装上常采用真空镀铝软包装材料部分代替铝箔复合材料。真空镀铝薄膜是用 PET、PE、PP 等或纸作为基材，将基材在镀铝真空室的冷却辊上展开，将铝丝在坩埚内加热使其蒸发而蒸镀到基材表面，形成一层厚度为 25～35nm 的致密铝镀层。为保护这较薄的铝镀层，可再在其上复合一层聚乙烯。真空镀铝膜的阻隔性虽不如铝箔好，但它的耐折性和加工性能优于铝箔，具有热封性能，其基材塑料膜的静电自然消除，真空镀铝软包装由于成本较低、综合包装性能好，大量应用于食品、医药等包装领域。

三、金属包装容器

金属容器在食品工业中广泛应用于罐头、饮料、糖果、饼干、茶叶等的包装容器。由于金属材料具有的优良特性，随着科学技术的迅速发展，金属容器制造技术取得了很大的进步，金属包装容器根据其大小规格的不同，可分为罐、桶、箱、盒、管等类型，其中在食品包装中最常用的是金属罐、铝箔容器、金属软管、金属桶与无菌大罐。

（一）金属罐

金属罐是最常用的金属包装容器之一，与金属桶其实没有严格的区分，是采用金属薄板制成的较小容量的容器。

1. 分类　金属罐的分类方法很多，常用的有如下几种。

（1）按容器外形分类

1）圆形罐　高圆罐、平圆罐，是罐头食品的主流罐形。

2）异形罐　方形罐、梯形罐、椭圆形罐、马蹄形罐、盆形罐等。

（2）按结构分类　三片罐、二片罐。

（3）按材质分类　马口铁罐、镀铬薄钢罐、白铁皮罐、铝罐等。

（4）按开启方法分类　罐盖切开罐、罐盖易开罐、罐盖卷开罐等。

2. 制造

（1）三片罐　又称接缝罐，由罐身、罐盖和罐底三部分组成。罐身有纵接缝，根据纵缝连接工艺的不同，又分为电阻焊罐、黏接罐和压接罐三种。罐盖、罐底和罐身的连接方式为二重卷边法。

1）电阻焊罐　将待焊接的两层金属薄板重叠置于连续转动的两滚轮电极之间，通电，靠电阻产生的热使滚轮之间的被焊接的金属接近熔化状态，并在滚轮压力下连成一体，形成焊线。电阻焊罐罐身制作工艺过程如下。

印铁→切板→卷圆→焊接→补涂→烘干→翻边→封盖→检漏

2）黏接罐　主要靠耐高温的聚酰胺树脂系有机黏合剂黏接罐身纵缝，从而解决无锡钢板焊接性差的问题，其制作工艺过程如下。

切罐身板→切角→成圆→罐身黏接→冲击黏接→急冷（黏合剂固化）→翻边→封底→喷内涂料→烘干

与电阻焊制罐工艺相比，黏接罐的特点是：在印刷时罐身接缝处不留空白，因而罐身外形美观；采用价格便宜的无锡钢板制罐，可以降低包装成本；但不能用于高温杀菌食品的包装，为保证足够的强度，罐身接缝的搭接宽度较大，约5mm。

3）压接罐　主要用于密封要求不高的食品罐，如茶叶罐、饼干罐、糖果罐等。此类罐大多是手工或半自动化方式生产，罐形状可以有多种形式。其制作工艺过程如下。

印铁→烘干→切板→切角、切缺→卷边→端折→成圆→压平→翻边→封底→滚凸筋→成型→检漏

（2）二片罐　又称冲压罐，由罐身和罐底连在一起的罐体及罐盖两部分组成。罐身无纵接缝，罐底无卷边，根据罐身成型工艺的不同分为变薄拉伸罐（冲拔罐）和拉伸罐两种，拉伸罐又分为浅拉伸罐和深拉伸罐。罐盖和罐身的连接方式为二重卷边法。

1）变薄拉伸罐　制作工艺过程如下。

卷材下料→冲压预拉伸成坯→多次拉伸变薄→冲底、成型→修边→清洗润滑油→

烘干→涂白色珐琅质→表面印刷→涂内壁→烘干→缩颈翻边→检漏

变薄拉伸罐适用于铝或马口铁板材，无锡钢板不适用于冲拔工艺，冲拔工艺只能成型圆形罐，不适合制作异形罐；大量用于诸如啤酒和含气清凉饮料的包装，很少用于其他食品包装。

2）拉伸罐　是将板材经连续多次变径冲模而成的二片罐。其制作工艺过程如下。

下料→顶冲杯→再冲杯（若干次）→翻边→冲底、成型→修边→表面装饰→检漏

拉伸罐适用的材料主要是无锡钢板和马口铁板，它的形状可以是圆形，也可以是异形，主要用于加热杀菌食品的包装。在金属罐中，二片罐的应用一方面扩大了金属材料的应用范围，另一方面也丰富了饮料和食品的包装市场，特别是含气饮料的包装大都采用易拉盖的二片罐包装，除此之外，制罐工艺的改进、效率的提高又显示了它强大的生命力。

（3）罐盖　二片罐和三片罐均需配用罐盖。罐盖有工具切开盖和易开盖两种。

1）切开盖　是板材经冲压成型具有加强棱的圆形或异形盖，开罐时用专用工具切开，其制作工艺过程如下。

切板→涂油→冲盖→圆边→注胶→烘干

2）易开盖　早期的易开盖在罐盖上配有开罐匙，开罐时用此开罐匙卷起罐身上有压痕的一窄条而将罐盖与罐身分离；现常用拉环式易开盖，按开口大小分为小开口易开盖和大开口易开盖两种。小开口易开盖在盖上压有梨形压痕，梨形小端连一拉环，拉起拉环即将梨形压痕撕开成一梨形孔，适用于饮料、啤酒罐；大开口易开盖压痕接近整盖的边缘，拉起拉环几乎可将整个盖撕开，适用于内装块粒状食品的罐头盖封，主要用于固体和黏稠状食品的罐。易开盖结构如图2-21所示，罐盖边缘必须形成一道适于卷封的盖沟，在盖沟中注以密封胶以确保卷封后与罐身密封良好。各种易开盖的制造工艺基本相同，其制作工艺过程如下。

板料（预先涂料）→波形切板→外圆落料→冲盖→压圆形槽→

压痕→压安全折叠→嵌入拉环→铆合→圆边→涂胶→烘干

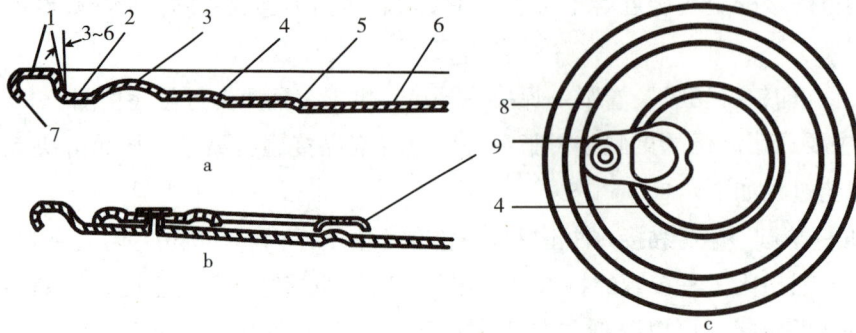

图 2-21 金属罐盖结构

a. 普通盖；b. 易拉盖主视图；c. 易拉盖俯视图

1. 钩圆边；2. 肩胛；3. 外面筋；4. 一级斜坡；5. 二级斜坡；6. 盖心；7. 注胶；8. 刻线；9. 拉环

（二）铝箔容器

1. 蒸煮袋　是用复合材料制成的食品包装袋。对于贮存期较长、条件要求较高的食品，蒸煮袋结构中应有铝箔层，以提高阻气性、阻光性。

2. 复合铝材　是用铝箔与塑料膜制成的两层或多层的复合材料袋，用于对防潮性和气密性要求高的茶叶、奶粉及各种小食品的包装，铝箔与塑料膜、薄纸板复合制成多层材料，常用作液体食品的无菌包装材料，如利乐包、康美盒。PE/纸/PE/Al/PE 就是常用的制作利乐包的材料，多层材料中，铝箔主要提供阻隔性、抗渗透性，纸板提供挺度和刚性，塑料膜提供阻隔性、抗渗性。

3. 泡罩铝　泡罩包装的型材根据气密性要求的不同可用聚氯乙烯、聚苯乙烯等塑料片材作为原料，泡罩包装的盖材多用预先印刷好的涂有热封胶的铝箔，典型结构如 PP（或 PE）/Al/PE、纸/Al/PE（热封胶）。泡罩包装广泛用于糖果或者药片的包装。

4. 铝盘和铝盒　较厚的铝箔可加工成浅盘、铝盒等，可以是带盖的或不带盖的。铝箔浅盘翻边处涂热塑性涂层后，可用热封法与塑料盖或涂塑铝箔盖封合，用于耐烘烤食品的托盘包装。

（三）金属软管

金属软管目前主要由铝质材料制成。将铝料坯在压机上经挤压模制成管状，再按需截取管长，后经退火软化、加工管口螺纹、内壁喷涂料、外表印刷制成空软管。使用时将食品由软管尾部灌入，然后将管尾压平卷边，即完成良好密封。金属软管可进行高温杀菌，开启方便、再封性好，可分批取用内装食品，未被挤出的食品受污染机会比其他包装方式少得多；可高速成型、高速印刷、高速灌装。金属软管以前主要用于牙膏等日化用品的包装，现在金属软管（含铝塑复合材料软管）也用于果酱、炼乳、调味品等半流体黏稠状食品的包装。金属软管的阻隔性比塑料软管好，但取出部分内容物后金属软管变瘪，外观不如后者。

（四）金属桶与无菌大罐

1. 金属桶　一般指容量较大的金属容器，容积一般为 30～200L，主要用于食品原料及中间产品的贮存、运输包装，具有密封好，强度高，耐热、耐压、耐冲击，包装可靠和可重复使用的优点。金属桶的材料应具有良好的塑性和可焊接性，一般选用优质碳素结构钢、低碳薄钢板或镀锌薄钢板、铝合金、不锈钢等。

2. 无菌大罐　采用无菌包装技术罐藏大批量果蔬汁加工产品或半成品是无菌包装的发展趋势。如将果蔬打浆、浓缩，经高温短时杀菌后冷却到 32℃，立即灌入已灭菌的无菌大罐中密封贮存，保质期可大幅延长。无菌大罐用普通碳钢制成，罐内壁有环氧树脂涂层，罐盖有孔，通过此孔可喷入洗罐用杀菌药剂，也可由此孔注入惰性气体保护内装食品，杀菌后罐内充满无菌惰性气体，再将已灭菌的液体食品灌入密封保存。一般在原料产地进行无菌包装，再到各地的食品加工厂进行分装或二次加工。

第四节　玻璃、陶瓷包装材料及容器

玻璃作为包装材料有着悠久的历史，是食品工业、化学工业、医疗卫生行业等常用的包装材料及容器。近年来，玻璃包装受到来自纸、塑料、金属等材料的冲击，在包装中所占的比例有所减少，但由于具有其他材料无法替代的优异特性，玻璃仍在包装领域占有重要地位。

一、玻璃包装材料　📱微课3

（一）玻璃的化学组成

玻璃是由石英石（SiO_2）、纯碱（Na_2CO_3）、石灰石（$CaCO_3$）为主要原料，加入澄清剂、着色剂、脱色剂等，经 1400~1600℃ 高温熔炼成黏稠玻璃液再经冷凝而成的非晶体材料。玻璃的种类很多，用于食品包装的是氧化物玻璃中的钠-钙-硅系玻璃，其主要成分为 SiO_2（60%~75%）、Na_2O（8%~45%）、CaO（7%~16%），其中 SiO_2 是构成玻璃的主要组分，Na_2O 主要起助熔剂的作用，CaO 可增强玻璃的化学稳定性，此外还含有少量的 Al_2O_3（2%~8%）和 MgO（1%~4%）等。为适应被包装食品的特性及包装要求，各种食品包装用玻璃的化学组成略有不同。几种食品玻璃包装瓶罐的化学组成见表 2-7。

表 2-7　几种食品玻璃包装瓶罐的化学组成

类别	SiO_2	Na	K_2O	CaO	Al_2O_3	Fe_2O_3	MgO	BaO
棕色啤酒瓶（硫碳着色）	72.50	13.23	0.07	10.40	1.85	0.23	1.60	
绿色啤酒瓶	69.98	13.65		9.02	3.00	0.15	2.27	
香槟酒瓶	61.38	8.51		2.44	15.76	8.26	1.30	0.82
汽水瓶（淡青）	69.00	14.50		9.60	3.80	0.50	2.20	0.20
罐头瓶（淡青）	70.50	14.90		7.50	3.00	0.40	3.60	0.30

（二）玻璃的包装性能

玻璃熔体的黏度表现出随温度的升高而降低的特点，这种变化反映了其易于加工成型的特点。玻璃的性能除了取决于它的化学组成以外，还受加热过程中温度变化的影响。玻璃的化学组成及其内部结构特点决定了其具有以下性能。

1. 加工性能　玻璃具有良好的成型加工性能，在高温下具有较好的热塑性，可以通过适当的模具、工艺制成各种形状和大小的容器，而且成型加工灵活方便，易于上色，外观光亮，用于食品包装美化效果好，但印刷等二次加工性差。

2. 化学性能　玻璃内部离子结合紧密，是一种惰性材料。一般认为它对固体和液体内容物均具有化学稳定性，不会与之发生化学反应，具有良好的包装安全性，最适宜作为婴幼儿食品的包装；但碱性溶液对玻璃容器有一定的影响，对包装有严格要求的食品可改用钠钙玻璃或硼硅玻璃，同时应注意玻璃熔炼和成型加工质量，以确保被包装食品的安全性。

3. 物理性能

（1）光学性能　玻璃具有良好的透光性，可充分显示内装食品的形与色，有利于促进商品销售，同时可通过调整玻璃的化学成分、着色、热处理、光化学反应及涂膜等理化处理获得所需的各种光学性质。

（2）**耐热性能**　玻璃的热膨胀系数较低，可耐高温，用作食品包装能经受加工过程中的杀菌、消毒、清洗等高温处理，能适应食品微波加工及其他热加工；但对温度骤变而产生的热冲击适应能力差，尤其玻璃较厚、表面质量差时，它所能承受的急变温差更小。

（3）**阻隔性能**　玻璃具有对气、汽、水、油等各种物质的完全阻隔性能，这是它作为食品包装材料的突出优点，且其密封性较好，盛装含气饮料时，其 CO_2 的渗透率几乎是零。

4. 机械性能　玻璃硬度高，抗压强度较高，但脆性高，抗张强度低，抗冲击强度很低。其理论抗压强度高达 10000MPa，但玻璃的质量问题如气泡、成分分布不均匀、表面质量不佳、微小缺口、厚薄不均等，会造成实际强度仅为理论强度的 1% 以下。此外，玻璃成型时冷却速度过快使玻璃内产生较大的内应力，也会导致其机械强度降低，所以对玻璃制品需要进行合理的退火处理，以消除内应力而提高强度。玻璃强度还受负荷作用速度及时间的影响，较长时间荷重、使用时承受的周期变化负荷作用都会导致其强度降低，所以玻璃包装制品重复使用的次数应有一定的限制。

二、陶瓷包装容器

（一）陶瓷包装的原料组成

制造陶瓷的原料可分为黏性原料、减黏性原料、助燃原料、细料。制造陶瓷的主要原料有高岭土（瓷器用）或黏土、陶土（陶器用）、硅砂以及助熔性原料（如长石、白云石、菱镁矿石）等，高岭土的主要成分是 $Al_2O_3 \cdot 2SiO_2 \cdot 2H_2O$，黏土的成分更复杂些。

（二）陶瓷容器的制造

陶瓷包装容器的制造工艺大致为：原料配制→泥坯成型→干燥、上釉→焙烧。

1. 原料配制　根据对陶瓷容器的不同要求，选择并按一定比例配制成泥坯原料。

2. 泥坯成型　将原料经手工或模铸或注浆等方法制成一定形状的裂坯（泥坯）。

3. 干燥　通过自然干燥、热风干燥、微波干燥、辐射干燥等方法除去泥坯中的机械混合水。

4. 上釉　为了增加陶瓷容器对气、液的阻隔性，表面需要上一层釉，釉料的化学成分与玻璃相似，主要由某些金属氧化物和非金属氧化物的硅酸盐组成。

5. 焙烧　以一定的升温速度在陶瓷杯中加热至一定温度，并在一定的条件下（氧化、碳化、氮化等）将上釉泥坯烧结成不同要求的陶瓷容器。

（三）陶瓷容器的特点及使用

陶瓷是无机非金属材料，内部由离子晶体及共价晶体构成，同时还有一部分玻璃相和气孔，是一种复杂的多相体系及多晶材料。

陶瓷包装容器的优点如下：陶瓷制品的原料丰富，成型工艺简单，便宜，耐火、耐热、耐药性好，可反复使用，废弃物对环境污染小，具有高的硬度和抗压强度，上彩釉陶瓷制品造型色彩美观，装饰效果好，增加了容器的气密性和对内装食品的保护作用。其本身可为精美的工艺品，有很好的装饰观赏作用。

陶瓷容器的缺点如下：抗张强度低、脆性高、抗震性能差、重量大，主要用于包装酒、腌渍品及一些传统食品。陶瓷材料用于食品包装时应注意彩釉烧制的质量，彩釉是硅酸盐和金属盐类物质，上色颜料也多使用金属盐类物质，这些物质中多含有铅、砷、镉等有毒成分，当烧制质量不好时，彩釉未能形成不溶性硅酸盐，使用陶瓷容器时会有有毒有害物质溶出而污染食品，所以应选用烧制质量合格的陶瓷容器包装食品，以确保包装食品的安全。

知识链接

绿色食品包装引领可持续发展新潮流

随着全球范围内对绿色发展的关注，特别是我国政府提出了力争2030年前实现碳达峰、2060年前实现碳中和的重大战略决策后，众多国内外企业纷纷响应，通过自身的创新研发推动并布局全面绿色转型。2023年国内首发0铝箔无菌砖包装，创新性采用SIG康美包开发的全新一代不含铝箔的无菌纸基复合包装，它具有专利创新的包材结构，使用全新的阻隔层替代铝箔，可以完美地保护内容物。据SGS权威认证，全新一代国内首发0铝箔无菌砖包装可减少碳足迹达30.81%。这种创新包装更易于回收，因为包材复合结构采用的原材料种类越少，越趋向于单一材质化，可减少回收步骤，回收材质分离也更容易。

同时，国内还推出了首款植物基梦幻盖。此次创新将塑料开盖的原料由原来的石油基聚乙烯替换为源自甘蔗的植物基聚乙烯，这种植物基聚乙烯是比石油基同类材料具有更高可持续性的原材料，并且可以通过现有的回收系统进行回收利用，由其制造而成的植物基梦幻盖，无论是功能还是外观，都与石油基封盖同样出色。重要的是，这种植物基梦幻盖可以减少碳足迹，助力碳中和目标，减少对化石资源的依赖。

实训一　塑料材料封口、金属材料密封操作

一、实训目的

1. 掌握金属罐封罐机和塑料真空包装机的操作方法和维护。
2. 熟悉金属罐封罐机和塑料真空包装机主要部件的作用和密封基本操作过程。
3. 了解金属材料密封、塑料材料封口性能。

二、实训设备与材料

金属罐封罐机、真空包装机、镀锡板易开罐、尼龙蒸煮袋。

三、实训原理

金属包装主要以铁和铝为原材料，将其加工成各种形式的容器来包装食品。金属包装材料及容器由于具有包装特性和包装效果优良、包装材料及容器的生产效率高、包装食品流通贮藏性能良好等特点，在食品包装上的应用越来越广泛，成为现代最重要的四大包装材料之一。

排气密封原理：金属密封罐的封罐一般采用二重卷边法。在卷封过程中由于封罐机二重卷边是由封罐机完成的，不论哪种类型，都要由托盘、压头和卷边滚轮三部分完成二重卷边工作。卷边滚轮由头道卷边滚轮和二道卷边滚轮构成；压头、滚轮的机械部分为封罐机头。托盘放置罐身，与压头配合使罐身和罐盒夹紧，滚轮进行卷封时，罐身与罐盖保持固定状态。压头主要与托盘配合固定罐身与罐盖位置。实训选用全自动真空封罐机。真空封口时，罐盖扣入罐沿进入真空室，由罐外低压把顶部的空气抽出，完成二卷边后再从真空室送出。

蒸煮袋一般为兼具高强度、高阻气性、保香性和耐热性的铝箔复合薄膜袋和无铝箔的复合薄膜袋。

蒸煮袋多用三层材料复合而成：外层为高强度的聚酯薄膜；中层为具有遮光和气密性的铝箔；内层为聚烯烃膜（如聚丙烯膜），作热合和接触食品用。复合层之间的黏合剂和标签印刷油墨均要能耐125℃以上的高温，以便在高温杀菌后复合层不分层、标签图案不变色。不论是哪种蒸煮袋，都是利用内层的聚烯烃材料受热时相互熔合、受压、冷却定型而达到紧密结合的，进而保证蒸煮袋的密封。

四、实训步骤

1. 金属罐封罐机的密封操作

（1）调节机器　压头的调节、托盘的调节、头道滚轮的调节、二道滚轮的调节。

（2）预卷封　主要部件调节后，应经过预卷封。预卷封在于检查压头边缘上部与卷边的最上部是否在同一平面上，滚轮与压头边缘调节是否正确，托盘向上推压力是否足够，托盘中心线与压头中心线是否一致，卷边结构是否符合规格要求等。

（3）正式卷封　检查机械各部件及其相互关系，确保完全正常且合格后方可正式卷封。

1）加盖　将罐盖准确地放在罐身的翻边上。

2）进罐　将罐头置于托盘正中，使托盘上升时，罐盖的凹面能正确地嵌入压头内。

3）头道滚轮卷封　托盘上升至与压头相互夹紧罐头时，推进头道滚轮使滚轮槽面接触罐盖钩边缘，由于压头夹住罐头，滚轮的转动和推进压力徐徐加大，经6~7次转动，即可完成头道滚轮的卷封作业。

4）二道滚轮卷封　头道滚轮退出，慢慢推进二道滚轮，将头道初步形成的定型卷边压紧成为二重卷边结构。

5）出罐　二道滚轮完成卷封作业后退出，降下托盘恢复原位。

6）检查　二重卷边按相关标准进行检查。

2. 软罐头的排气密封　采用真空包装机进行排气封口操作。

（1）真空度、温度和热封时间的调节　根据蒸煮袋的特性，将封口真空度、温度和时间旋钮调节到相应的位置。有的包装机，其真空室的真空度通常由抽真空的时间来控制，一般抽真空的时间要调至大于30秒时才能获得大于0.05MPa的真空室真空度。有的包装机，其热封温度是通过调节热封条的电压来实现（一般厚度的蒸煮袋调至24V，很厚的需调至36V）。

（2）预热和试运行　接通总电源，放一个空袋于热封条上，合上真空室，此时机器开始自动运行。其过程为抽真空、突然释放真空、热封条瞬间升温、维持封合时间、真空室盖子弹开。打开盖子，取出封好的袋子，检查袋口的封合是否平整、牢固，否则要重新设定相关的参数，再试运行到合格为止。

（3）封口　试运行正常后，将装有内容物并编好实验序号的蒸煮袋（一般内容物体积不要超过袋子的2/3，否则袋口不易压紧）袋口平行摆放于热封条上。蒸煮袋袋口内外均要保持干净，特别是外侧不得粘有油等黏滑的物质，否则抽真空时袋口压不住。然后关上真空室盖，包装机自动先抽真空直至真空室达到设定的真空度，但此时袋口被压紧而袋内的空气并未被排除，因而处于鼓胀的相对高压状态。然后真空室的真空突然释放，袋内的空气被压出，同时热封条瞬间升温并维持设定的封合时间，最后真空室盖子弹开，封口完成。打开盖子，取出封好的袋子。

（4）检查封口质量　检查蒸煮袋袋口熔合处的平坦、服帖和牢固状况。

五、实训注意事项

1. 实验前应仔细阅读指导书，按照实验内容和步骤小心操作，注意安全。

2. 服从指导教师的安排。

六、思考题

1. 金属、塑料密封材料的基本要求是什么？
2. 试述金属罐封罐机和塑料真空包装机的日常维护。
3. 对于封罐好的金属罐、封口好的蒸煮袋，如何对其密封性能进行检验检测？

练 习 题

答案解析

一、单选题

1. 下列属于塑化剂的是（ ）
   A. 邻苯二甲酸酯   B. 双酚 A   C. VBL   D. PVA

2. 纸张的主要成分是（ ）
   A. 纤维   B. 染料   C. 填料   D. 助剂

3. 塑料的基本组成成分是（ ）
   A. 纤维   B. 树脂   C. 增稠剂   D. 流平剂

4. 用于食品包装的钠－钙－硅系玻璃的主要成分是（ ）
   A. Na_2O B. CaO C. SiO_2 D. Al_2O_3

5. 食品包装用铝箔厚度一般为（ ）
   A. $0.05 \sim 0.06mm$ B. $0.05 \sim 0.07mm$
   C. $0.03 \sim 0.05mm$ D. $0.04 \sim 0.05mm$

6. 下列金属包装容器中，主要用于日化产品包装的是（ ），如牙膏等的包装
   A. 铝箔容器   B. 金属软管   C. 金属罐   D. 金属桶

7. 玻璃包装容器的优点不包括（ ）
   A. 化学稳定性好   B. 质量大   C. 阻隔性能好   D. 透明性好

二、简答题

1. 简述纸类、塑料包装材料的特点及包装特性。
2. 简述金属包装材料的分类及包装特性。
3. 简述铝质包装材料的包装特点及铝箔材料的性能特征。
4. 试述金属罐的分类及特点。
5. 简述玻璃包装材料的包装特性。
6. 某油炸膨化食品口感酥脆、香味浓郁，请结合该产品的特点分析其防护要求，确定适宜的包装材料。

书网融合……

本章小结   微课1   微课2   微课3

第三章

食品包装基本技术及应用 e 微课

PPT

学习目标

知识目标

1. 掌握 食品物料的充填和灌装的技术方法以及基本原理和特点。

2. 熟悉 裹包与袋装、装盒与装箱、热收缩和热成型、封口、贴标、捆扎的技术方法以及包装形式和特点。

3. 了解 食品包装基本技术的适用性及范围。

能力目标

1. 学会食品包装基本技术及机械设备的操作。

2. 能够运用基本原理,根据实际生产需要选择合理的包装技术方法。

素质目标

通过学习食品包装基本技术,了解日常所见各类食品包装所蕴含的科学技术,培养对科技的兴趣,勤思考,多探索。

食品包装技术是指为实现食品包装的目的和要求,以及适应食品仓储、流通、销售等条件而采用的包装方法、机械设备等各种操作手段,其包装操作遵循的工艺措施、监测控制手段、质量保证等技术措施的总称。在食品生产过程中,选用适宜的包装材料和容器并采用合理的包装技术方法,是保证食品品质、延长货架期以及方便贮运等的关键。

食品包装工艺过程就是对各种包装原材料或半成品进行加工或处理,最终将产品包装成为商品的过程。其主要过程有食品的充填、灌装、封口或密封;辅助过程有包装容器或材料的清洗、烘干、消毒(或容器制造)、贴标、印码、装箱、捆扎等。

食品的种类繁多,根据各自特性的不同,采用的包装材料、容器不同,包装的形成方法也多种多样,但要形成一个食品独立包装件的基本工艺和步骤是一致的。食品工业中把形成一个食品独立包装件的技术称为食品包装基本技术,主要包括:食品充填及灌装技术,裹包和袋装技术,装盒与装箱技术,热成型与热收缩包装技术,封口、贴标、捆扎包装技术等。

第一节 食品充填及灌装技术

充填是食品包装的一个重要工序,它是指将食品按一定规格、重量要求充入包装容器的操作,主要包括食品的计量和充入。食品种类繁多、形态各异,有液体、浆体、颗粒和块状等,包装容器也形式繁多、用材各异,有袋、盒、箱、杯、盘、瓶、罐等,因此形成了充填技术的复杂性和应用的广泛性,一般将液体食品物料的充填称为灌装。

一、食品充填工艺及设备

一般根据食品计量方式的不同，将食品充填技术分为容积式充填、称重式充填和计数式充填。

（一）容积充填法

容积充填法是指将食品按预定的容量充填至包装容器内。容积充填设备结构简单，速度快，效率高，成本低，但计量精度较低，适用于体积质量较稳定的粉末状物料或体积比质量更重要的物料。根据物料容积计量方式的不同，可分为量杯式充填、螺杆式充填、柱塞式充填、转鼓式充填等。

1. 量杯式充填 采用量杯量取产品，并将其充填到包装容器内。充填装置主要由量杯、刮板等组成。这种定量装置适用于粉状、粒状、片状等流动性能良好的物料的充填。

量杯式充填工作原理如图3-1所示。物料从供料斗1落到计量杯中，圆盘口上装有数个量杯和对应的活门4，圆盘上部为粉罩2。当主轴8带动圆盘7旋转时，粉料刮板10将量杯3上面多余的物料刮去。当量杯转到卸粉工位时，开启圆销6推开定量杯底部的活门4，量杯中的物料落下充填到下方的容器中。当量杯转到装料工位时，闭合圆销5推回量杯底部的活门4，物料进入固定量杯，重复下一个工作循环。

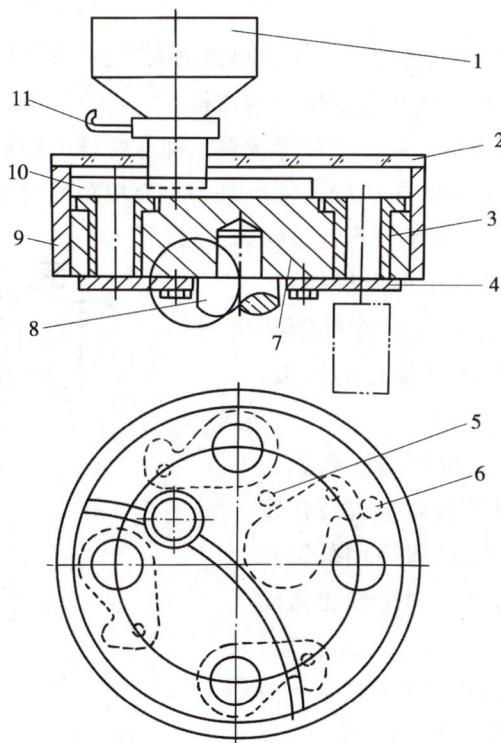

图3-1 量杯式充填工作原理示意图
1. 供料斗；2. 粉罩；3. 量杯；4. 活门；5. 闭合圆销；
6. 开启圆销；7. 圆盘；8. 主轴；9. 壳体；10. 粉料刮板；11. 下料闸门

该装置是容积固定的计量装置，当计量变化时，只能更换定量的量杯。为适应产品包装大小变化的情况，可采用可调容量式装置，工作原理如图3-2所示。计量杯由两个相配合的容量杯组成，通过调节机构可改变上、下套筒的相对位置而实现体积的微调，计量精度可达到2%~3%。

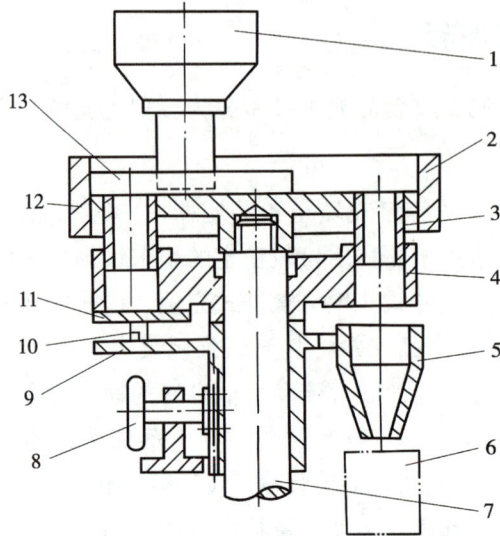

图 3-2 可调容量式充填工作原理示意图

1. 供料斗；2. 护圈；3. 固定量杯；4. 活动量杯托盘；5. 下料斗；6. 包装容器；

7. 主轴；8. 手轮；9. 圆盘；10. 活门导柱；11. 活门；12. 调节支架；13. 刮板

2. 螺杆式充填 通过控制螺杆旋转的转数或时间来量取产品，适用于粉状、小颗粒状物料的充填，不宜用于较大的、易碎的大颗粒物料或密度变化大的物料。

螺杆式充填法是利用螺杆螺旋槽的容腔来计量物料，即靠螺杆的外径和导管的内径的配合间隙形成一定的体积来进行物料的计量。这种计量机构的优点是物料充填距离较短，不易形成粉尘飞扬。

螺杆式充填工作原理如图3-3所示。当计量螺杆8旋转时，贮料斗5内的搅拌器6将物料拌匀，螺旋轴将物料挤压到要求的密度，由于每个螺距都有一定的理论容积，只要准确地控制螺杆的转数，就能获得较为精确的计量值。

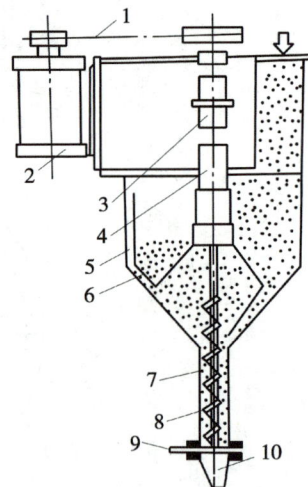

图 3-3 螺杆式充填工作原理示意图

1. 传动皮带；2. 电动机；3. 电磁离合器；4. 支承；5. 贮料斗；

6. 搅拌器；7. 导管；8. 计量螺杆；9. 阀门；10. 漏斗

3. 柱塞式充填 采用连杆机构推动柱塞做直线往复运动，由于柱塞缸的截面积固定，调节柱塞行程则能改变产品的容量。该定量装置适用范围较广，粉粒类和半流体物料均可适用，对于输送流动性差和易结块的物料更为合适。

柱塞式充填工作原理如图3-4所示。柱塞4由曲柄或摇杆经连杆6传动，做直线往复运动，当柱塞4向右移动时，从料口进来的物料被推动而打开阀门，在柱塞的推力和物料本身自重力的作用下，物料从出料口落入包装容器。

（二）称重充填法

称重充填法是指将物料按预定质量充填到包装容器内。该法特别适用于充填易吸潮、易结块、粒度不均匀、流动性差、容重不稳定及价值高的物料。称重充填法计量精度较高，但工作速度较低，装置结构较复杂，多用于充填粉状和小颗粒食品。

净重式充填是称出预定质量的物料，将其充填到包装容器内，由于称量结果不受容器重量变化的影响，称量精度很高，如 500g 物料的精度可达 ±0.5g。所以，净重充填法广泛应用于要求高精度计量的自由流动固体物料，如奶粉、咖啡等固体饮品。

净重式充填工作原理如图 3-5 所示。进料器 2 把物料从贮料斗 1 运送到计量斗 3 中，当计量斗 3 中物料达到规定质量时，通过落料斗 5 排出，进入包装容器。为了达到较高的充填精度，在称量时可先使大部分物料高速进入计量斗，剩余的小部分物料通过微量装置缓慢进入计量斗。

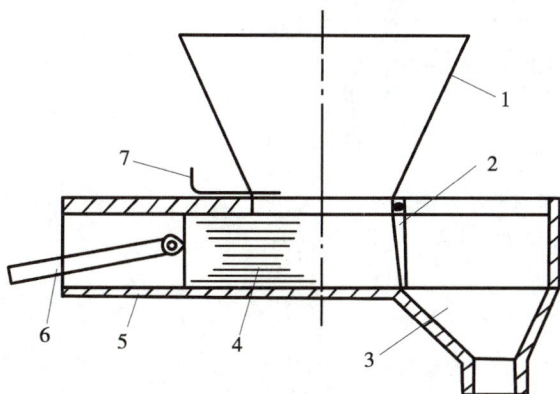

图 3-4 柱塞式充填工作原理示意图

1. 贮料斗；2. 弹性活门；3. 装料斗；

4. 柱塞；5. 柱塞缸；6. 连杆；7. 调节活门

图 3-5 净重式充填工作原理示意图

1. 贮料斗；2. 进料器；3. 计量斗；4. 秤；

5. 落料斗；6. 包装件；7. 传送带

（三）计数充填法

计数充填法是指将产品按预定数目装入包装容器。该法适合形状规则产品的包装，如 20 支香烟一包、10 小包茶叶一盒、100 片药片一瓶等。计数充填要求单个食品之间规格一致，适用于块状、片状、颗粒状、条状、棒状、针状等规则的物品，如饼干、糖果等；也适用于包装件的二次包装，如装盒、装箱、包裹等。按计数方式的不同，可分为单件计数和多件计数。

1. 单件计数法 适用于物料难以排列而需要计数包装的情况，如颗粒状的巧克力糖、药片等。采用电子扫描、光学、电感应、机械等方法逐件计数产品的件数，有转盘式计数法和履带式计数法。

转盘式计数法是利用转盘上的定量盘对产品进行计数，适用于形状、尺寸规则的球形和圆片状食品的计数。适合球形食品计数的转盘式计数工作原理如图 3-6 所示。卸料盘 4 和料筒 1 由支架夹板 2 固定在底盘上。定量盘 3 可以转动，上面每隔 120° 的位置上设有相同数量的小圆孔，分为 3 组。定量盘上的孔径比物料直径稍大 0.5~1mm，定量盘的厚度比物料直径稍大，以确保每个孔一次只能容纳 1 粒产品。有带卸料槽的卸料盘 4 位于定量盘下方，在计量过程中，卸料盘 4 承托住充填在定量盘 3 中的物料，当定量盘满载物料的一组孔转到卸料槽时，物料落下，通过卸料槽 5 进入包装容器，此时其他两组孔带进行上料而实现连续化操作。

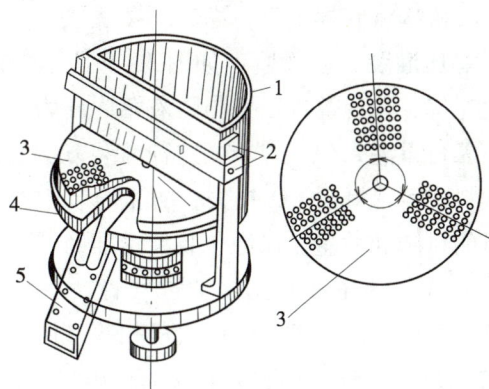

图 3-6 转盘式计数工作原理示意图

1. 料筒；2. 夹板；3. 定量盘；4. 卸料盘；5. 卸料槽

2. 多件计数法 通过计量一定面积或长度内的产品数量来确定产品的件数。这要求食品形状规则，具有确定的几何尺寸，它们若干块叠加的长度、宽度或面积具有确定数值。

长度式计数工作原理如图 3-7 所示。计数时，排列有序的产品经输送带 1 向前传送，当产品的前端接触挡板 5 时，挡板上的触点开关 4 发出信号，使横向推板 3 迅速动作将一定长度内的产品推到包装台上进行裹包包装。这种计数方法常用于块状食品，如饼干、云片糕等的包装计数。

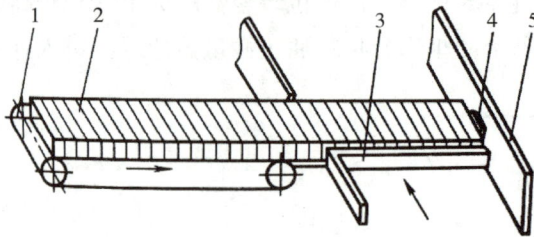

图 3-7　长度式计数工作原理示意图

1. 输送带；2. 物品；3. 横向推板；4. 触点开关；5. 挡板

二、食品灌装工艺及设备

灌装是指将液体或半流体充入容器的操作。不同特性的液体物料应选择不同的灌装方法，如灌装的液体产品根据其黏度可分为：低黏度液体产品，如果汁、白酒、清凉饮料等，此类产品在灌装时可借助其重力流入包装容器；高黏度液体产品，如牙膏、酸奶、番茄酱、豆瓣酱等，在灌装时需要外部压力以将其充填到包装容器中。

（一）液体灌装方法

1. 常压灌装　容器与贮液箱内均处于常压状态，液体产品靠重力产生流动而充填到包装容器内。该法只适合灌装低黏度不含气体的液体产品，如矿泉水、白酒、酱油、醋等。这种灌装方法常采用计量杯和高度法计量。

常压灌装工作原理如图 3-8 所示。空的包装容器由进瓶拨轮送到托瓶盘上，升降机构将托瓶盘和容器向上托起，容器向上顶开灌装阀 4，液体靠重力自由流入容器，容器内的空气经排气管 3 排出。当液体上升淹没排气管 3 底部时，容器中的空气不能排出，液体停止流动。当液位达到规定高度完成灌装后，升降机构将容器下降，灌装阀 4 失去压力并自动关闭。

2. 等压灌装　工作原理如图 3-9 所示。通过进气管先向包装容器内充气，使容器内压力与贮液箱内压力相等，贮液箱中的液体物料依靠自重灌入包装容器。这种灌装方法适用于如啤酒、可乐等含气饮料，可以减少 CO_2 损失，防止灌装中产生大量气泡，保持含气饮料的风味和质量，保证包装计量准确。

（1）充气等压　首先接通进气管 2，贮液箱内的气体充入瓶内，直至瓶内气压与贮液箱内气压相等（图 3-9a）。

（2）进液回气　接通进液管 1 和排气管 4，贮液箱内液体经进液管 1 依靠重力流入瓶内，瓶内气体由排气管 4 排入贮液箱的空间内。当瓶内液面上升至 h_1 时，淹没排气管 4 下部的孔口，此时瓶内液面上方的气体无法排出，液面停止上升，液体沿排气管 4 上升到与贮液箱的液面相同为止，停止灌液（图 3-9b）。

（3）排气卸压　瓶子上部借助进气管 2 和排气管 4 同贮液箱气室相通，排气管 4 内的液体流入瓶内，瓶内液面上升至 h_2 处，而瓶

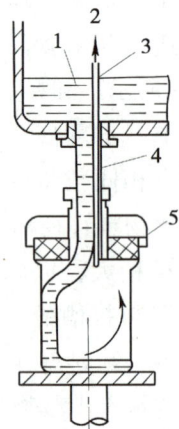

图 3-8　常压灌装工作原理示意图

1. 贮液箱；2. 空气出口；3. 排气管；
4. 灌装阀；5. 密封盖

内相对应的气体沿进气管 2 排回贮液箱内（图 3-9c）。

（4）排除余液　旋塞 3 转至进液管 1、进气管 2 和排气管 4 都与贮液箱处于隔开状态，当瓶子下降时，旋塞 3 下部进液管 1 内的液体流入瓶内，使瓶内液位升至 h_3，完成全部灌装过程（图 3-9d）。

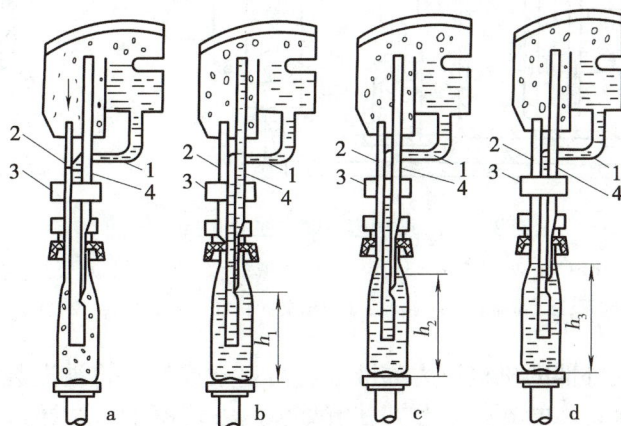

图 3-9　等压灌装工作原理示意图

a. 充气等压；b. 进液回气；c. 排气卸压；d. 排除余液

1. 进液管；2. 进气管；3. 旋塞；4. 排气管

3. 真空灌装　先将包装容器抽真空后，再依靠重力作用或压力差将液体物料灌入包装容器。

（1）重力真空灌装　贮液箱内处于一定真空度，灌装时先对包装容器抽气形成真空，使包装容器和贮液箱处于同一真空度，液料在真空等压状态下依靠重力流进包装容器。

重力真空灌装工作原理如图 3-10 所示。真空室和贮液箱相连通，其上部空间保持低真空，供液管 1 向贮液箱供液体，由浮子 2 控制液面。当容器输送到灌装阀 4 下方时，升降机构将其托起，打开灌装阀。吸气管 3 将容器中的空气抽出，使容器内形成低真空，液料靠重力灌入容器。当液面上升到吸气管 3 管口时，进入的多余液料便被抽回到贮液箱，容器中的液面就不再上升。升降机构带动容器下降，灌装阀 4 关闭，完成灌装。

这种灌装系统适用于白酒和葡萄酒的灌装，因为灌装过程中，挥发性气体的逸散量最小，能减少酒精的挥发，保证产品质量。

（2）真空压差灌装　灌装时使包装容器的真空度大于贮液箱内真空度，液体产品依靠贮液箱与包装容器之间的压差作用充填到容器内。真空压差灌装工作原理如图 3-11 所示。

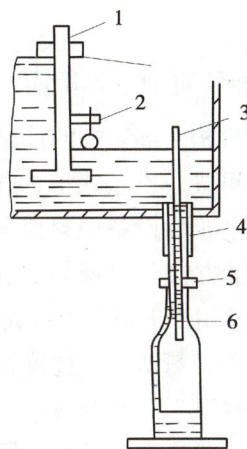

图 3-10　重力真空灌装工作原理示意图

1. 供液管；2. 浮子；3. 吸气管；4. 灌装阀；5. 密封材料；6. 灌装液位

供液阀 2 控制供液管 1 向贮液箱 4 供液，浮子 3 控制贮液箱 4 液面高度。灌装时，瓶子由升降机构托起上升或灌装阀 10 下降，将瓶口密封，并通过真空泵 7 和真空室 6 在瓶内建立高真空，然后开启灌装阀 10，液体靠压力差从贮液箱 4 流入瓶内。当液体上升到灌装阀 10 中真空管 8 的管口时，多余的液体被吸入真空室 6，容器的液位保持不变，完成灌装。真空室 6 中的液体由供液泵 5 送回贮液箱 4。

这种灌装方法适用于易氧化变质的液体食品，如富含维生素等营养成分的果蔬汁产品，以及黏度稍大的物料，如糖浆、油类等。

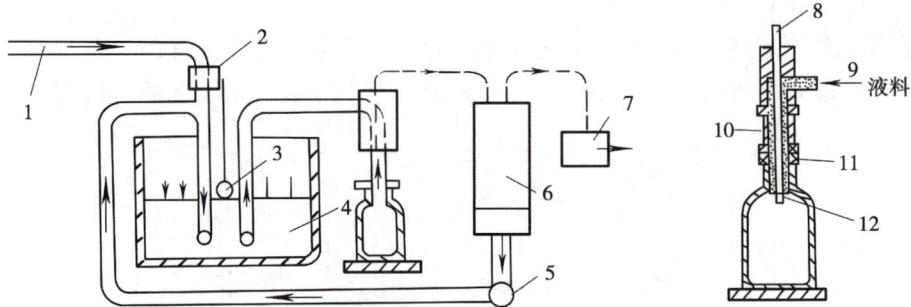

图 3－11　真空压差灌装工作原理示意图

1. 供液管；2. 供液阀；3. 浮子；4. 贮液箱；5. 供液泵；6. 真空室；

7. 真空泵；8. 真空管；9. 液料；10. 灌装阀；11. 密封材料；12. 灌装液位

4. 机械压力灌装　利用外部的机械压力如液泵、活塞泵或气压将被灌装液体压入包装容器，主要适用于黏稠性物料，如番茄酱、果酱、牙膏、豆瓣酱等；也适用于一些软包装材料制成的瓶、管等容器，受材质和结构的限制，只有在压力下灌装才能达到饱满状态。

机械压力灌装工作原理如图 3－12 所示。容器上升至灌装阀口，由密封盖 6 密封，灌装阀 5 开启，液体在机械力的作用下进入容器，同时容器内的空气由溢流管 3 排至贮液箱 8；当容器内液面达溢流管管口处时，液体开始经溢流管 3 流回贮液箱 8，液面不再变动，当容器不再密封时会关闭灌装阀 5 和溢流口。

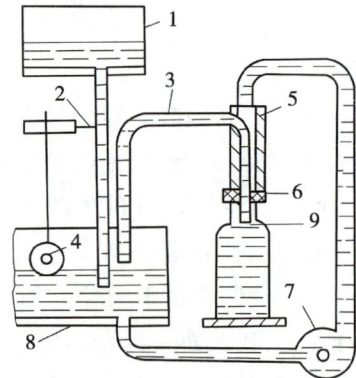

图 3－12　机械压力灌装工作原理示意图

1. 供液槽；2. 供液阀；3. 溢流管；4. 浮子；5. 灌装阀；

6. 密封盖；7. 供液泵；8. 贮液箱；9. 灌装液位

（二）灌装机的主要机构

1. 定量机构　灌装机的计量方法主要有体积式、液位式、时间式、质量式等。体积式和液位式计量方法是自动化灌装设备中最常采用的方法。时间式和质量式计量方法具有液体管路简单、容易清洗灭菌的优点，常用于无菌包装或大包装的计量。

（1）液位定量法　通过控制容器中的液位高度来实现定量灌装，即每次灌装液料的容积等于一定高度的瓶内容积。

高度定量灌装工作原理如图 3－13 所示。灌装开始时，瓶子上升并顶起橡皮密封垫 5 与滑套 6，当灌装头 7 和滑套 6 间出现间隙时，液料由贮液箱 9 流入瓶内，瓶内原有气体经排气管 1 排至贮液箱 9 上部空间，当瓶内液面上升至排气管管口 A－A′截面时，瓶内气体不能排出，当液料继续流入容器，瓶口部分剩余的气体受压缩并与液面达成平衡，液料就不再进入瓶内，液面高度即可保持不变，此时流入瓶内的液体会沿排气管 1 上升至与贮液箱 9 的液面相平时，达到平衡，这时完成液位定量，停止进液过程；瓶子下降后，灌装头 7 与滑套 6 重新封闭，排气管 1 内的液料靠重力流入瓶内，至此，完成一次定量灌装。通过转动调节螺母 8 可调节排气管 1 下端口伸入瓶内的位置，从而改变灌装定量。此方法结构简单，因此使用较广泛，但精度稍差。

（2）体积定量法　将液料注入容量杯或活塞缸，使用容量杯或一定行程的活塞缸容积完成定量，然后灌入包装容器。

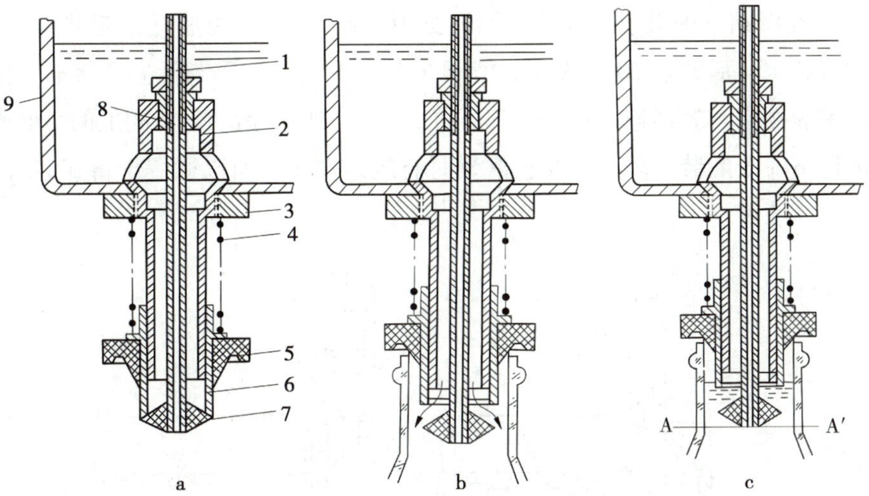

图 3 – 13　高度定量灌装工作原理示意图

a. 灌装前；b. 灌装时；c. 灌装后

1. 排气管；2. 支架；3. 紧固螺母；4. 弹簧；5. 橡皮密封垫；

6. 滑套；7. 灌装头；8. 调节螺母；9. 贮液箱

　　定量杯定量灌装工作原理如图3 – 14所示。在空瓶尚未进入灌装机时，定量杯1浸没在贮液箱14中，定量杯内充满液体；空瓶上升时，将灌装头8、进液管6、定量杯1顶起，使定量杯超出贮液箱液面。同时，进液管6中间的上下两通孔12、10及隔板11与阀体3的中间槽13相通，于是定量杯中的液料经过调节管2流入瓶内，瓶内空气从灌装头8上的透气孔9排出。当定量杯中液面下降至调节管2的上端面时，完成一次定量灌装。改变调节管2在定量杯中的高度，可改变灌装定量。

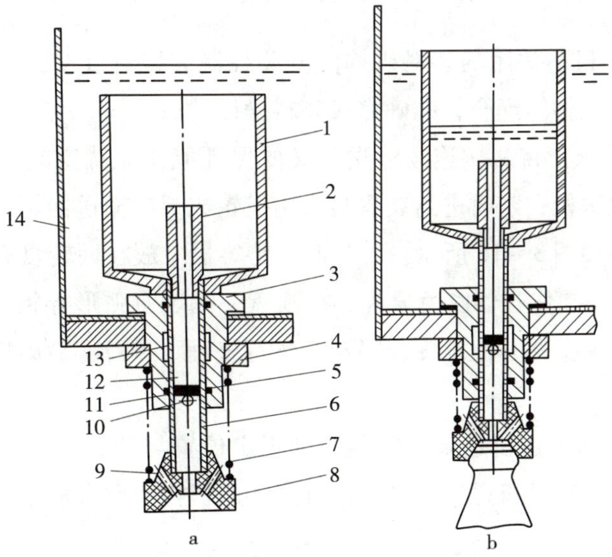

图 3 –14　定量杯定量灌装工作原理示意图

a. 灌装前；b. 灌装时

1. 定量杯；2. 调节管；3. 阀体；4. 紧固螺母；5. 密封圈；6. 进液管；7. 弹簧；

8. 灌装头；9. 透气孔；10. 下孔；11. 隔板；12. 上孔；13. 中间槽；14. 贮液箱

活塞缸定量灌装工作原理如图 3 – 15 所示。活塞 9 下移时，液料在重力及两缸气压差的作用下，由贮液缸 1 的底部开孔经滑阀 5 的弧形槽 6 流入活塞缸 10 内。当容器由瓶托抬起并顶紧灌装头 8 时，滑阀 5 被迫上升，贮液缸 1 与活塞缸 10 被隔断，滑阀 5 上的下料孔 7 则与活塞 9 接通，活塞 9 向上推进，把液料压入容器。灌装结束，容器连同瓶托一起下降，滑阀 5 向下运动，滑阀上的弧形槽 6 又将贮液缸 1 与活塞 9 接通，进行下一个灌装循环。此装置灌装时有压力作用，所以适用于番茄酱等黏度大的液料的灌装。

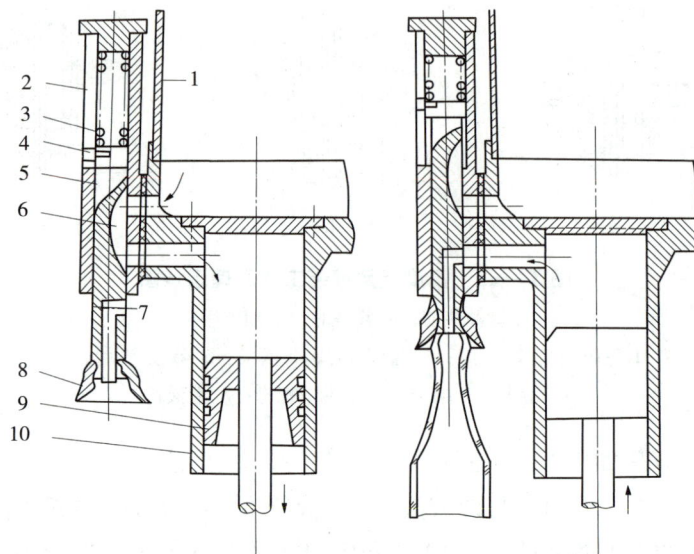

图 3 – 15　活塞缸定量灌装工作原理示意图

1. 贮液缸；2. 阀体；3. 弹簧；4. 导向螺钉；

5. 滑阀；6. 弧形槽；7. 下料孔；8. 灌装头；9. 活塞；10. 活塞缸

2. 装料机构控制装置　目前常用的装料机构的开关控制装置有旋塞式、阀门式、滑阀式、真空式等，主要与定量机构、升降机构等配合，准确完成装料操作。

3. 容器输送机构　既要求能将瓶罐连续输送，又要保证能使瓶罐定时送出。目前常用的连续输送装置有皮带输送机和链板输送机；定时进给装置多采用拨轮或螺旋输送器。

圆盘输送机构工作原理如图 3 – 16 所示。工作时，将容器 1 放在回转盘 2 上，随回转盘逆时针方向旋转，在边缘设有圆挡板 3，挡住容器以免掉落。在圆盘一侧装有弧形导板 4，借助回转盘 2 回转产生的惯性推力将容器沿导槽向前推移并由螺旋分隔器 5 进行整理，进行等距离排列，最后由拨轮 6 拨进料机构工作台 7 上进行装料。

4. 升降机构　其作用是将输送机送来的容器升到规定位置与装料头接触并进行装料，然后将装满液料的容器下降到规定位置由输送机送出。常用的升降托瓶机构主要有机械式、气动式、机械与气动组合式等三种结构形式。

气动式托瓶机构工作原理如图 3 – 17 所示。托瓶台 1 的升降是以压缩空气（压力为 0.25 ~ 0.4MPa）作动力完成的。升瓶时，压缩空气由气管 7 进入气缸 2，推动活塞 3 连同托瓶台 1 一起上升。同时，排气阀门 4 打开、进气阀门 5 关闭，使活塞 3 上部的存气经排气阀门 4 排出。降瓶时，阀门在转盘旁的撞块控制下使排气阀门 4 关闭。进气阀门 5 打开，压缩空气改由气管 6 和气管 7 同时进入气缸。由于活塞上、下的气压相等，托瓶台 1 和瓶子等在重力作用下下降。

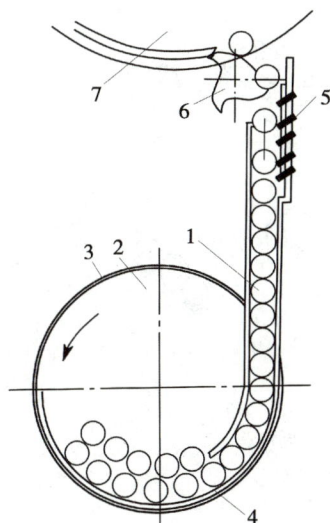

图 3－16　圆盘输送机构工作原理示意图

1. 容器；2. 回转盘；3. 圆挡板；4. 弧形导板；

5. 螺旋分隔器；6. 拨轮；7. 装料机构工作台

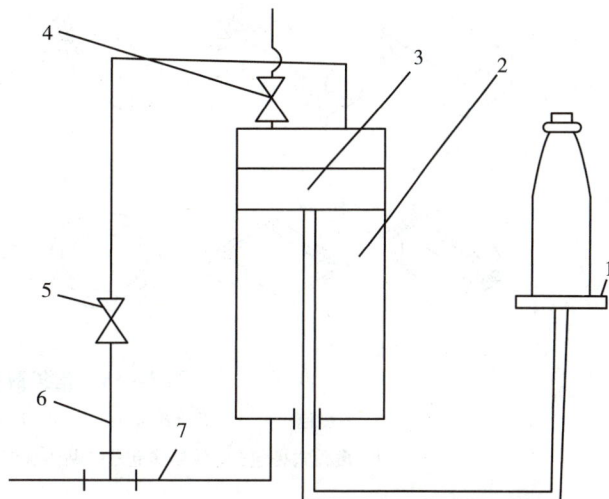

图 3－17　气动式托瓶机构工作原理示意图

1. 托瓶台；2. 气缸；3. 活塞；4. 排气阀门；

5. 进气阀门；6、7. 气管

第二节　裹包和袋装技术

一、食品裹包工艺及设备

裹包（wrapping）是用柔性包装材料将产品或经过原包装的产品进行全部或局部包封的包装技术方法，能对块状类物品进行单件裹包，也能对排列的物品进行集合包装。其特点为：用料省，操作简便，用手工和机器均可操作，可以适应不同形状、不同性质的产品包装，包装成本低，流通、销售和消费方便。

（一）裹包形式

由于块状类物品的物化特性各异，所需裹包的目的不同，裹包形式多种多样，一般可分为以下几种形式。

1. 半裹包　物品的大部分被包裹，如图 3－18a 所示。

2. 全裹包　物品的表面被全部包裹，是最常见的一种裹包形式。可分为：扭结式裹包，如图 3－18b、c 所示；折叠式裹包，如图 3－18d、e、f 所示；接缝式裹包，如图 3－18g 所示；覆盖式裹包，如图 3－18h 所示。

3. 缠绕裹包　将被包裹的物品用柔性材料缠绕多圈的裹包方式，如图 3－18i 所示。

4. 贴体裹包　将物品置于底板上，在其表面覆盖包装材料，然后加热并抽真空使材料紧贴物品，并与底面封合，如图 3－18j 所示。

5. 收缩裹包　用热收缩材料包裹物品，然后加热材料收缩并裹紧物品，如图 3－18k 所示。

6. 拉伸裹包　用弹性拉伸薄膜在一定的张紧力作用下裹紧物品，如图 3－18l 所示。

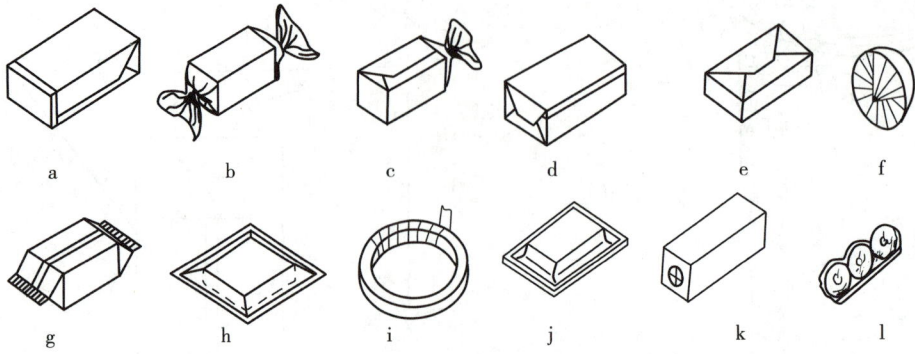

图3-18 常见裹包形式

a. 半裹包；b、c. 扭结式裹包；d、e. f. 折叠式裹包；g. 接缝式裹包；

h. 覆盖式裹包；i. 缠绕裹包；j. 贴体裹包；k. 收缩裹包；l. 拉伸裹包

（二）裹包方法

不同的裹包形式需采用不同的裹包方法来完成，在食品包装中，裹包方法有折叠式、扭结式、热熔接缝式等，其中，热熔接缝式裹包也可完成各种热收缩裹包操作。

1. 折叠式裹包 用柔性包装材料裹包产品，将末端伸出的材料折叠封闭，其包装件整齐美观。常用来裹包糖果、巧克力、茶叶盒外包装、香烟。

（1）两端折角式 适合裹包形状规则、方正的产品。基本工艺流程如图3-19所示，先裹包成筒状，接缝一般放在底面，然后将两端短侧边折叠，使其余两边形成三角形或梯。最后，依次将这些角折叠并封紧。

（2）侧面接缝折角式 也称香烟裹包式。最内层采用侧面接缝折角式六面裹包，如图3-20所示。印有商标图案的外层包装则采用侧面接缝折角式五面裹包，最后在开口处贴封签，如图3-21所示。

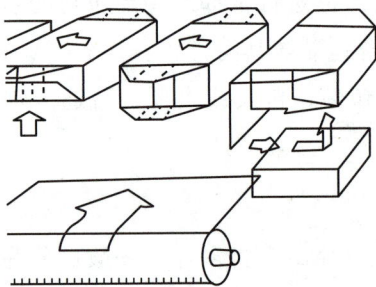

图3-19 两端折角式裹包工艺流程图

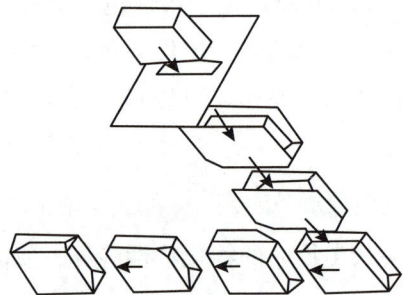

图3-20 香烟内层侧面接缝折角式六面裹包工艺流程图

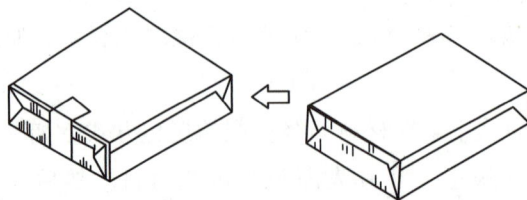

图3-21 香烟外层侧面接缝折角式五面裹包工艺流程图

（3）两端搭折式 又称面包裹包式。该法适合裹包形状不方正，变化多或较软的产品，如面包、糕点等。裹包时折叠的特点为一个折边被下面一个折边压住，工艺流程如图3-22所示，按1→4的顺序依次折叠。

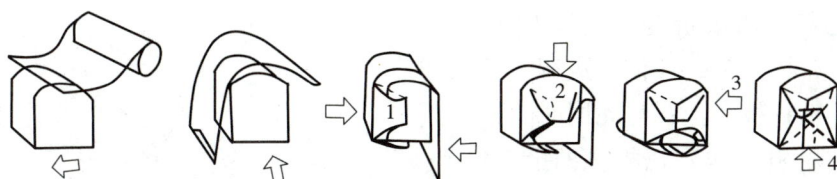

图 3 - 22　两端搭折式裹包工艺流程图

（4）采用附加物的裹包方式　带有附加包装纸或纸板的裹包的工艺流程如图 3 - 23 所示。在塑料薄膜或玻璃纸内衬一条牛皮纸，把一端的周边包住，使产品相对固定，如图 3 - 23a 所示；在裹包使用前，用薄板或瓦楞纸板等制成凹形衬板，放在产品一端而后裹包，如图 3 - 23b 所示。

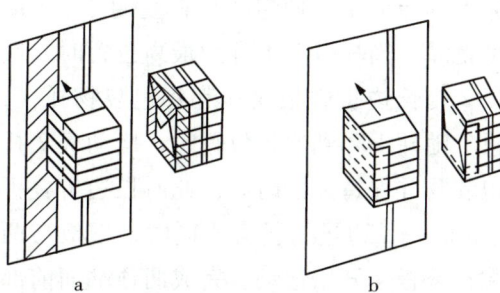

图 3 - 23　采用附加物的裹包工艺流程图

2. 扭结式裹包　这种方法动作简单，并且易于拆开，适合于任意形状小物品的包裹。目前仍然使用于食品的单个包装，如糖果、牛肉粒等。

扭结式裹包有单端扭结和双端扭结两种。双端扭结式裹包工艺流程如图 3 -24a 所示，单端扭结式裹包如图 3 -24b 所示。扭结式裹包要求材料有一定的撕裂强度和可塑性，以防止材料被扭断和回弹松开。

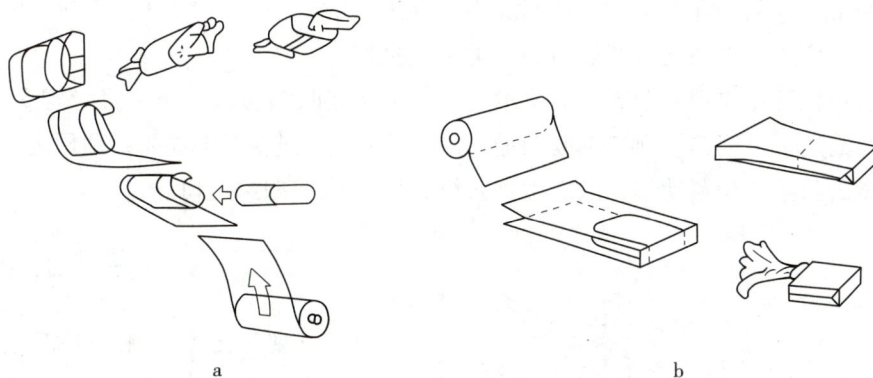

图 3 - 24　扭结式裹包工艺流程图

a. 双端扭结式裹包；b. 单端扭结式裹包

3. 热熔接缝式裹包　采用具有热封性能的塑料及复合薄膜包装材料，对包装物品裹包后，对其接缝和端口进行热封。这种裹包方法适用于块状、筒状规则物品及无规则异形物品，常用于方便面、月饼、巧克力、糖果、膨化食品、饼干等食品的包装，是目前规模化生产最为常用的一种裹包方法。接缝式裹包成品外观如图 3 - 25 所示。

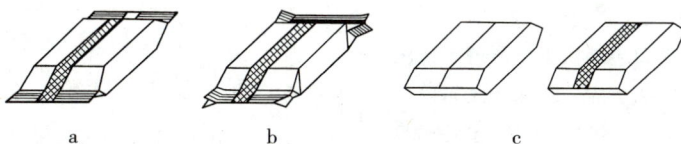

图 3 - 25　接缝式裹包成品外观

a. 普通枕形包装；b. 折角枕形包装；c. 无封边枕形包装

（三）裹包机械

1. 折叠式裹包机 直线折叠式裹包工艺流程如图 3-26 所示，按 a→i 依次进行：物品 6 由输送带送至托板 7 上；与此同时，被定长切断的包装材料 1 送到托板 7 的上部，并覆盖在物品 6 上面；托板 7 带着物品 6 与包装材料 1 沿垂直通道 8 上升，在垂直通道的导向下，使包装材料呈倒"U"形包裹物品；当托板 7 上升到最高位置时，摆动板 2 与长边折叠板 3 一起将包装物托住，托板 7 随即下降到原始位置时；摆动板 2 托住包装物并保持一段时间，此时长边折叠板 3 将底面一长边进行折叠，同时，推板与两顶端折叠板 4 开始运动，完成两顶端面前部的折叠任务；两顶端折叠板 4 继续将包装物

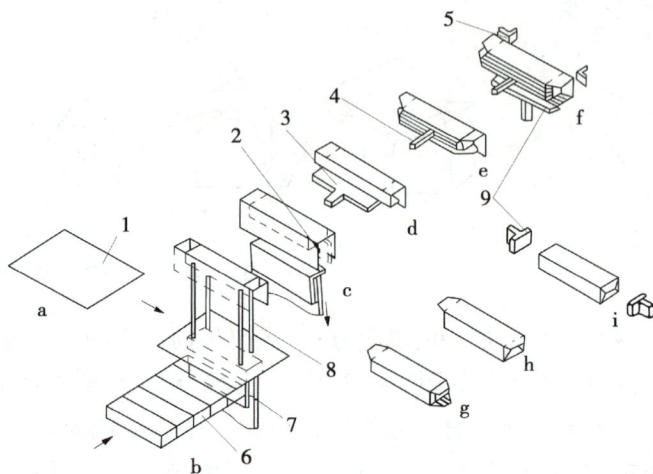

图 3-26　直线折叠式裹包工艺流程图

1. 包装材料；2. 摆动板；3. 长边折叠板；4. 推板与两顶端折叠板；
5. 固定折叠板；6. 物品；7. 托板；8. 垂直通道；9. 底面和两端热封器

向前输送，底板和固定折叠板 5 完成另一底面长边和两顶端后部的短边折叠任务；随后，底面热封器 9 向上运动，将底面长边进行热封；包装物由推板推入输出机构，在两侧固定折叠板 5 的导向下，先后完成两顶端面的下部长边折叠和上部长边折叠；最后，两端热封器 9 将包装物两端的包装材料热封，完成整个裹包过程。

2. 接缝式裹包机 又称枕形裹包机，一般能自动完成制袋、充填、封口、切断、成品排出等工序，是裹包机械中应用最广泛、自动化程度最高的一类包装机械。

四面封口式裹包机工作原理如图 3-27 所示。上、下两卷收缩薄膜 3 与 4 经导辊 5 引至横封器 6 处封接好，物品 2 经输送带 1 送进，顶着薄膜前进。传送带继续送进薄膜与物品，到预定长度时，横封器 6 完成前、后两个袋的封接与切断动作，最后由带式纵封器 9 完成四封边口。

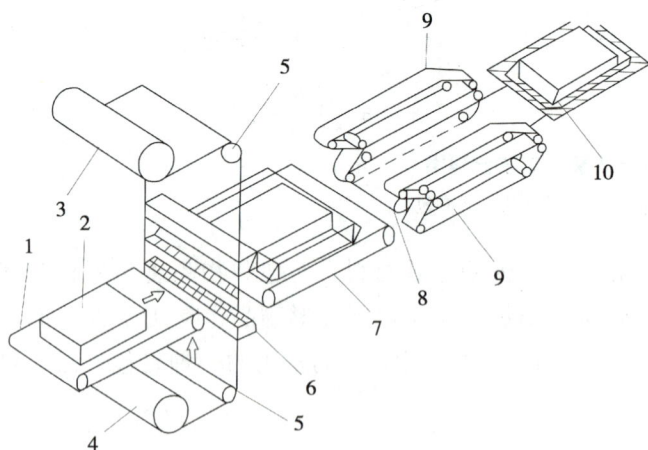

图 3-27　四面封口包装机工作原理示意图

1、7、8. 输送带；2. 物品；3、4. 收缩薄膜；
5. 导辊；6. 横封器；9. 纵封器；10. 包装成品

二、食品袋装工艺及设备

袋装技术适用范围广，是当今食品工业中应用最多的一种包装技术，既可适用于松散态粉粒状食品及形状复杂多变的小块状食品，也可包装无特定形状的生鲜食品、加工食品以及液态食品。常用的食品袋装材料有纸袋、塑料薄膜袋及各种复合软包装材料。

（一）袋装分类

1. 按袋装形式分 有扁平袋和自立袋。扁平袋用于味精、奶粉、糖果等粉状小颗粒食品包装；自立袋用于饮料、牛奶等液体食品包装。

2. 按装袋方法分 有预制袋和制袋－充填－封口两种。预制袋是在包装之前预先用制袋机制成袋，在包装时先将袋口撑开，充填物料后封口，主要适用于手工包装。制袋－充填－封口是在一台设备上连续完成三步动作而形成产品的包装。袋可分为大袋和小袋两大类。大袋也称为重型袋，常用于运输包装，一般装填质量为 20～50kg；小袋常用于销售包装，可分为预制小袋和制袋－充填－封口机用的袋两种。

（二）袋装机械

1. 立式袋成型－充填－封口机 有很多机型，按袋形可分为枕形袋、扁平袋、筒形袋等。枕形袋成型－充填－封口机工作原理如图 3－28 所示。卷筒薄膜 1 在导辊的作用下，经象鼻式成型器 2 自动卷合成圆筒形，纵向热封器 4 将卷合成筒的薄膜纵向对接缝进行热封，形成密封的筒状。计量好的物料由加料斗 3 充填入筒袋，然后将其移动到横向热封器 5 处进行横封，切刀 6 居中切断，得到包装成品。这种工艺主要应用于松散态、规则的颗粒物料、小块状物料的包装。

2. 卧式袋成型－充填－封口机 制袋与充填都沿着水平方向进行。主要适用于块状、颗粒状物料的包装，如点心、面包、香肠、糖果、饼干、方便面等。三面封卧式袋成型－充填－封口机工作原理如图 3－29 所示。卷筒薄膜 1 经导辊 2 到达制袋成型器 3，在制袋成型器 3 和导杆 4 的作用下形成"U"形，并由张口器 5 撑开，横封器 6 进行封合，同时加料器 7 充填物料，紧接着纵封牵引器 8 进行纵封并牵引塑料薄膜一次一个袋位，由切刀 9 将包装袋切断。

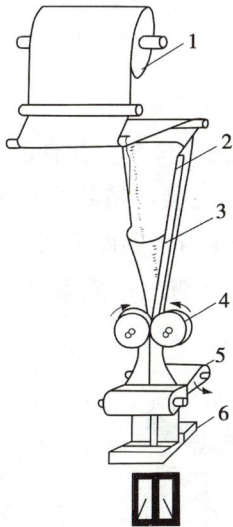

图 3－28　枕形袋成型－充填－封口机
工作原理示意图

1. 卷筒薄膜；2. 象鼻式成型器；3. 加料斗；
4. 纵向热封器；5. 横向热封器；6. 切刀

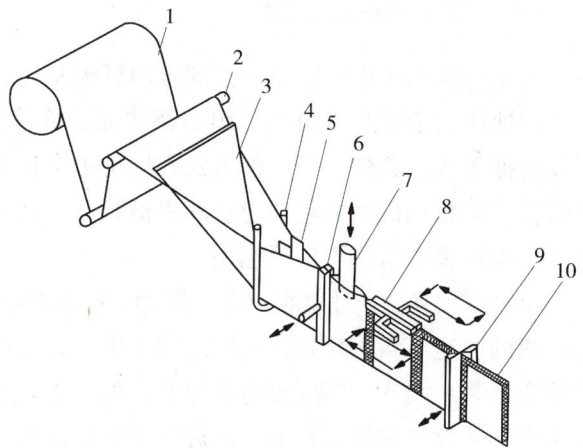

图 3－29　三面封卧式袋成型－充填－封口机
工作原理示意图

1. 卷筒薄膜；2. 导辊；3. 制袋成型器；4. 导杆；5. 张口器；
6. 横封器；7. 加料器；8. 纵封牵引器；9. 切刀；10. 成品

3. 筒形袋袋装机 是一种间歇式转盘形包装机。这类包装机采用筒状卷料薄膜作包装材料，每次先封底缝，然后再切下作为包装袋并由间歇回转工序盘上的夹持手将包装袋从一个工位移向另一个工位，完成装料、整形、封口等工序。筒形袋袋装机工作原理如图 3－30 所示。先开底缝、剪切，再被夹持，然后开袋、装填物料、封口等。这种机型与立式或卧式直线型袋装机相比，在工位的动作设计安排上灵活性较大，对一些难装或多种物品混装的袋装产品，它的适应性特别强。

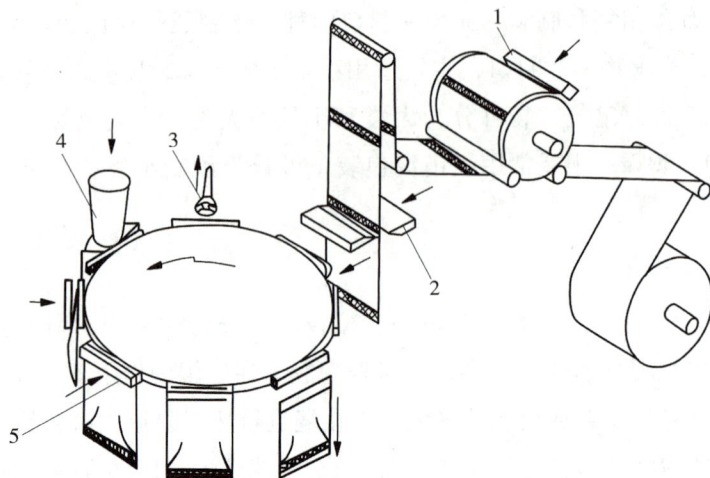

图 3－30　筒形袋袋装机工作原理示意图

1. 封底器；2. 切刀；3. 开袋吸嘴；4. 加料斗；5. 封口器

第三节　装盒与装箱技术

盒装与箱装一般由白纸板或瓦楞纸板制成，属于半刚性容器。由于制造成本低、重量轻，空盒、空箱可以折叠，存放、运输方便，而被广泛用于销售包装和运输包装。

一、食品装盒技术

盒是指体积较小的容器，大部分用纸板制成，包装纸盒一般用于销售包装。在食品包装上，折叠纸盒广泛地应用于糕点、酒类、固态调味品、冷冻食品、糖果等产品的包装。按物品进入盒的方式的不同，有推入式、裹包式等。推入式多用于单个物品的装盒，裹包式主要用于多件物品的装盒。装盒有手工装盒、半自动机械装盒和全自动机械装盒。随着劳动力成本的提高和对生产效率要求的提高，目前，全自动机械装盒机得到广泛应用。

全自动装盒生产速度很高，一般为 500～600 盒/分，超高速的可达 1000 盒/分，一般适用于单一品种的大批量装盒包装。图 3－31 为裹包式装盒法的工艺流程。首先将盒坯片放置在输送带上，然后将摆放好的多件产品推到盒坯片上，接着依次折叠成盒、黏接侧边、封底封口。这种设备适用于尺寸较大的盒体，采用裹包式装盒方法有助于把松散的组成物件包得更加紧实，以防止游动盒破坏。

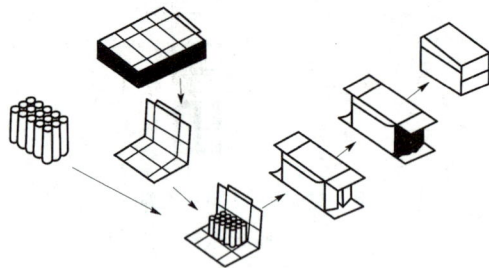

图 3－31　裹包式装盒工艺流程图

二、食品装箱技术

装箱技术指对散料或已经进行小包包装的产品，为了使其在运输过程中不被损坏、便于贮运，而将它们按一定的方式装入包装箱，并完成封箱的技术。箱与盒的形状相似，习惯上小的称为盒，大的称为箱。箱的种类和形式很多，按制箱材料可分为瓦楞纸箱、木板箱、硬纸板箱、塑料周转箱等，其中供长时间贮存、在大范围内使用的以瓦楞纸箱为最多。

装箱与装盒的方法相似，但装箱的产品较重，还有一些防震、隔离用的附件，箱坯尺寸大，堆叠起来比较重。装箱方法有跌落式、抓取式、侧推式、蜘蛛手抓取、机器人装箱等方式。

装箱设备由开箱装置和装箱装置组成。

(一) 开箱装置

将已完成侧面封合的箱坯片撑开成箱型，或将已完成侧面封合和底面封合的箱坯开启成箱型，然后再进行充填。

1. 真空开箱　工作原理如图 3-32 所示。箱坯 3 竖直放在存放架 1 内；架前端左右两侧对称配置有弹性挡片 12，上、下各有一个滚销 4，两者的作用是挡住箱坯并使送出的箱坯定位；存放架 1 内的推进装置 2 用于间歇地推进箱坯；真空吸盘 7 吸住箱坯后，在连杆机构 6 的作用下向外侧做弧线运动，滚销 4 插在两层纸板间，挡住纸板的内面，共同使箱坯从存放架内被推出并打开；推箱板 11 将打开的箱坯推动前行，并将与之接触的内折页折合，另一端的内折页在折封导轨 8 的作用下折合；上胶器 10 对两内折页外面进行涂胶，在折页板 9 的作用下，两外折页折合并与内折页黏接，形成封底。

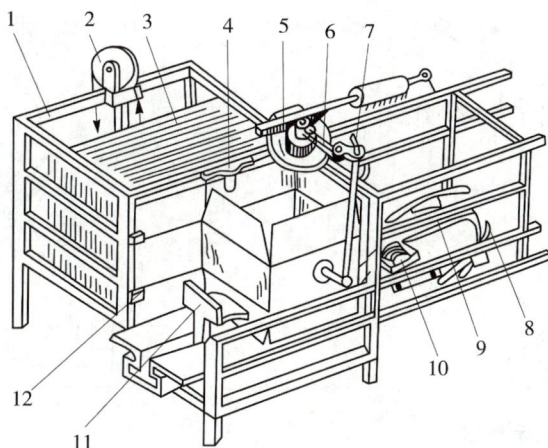

图 3-32　真空开箱工作原理示意图

1. 存放架；2. 推进装置；3. 箱坯；4. 滚销；5. 驱动杆齿条；6. 连杆机构；

7. 真空吸盘；8. 折封导轨；9. 折页板；10. 上胶器；11. 推箱板；12. 弹性挡片

2. 吹气开箱　工作原理如图 3-33 所示。箱坯 4 放置在存放架 3 内，链条 1 上隔一段距离装有一个推块 14，最底下的箱坯被推块 14 推出并沿输送器 2 送出；当箱坯 4 经过气流相反的吹风系统 5 和 12 时，在气流的作用下，箱坯被撑开；部分成型的箱坯被移到输送器 13 上折合封底，完成开箱过程。

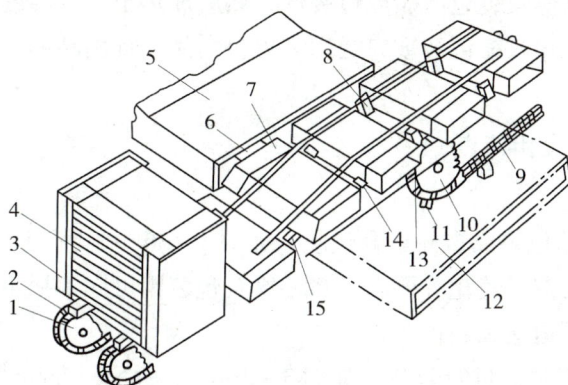

图 3-33　吹气开箱工作原理示意图

1. 输送器；2. 链条；3. 存放架；4. 箱坯；5. 吹风系统；6. 板；7. 箱子折页；8. 挡块；

9. 链条；10. 链轮；11. 挡块；12. 吹风系统；13. 输送器；14. 推块；15. 轨道

（二）装箱装置

装箱的方法有很多，按工艺的不同可分为卧式、下落式、夹持式、拾放式、裹包式等。

1. 卧式装箱　可使产品沿水平方向装入横卧的箱，均为间歇式操作，较适合用于纸盒、金属容器等刚性或半刚性的有一定形状、对称的物品。装箱速度一般为每分钟 10～25 箱。卧式装箱工艺流程如图 3-34 所示。首先由开箱装置将扁平的瓦楞箱坯打开成型，然后将其传送到装箱筒上；物品经排列堆积达到一定高度时，触动开关使侧推杆运动，将物品推入纸箱。

2. 拾放式装箱　属于立式装箱法的一种，常用于圆形和非圆形的玻璃、塑料、金属包装容器包装的产品，如饮料、酒类、瓶罐装的粉体类食品。

连杆拾放式装箱工艺流程如图 3-35 所示。已打开的瓦楞纸箱或塑料周转箱由输送链条送出，气动夹头由连杆运动来控制其运动轨迹，气动夹头夹住物品后上升，然后再平移，最后下降将物品放入箱中。

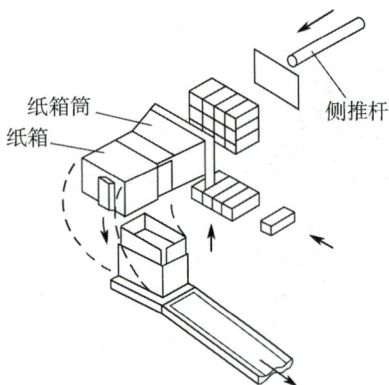

图 3-34　卧式装箱示意图

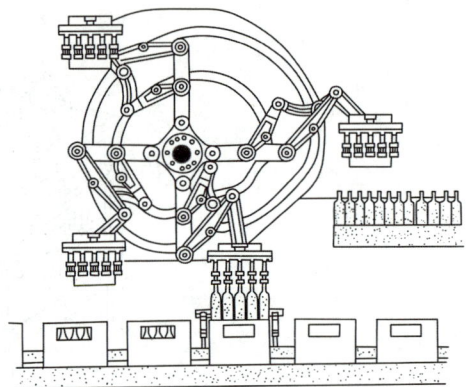

图 3-35　拾放式装箱工艺流程示意图

第四节　热收缩与热成型包装技术及应用

一、热收缩包装技术

热收缩包装是利用热收缩薄膜裹包产品或包装件，然后加热至一定温度使薄膜自行收缩紧贴裹住物品或包装件的一种包装方法。热收缩包装被广泛用于裹包食品、日用品和工业用品等的销售包装和运输包装。

（一）热收缩包装的形式和特点

1. 包装形式

（1）用于物品的单件收缩包装或多件集合包装　如图 3-36a、b 所示。单件物品通过热收缩薄膜的包装可满足包装品的密封、防潮、美化等要求；多件集合包装则可起到捆束的作用，使多个单件物品聚集成一个整体的包装件，方便运输和销售。

（2）包装薄膜配合托盘对物品进行包装　如图 3-36c、d 所示，食品盛于托盘之中，上面覆盖薄膜材料，经加热收缩后形成一个密封、卫生的包装件。这种类型广泛用于速冻食品、生鲜食品、罐头饮料等的包装。

（3）物品放入纸盒或纸箱，外套薄膜进行热收缩包装　如图 3-36e 所示，这种热收缩包装类型可起到防潮、封贴和捆扎的作用。

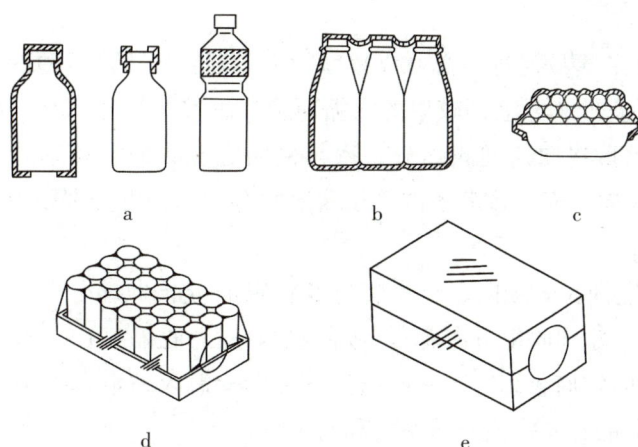

图 3 – 36　热收缩包装的类型

a. 单件收缩包装；b. 多件集合包装；c. 托盘包装；

d. 托盘集合包装；e. 封箱（盒）式收缩包装

2. 包装特点

（1）适应性好　能适应各种大小及形状的物品包装，有效地紧贴包裹物品，尤其适用于一般方法难以包装的异形物品，如蔬菜、水果、整体的肉类食品及带盘的快餐食品或半成品的包装。

（2）具有良好的密封性和保护性　可实现对食品的密封、防潮、保鲜包装。这种类型广泛用于新鲜蔬果、肉类食品、速冻食品的低温贮存；收缩时塑料薄膜紧贴在物品上，能排除物品表面的空气，从而延长食品的保存期。

（3）具有良好的捆束性　能实现多件物品的集合包装或配套包装。利用薄膜的收缩性，可把多件物品集合在一起，为自选商场及其他形式的商品零售提供方便。同时，多件物品在包装内位置相对固定，减轻了运输中的振动碰撞，避免损失。

（4）可改善商品外观　收缩薄膜一般是透明的，包装时紧贴食品的表面，对产品的色、形有很好的展示作用。

（5）包装紧凑　方便包装物的贮存和运输。包装材料轻且用量少，包装费用低。

（6）工艺及使用的设备简单　通用性强，便于实现机械化快速包装。

（二）热收缩包装材料的主要性能要求及指标

热收缩包装材料主要指热收缩薄膜。在将塑料原料制成薄膜的过程中，预先进行加热拉伸，经冷却而制成收缩薄膜，对它重新加热时，由于塑料材料中的应力作用而发生收缩。收缩薄膜的主要包装性能包括热收缩性能和热封性能。

1. 热收缩性能　因加工薄膜所使用聚合物种类和加工条件的不同而相异，它反映收缩膜在加热时各方面尺寸收缩能力，一般用收缩率、总收缩率和定向比为指标来表示。

（1）收缩率　衡量收缩特性主要以收缩率为标准。按式 3 – 1 计算。

$$S = (L_1 - L_2)/L_1 \times 100\% \qquad\qquad (3-1)$$

式中，S 为收缩率；L_1 为收缩前薄膜的长度；L_2 为在 120℃甘油中浸放 1~2 秒，再用水冷却测量得到的长度。

热收缩薄膜在纵、横两方向都具有一定的收缩率，常用的收缩薄膜大多要求纵向、横向的收缩率均为 50% 左右，也有特殊要求纵、横两方向的收缩率不等的。

（2）总收缩率　是纵向和横向收缩率这两个值的和，其值的大小反映薄膜收缩时收缩力和收缩速度的大小。

薄膜的定向拉伸度越大，薄膜越薄，总收缩率就越大。轻包装可用极薄的收缩薄膜，其总收缩率可超过100%；而大型物品覆盖收缩包装用较厚的收缩薄膜，总收缩率为60%~80%。

（3）定向比　是收缩薄膜纵向定向收缩分布率与横向定向收缩分布率之比。收缩薄膜的纵向、横向定向收缩分布率分别是纵向、横向收缩率占总收缩率的百分比，可分别用来表示纵向、横向的收缩性能值。

$$定向比 = 纵向定向收缩分布率/横向定向收缩分布率$$
$$纵向定向收缩分布率 = （纵向收缩率/总收缩率）\times 100\%$$
$$横向定向收缩分布率 = （横向收缩率/总收缩率）\times 100\%$$

因此，收缩薄膜两方向的定向收缩分布率之和为100%。

根据定向比的值将收缩薄膜分为4类，分别用于不同形体特点和不同形式的包装。

1）超单向定向收缩薄膜　定向比 =100/0~95/5，主要用作托盘集装物品的罩盖包装材料，其厚度在100μm以上。

2）高单向定向收缩薄膜　定向比 =95/5~75/2，适用于两端开发式套筒收缩包装。

3）双定向收缩薄膜　定向比 =75/25~55/45，适用于三边、四边封合的收缩包装。

4）均衡定向收缩薄膜　定向比 =55/45~45/55，适用于盘、盆装食品罩盖收缩包装，使薄膜沿盘、盆边缘收缩，同时，顶部各方向加热均匀也能达到收缩要求。

热收缩薄膜在一定温度范围内进行收缩，在收缩温度范围内，收缩薄膜的收缩率将随温度的升高而增加。收缩温度范围宽有利于收缩包装的收缩加工，不同品种塑料制成的收缩薄膜的收缩温度范围不同。

收缩温度在一定程度上决定了收缩薄膜收缩力大小，如果收缩温度太高，薄膜开始的收缩力很大，但在包装贮存期间收缩力会下降而导致包装松驰，一般当薄膜实际收缩率不超过其潜在收缩率的20%时，能有效防止热收缩包装的松驰现象。

2. 热封性能　热收缩包装是先进行裹包热压封合，再进行加热收缩。收缩薄膜封口处在收缩时受到一定的拉力，因此要求收缩薄膜具有良好的热封性能。

（三）常用热收缩薄膜

目前常用于食品热收缩包装的薄膜主要有聚氯乙烯（PVC）、聚乙烯（PE）、聚丙烯（PP）、聚酯（PET）、聚苯乙烯（PS）等，其性能指标如表3-1所示。

表3-1　常用收缩薄膜的性能

种类	典型厚度（μm）	最大收缩率	收缩张力（kg/cm³）	收缩温度（℃）	热封温度（℃）
PE（轻荷）	25.4~50.8	20%~70%	3.5~7.0	88~150	120~205
PE（重荷）	50.8~254	20%~70%	3.5~7.0	88~150	120~205
PE（交联）	15.2~38.1	50%~80%	17.5~35.0	70~145	150~260
PVC（轻荷）	12.7~38.1	30%~70%	10.5~21.0	65~150	135~190
PVC（重荷）	38.1~76.2	55%	10.5~21.0	65~150	135~190
PP	12.7~38.1	50%~80%	21.0~42.0	93~172	150~230
PET	12.7~15.2	45%~55%	4.8~10.3	75~140	130~180
盐酸橡胶	—	45%	—	~130	120~170
PS	25.4~	40%~70%	7.0~42.0	100~132	120~150

续表

种类	典型厚度（μm）	最大收缩率	收缩张力（kg/cm³）	收缩温度（℃）	热封温度（℃）
PVDC	—	45%	—	~140	120~180
PVDC + PVC	10.2~25.4	15%~60%	3.5~14.0	60~145	120~150
PB	12.7~50.8	40%~80%	7.0~24.5	88~172	150~205
EVA	25.4~254	20%~70%	2.8~6.3	65~120	95~172
离子型	25.4~76.2	20%~40%	10.5~17.5	90~132	120~205

1. 聚氯乙烯（PVC）收缩薄膜　与其他薄膜相比，收缩温度较低、收缩力强、收缩速度快。PVC薄膜具有许多优异的性能，适用于食品、日化用品、工业品的单个包装和集合包装，在食品领域常用于生鲜果蔬的保鲜包装。PVC的缺点有耐冲击强度低、低温易发脆、封口强度差，且当塑料中的增塑剂变化时，薄膜会横裂、光泽消失等。

2. 聚乙烯（PE）收缩薄膜　材质柔软，延伸性、热封性好，封口强度高，非常适合需要呼吸的鲜果蔬菜的包装。缺点是收缩温度比PVC高20~50℃，且收缩开始温度和熔融的温度范围窄，收缩相对较难；透明度一般，不如PVC美观。

3. 聚丙烯（PP）收缩薄膜　收缩力强，无臭无毒，常用于冷冻食品等的直接包装。PP的缺点是收缩温度较高，收缩适宜温度范围窄，需要精密的温控装置。

4. 聚酯（PET）收缩薄膜　具有良好的强度和耐热、耐寒性能，常用于肉制品的包装。其缺点是热封合困难。

5. 聚苯乙烯（PS）收缩薄膜　透明性和光泽度好，有较大的气体透过性，适用于果蔬的保鲜包装。

6. 乙烯-醋酸乙烯共聚物（EVA）　抗冲击强度大，透明度高，软化点低，收缩温度宽，热封性能好，收缩力小，尤其适合带突起异形物品的包装。

7. 离子键聚合物　强度与延伸率都较大，与内容物的适应性好，适用于长途运输的冷冻食品的收缩包装。

（四）热收缩包装工艺及设备

食品热收缩包装工艺过程有裹包、热封、加热收缩和冷却四步。

根据热收缩包装形式的不同，分为卧式枕形裹包机（接缝式裹包机的一种，配套于热收缩包装时，包装材料改用热收缩薄膜）、套筒式裹包机、四面封口式裹包机等。

套筒式裹包机的一种机型的工艺流程图如图3-37所示。上卷膜5和下卷膜1由导辊4牵引，经横封切断机构6封切后黏合；物品3由输送带2送入，推着封合好的薄膜向前行进；到达预定长度时，横封切断机构6将上、下薄膜封合切断，裹包完成；随后，包裹好的物品被送入热收缩通道7，薄膜受热收缩而紧贴于物品上。这种裹包多用于纸箱、托盘式的收缩包装，由于包装后成品的两个侧面会留下两个圆形缺口，适合于不需要完全裹包的收缩包装。

1. 裹包　操作在裹包机上完成，薄膜的尺寸应适合，如中小型物品裹包筒或袋形薄膜的尺寸比包装物尺寸大10%左右，收缩薄膜罩比托盘包装尺寸大15%~20%。应注意选用合适的收缩薄膜收缩率和定向比，使薄膜收缩后平整地紧贴包装物表面。为了使收缩薄膜在被包装物品四周收缩整齐，应注意被包装物品裹包在薄膜中的相对位置及封口位置。

2. 热封　一般采用镍铬电热丝热熔切断封合或脉冲热封合，为达到良好的热封效果，热封时应注意以下几点。

（1）热封温度尽可能低一些，甚至施加及时冷却措施，并力求高速封合，以防热封加热使封口发生收缩。

（2）热封温度应恒定、压力均匀，以获得平整光滑的封口，同时避免薄膜其他部分发生粘连。

（3）封合强度应达到薄膜在封口相应方向上原有强度的70%，以免热收缩时封合强度不足导致封口拉开。

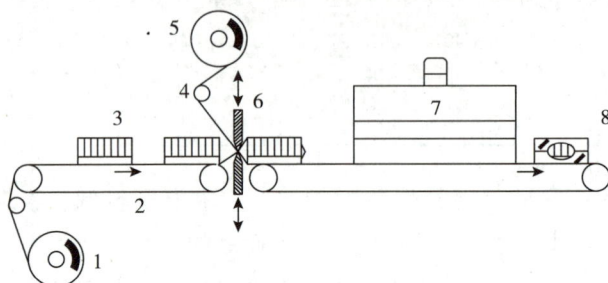

图3-37　套筒式裹包机工艺流程示意图

1. 下卷膜；2. 输送带；3. 物品；4. 导辊；5. 上卷膜；

6. 横封切断机构；7. 热收缩通道；8. 包装成品

3. 加热收缩　其作用是利用热空气对裹包完成的包装制品进行加热，使薄膜收缩。

中小型包装件热收缩工作原理如图3-38所示。已裹包封合的包装件经输送带1送入热收缩通道，在加热室3出入口处设置的是橡胶片材质的风帘2，起到挡风保温的作用；在加热室3内设置有发热元件4和循环风机5，发热元件4一般采用电阻发热管或远红外线发热管，循环风机5的作用是保证热风均匀吹到包装件周围；在加热室3内，热空气对包装件进行加热，经加热的塑料薄膜紧裹在包装件上；随后由冷却机8风冷降温定型，完成包装并输出。

加热温度、加热时间、热风流速、热风流量等都会对塑料薄膜收缩效果产生影响，因各种塑料薄膜的特性各不相同，应根据其具体特点选择合适的热收缩工艺条件，表3-2中列出了常用的几种热收缩薄膜材料与加热室温度、加热时间、热风流速等的关系。

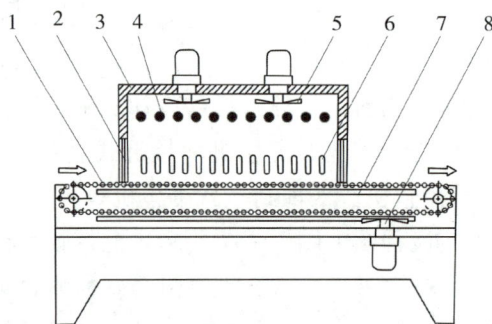

图3-38　热收缩工作原理示意图

1. 输送带；2. 风帘；3. 加热室；4. 发热元件；

5. 循环风机；6. 出风口；7. 导轨；8. 冷风机

表3-2　几种收缩薄膜热收缩包装的工艺参数

薄膜	厚度（mm）	加热室温度（℃）	加热时间（秒）	热风流速（m/s）	备注
聚氯乙烯	0.02~0.06	140~160	5~10	8~10	温度较低，对食品类较适宜
聚乙烯	0.02~0.04	160~200	6~10	15~20	紧固性强，适合托盘包装
聚丙烯	0.03~0.10	160~200	8~10	6~10	收缩时间长，加热收缩后必须冷却，必要时可停止加热
	0.12~0.20	180~200	30~60	12~16	

4. 冷却 薄膜收缩后，冷却完成包装。冷却可以是自然冷却，也可在设备末端安装冷风机进行冷却。

二、热成型包装技术

热成型包装是对热塑性塑料片材进行深冲制成容器，定量充填灌装食品后，用薄膜或片材覆盖并封合容器口完成包装的形式。

（一）热成型包装的形式和特点

1. 包装形式

（1）托盘包装 其底膜通常采用硬质膜，经热拉伸为一定形状的托盘，上膜采用软质膜将容器封合。托盘包装常用于酸奶、果冻等流体、半流体或软体食品的包装，在包装鲜肉等制品时，还可充填入保护气体以延长食品的保质期。托盘包装如图 3-39a 所示。

（2）泡罩包装 其底膜可使用硬质膜或软质膜，将其拉伸成与包装物外形轮廓相似的形状；上膜采用有热封性能的复合薄膜。这种包装常用于糖果、牛肉干的包装。泡罩包装如图 3-39b 所示。

（3）贴体包装 其底膜采用硬质膜，使用硬质膜时可采用热成型技术；上膜使用较薄的软质膜。包装时先在底板上打小孔，放置包装物后覆盖上膜进行抽真空，使上膜紧贴在包装物的表面并与底板黏合，常用于新鲜肉制品的包装。贴体包装如图 3-39c 所示。

（4）软膜预成型包装 其底膜和上膜均采用较薄的软质薄膜，底膜经预成型后装填入物品，可进行真空或充气包装。这种方法适用于香肠、三明治、火腿等食品的包装。软膜预成型包装如图 3-39d 所示。

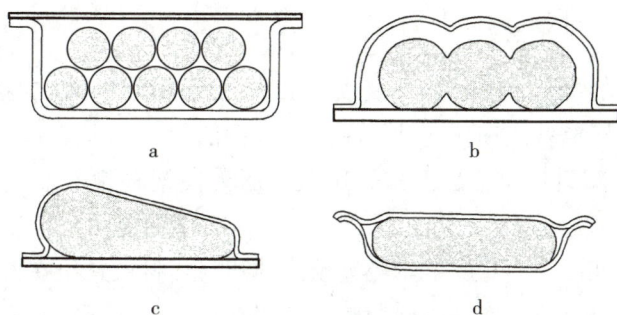

图 3-39 热成型包装形式
a. 托盘包装；b. 泡罩包装；c. 贴体包装；d. 软膜预成型包装

2. 包装特点 目前热成型包装被广泛应用，它具有以下特点。

（1）适用范围广 热成型包装可应用于固体、液体、易碎品等物料的包装，可选用的热塑性塑料种类多，在食品工业中常用于冷藏、微波加热、生鲜和快餐等各类食品的包装，并可实现真空包装和充气包装，能满足食品贮藏和销售过程中对包装的密封性和高阻隔性能的要求。

（2）展示效果好 容器形状、大小可按包装需要进行设计，不受成型加工的限制，特别适合形状不规则的物品包装，制成的容器外形美观，展示效果好。

（3）可降低包装成本 热成型包装设备投资少，成本低，加工用的模具成本也仅为其他成型加工法用模具成本的 10% ～20%，制造周期也较短；热成型法制成的容器器壁薄，可减少材料用量。

（4）生产效率高 容器成型、物料充填和封口可用一台机器完成，包装生产效率较其他成型方法高 25% ～50%。

（二）常用热成型包装材料

热成型包装用塑料片材按厚度进行分类：厚度小于 0.25mm 为薄片，厚度在 0.25～0.5mm 为片材，厚度大于 1.5mm 为板材。塑料薄片及片材用于连续热成型容器，如泡罩、浅盘、杯等小型食品包装容器。板材热成型容器主要用于成型较大或较深的包装容器。

1. 聚乙烯（PE） 在食品包装上大量使用，其中 LDPE 刚性差，在刚性要求较高或容器尺寸较大时可使用 HDPE，但其透明度不高。

2. 聚丙烯（PP） 具有良好的成型加工性能，适用于制造深度与口径比较大的容器，容器透明度高，除耐低温性较差以外，其他都与 HDPE 相似。

3. 聚氯乙烯（PVC） 硬质 PVC 片材具有良好的刚性和较高的透明度，可用于与食品直接接触的包装，但是因拉伸变形性能较差，难以制成结构复杂的容器。

4. 聚苯乙烯（PS） BOPS 片材因其刚性和硬度好、透明度高、表面光泽，常被用于热成型加工，但这种材料热成型时需要严格控制片材加热温度，也不宜进行较大拉伸。EPS 片材也可作热成型材料，一般用来制作结构简单的浅盘、盆类容器。它的优点是质轻，有一定的隔热性，可用作短时间的保冷或保热食品容器。

5. 其他热成型片材 PA 片材热成型容器，包装性能优良，常用于鱼、肉等的包装；PC/PE 复合片材可用于深度与口径之比不大的容器，可耐较高温度的蒸煮杀菌；PE、PP 涂布纸板热成型容器可用于微波加工食品的包装；PP/PVDC/PE 片材可制成各种形状的容器，经密封包装快餐食品，可经受蒸煮杀菌处理。

热成型包装容器的封盖材料主要是 PE、PP、KPVC 等单质塑料薄膜，或者使用铝箔、纸与 PE 的复合薄膜片材、玻璃纸等材料，一般在盖材上事先印好商标和标签，所用印刷油墨应能耐 200℃ 高温。

（三）热成型加工方法

热成型加工按模具形式的不同，可分为凸模成型法和凹模成型法；按成型时施加压力方式的不同，可分为差压成型法、机械加压成型法和柱塞助压－压差成型法。

1. 差压成型法 靠加热塑料片材上、下方气压差的压力使塑料片变形成型，又分为空气加压成型和真空吸力成型。

凹模空气加压成型原理如图 3-40 所示。经过预热的塑料片材被紧压在模具上方的模口上，从塑料片材上方通入压缩空气，片材被压缩空气压向模腔，贴附在模具上而成型，模腔内的空气由下部的排气孔排出。

差压成型加工法的优点是制品成型简单，对模具材料要求不高，只需要单个凹模或凸模，甚至可以不用模具来生产泡罩包装制品，制品外形质量好，表面光洁度高。缺点是制品壁厚、不太均匀，最后与模壁贴合部位的壁较薄。

2. 机械加压成型法 原理如图 3-41 所示。将塑料片材加热到所要求的温度，送到上、下模间，上、下模（凸模和凹模）在机械力的作用下合模时将片材挤压成模腔形状的容器，冷却定型后，开模取出制品。这一成型法具有制品尺寸准确稳定，制品表面字迹、花纹显示效果较好等特点。

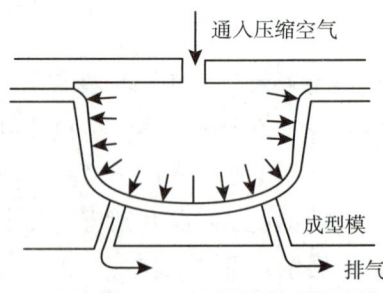

图 3-40 凹模空气加压成型原理示意图

3. 柱塞助压－差压成型法 是将上述两种热成型方法相结合的一种成型方法，其原理如图 3-42 所示。图 3-42a 中，塑料片材被夹持并加热到成型温度。图 3-42b 中，首先采用一个尺寸为凹模容腔 60%～90% 的冲头，将加热后的塑料片材压入凹模，使其变形到一定程度，模腔底部气孔封闭使模腔内的空气形成反压,此时片材接近模底而不与模底接触。图 3-42c 中,打开模底气孔通入压缩空气与冲头一起加压,使塑料片贴在模腔内壁,最后冷却定型。这种成型方法使制品材料分布均匀,可获得壁厚均匀的塑料容器,常应用于杯形容器和其他深拉伸加工制品,加工质量较高。

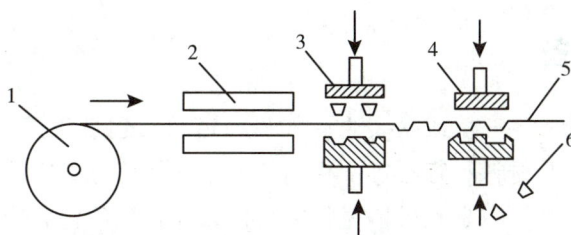

图 3-41 机械加压成型原理示意图

1. 塑料卷膜;2. 加热装置;3. 成型模具;4. 切刀;5. 废料;6. 成品

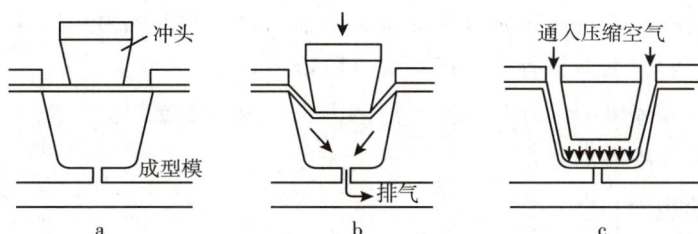

图 3-42 柱塞助压-压差成型原理示意图

(四)热成型技术要求

包装容器热成型主要包括加热、成型和冷却脱模 3 个过程。为保证获得形状满意、质量合格的热成型容器,应注意以下技术要求。

1. 拉伸比 容器深度与口径之比为成型容器的拉伸比,拉伸比越大,容器越难成型。热成型的拉伸比与塑料的品种有关,塑料热延伸能力越强,熔体强度越高,则拉伸比可越大。不同成型方法适宜的拉伸比不同,用凸模成型时拉伸比通常不大于 0.5,柱塞加压成型时拉伸比可大于 1。

2. 热成型温度、加热时间和加热功率 热成型容器的加热温度应在材料的玻璃化转变温度(T_g)或熔点(T_m)以上,而且受热要均匀稳定,可根据热成型所用材料的品种、厚度来确定热成型温度、加热时间和加热功率。各种塑料的热成型温度不同,一般在 120~180℃ 范围内。温度不合适,会出现成型不良、壁厚不均、气孔、白化、皱褶等缺陷。

3. 热成型模具几何尺寸 热成型容器所用模具尺寸形状应符合设计要求,表面光滑,有足够的拔模斜度。经各种成型方法成型的容器底部的壁厚总要变薄,在拉伸比小于 0.7 的情况下,容器底部壁厚一般只有平均壁厚的 60%。为了保证强度,容器底部采用圆角过渡,圆角半径应取 1mm 以上。

(五)热成型包装机械

热成型包装技术由于设备结构简单、成本低以及生产效率高等特点,得到了迅速发展和广泛使用,目前的多功能热成型包装机,不仅能在同一台设备上完成容器的热成型、物品的充填、加盖封口等一体化操作,有的机型还可完成真空、充气包装。根据自动化程度、功能、结构形式、运动形式等的不同,可以分为多种机型,如高速卧式热成型包装机、间歇卧式热成型-充填-封口包装机、热成型-真空-充气包装机。

第五节 封口、贴标、捆扎包装技术

一、封口技术及设备

封口操作是食品包装在计量、充填或灌装之后的另一道重要包装工序。由于被包装食品种类繁多、性能各异，包装要求、所用包装材料和容器各不相同，采用的封口方式方法也不相同。按照是否使用封口材料，封口方式大致分为三类。一是无封口材料的封口，即直接用包装容器口壁部分材料经热熔、粘结或扭结折叠等方法实现封口，例如塑料袋封口、纸袋封口、各种裹包封口等。这类封口可以在相应的裹包机或袋装机的封口工位上直接完成操作，无需另设封口机械。二是有封口材料的封口，即用封口材料预先制成与被封容器口相配的封盖，然后在专用的封口机上用封盖将容器口封合。这类封口方法主要适用于金属、玻璃、塑料制成的刚性瓶罐容器。三是有辅助封口材料的封口，即用外加的材料将未完全封盖的容器口封合，外加的辅助材料有金属钉、线、胶带等。

食品包装对封口的一般要求为：外观平整、清洁美观；封口方便快捷，封口可靠，启封方便；封口材料无毒无味，符合食品卫生要求。

（一）金属罐二重卷边封口

金属罐普遍采用二重卷边封口，图3-43为圆形罐封罐机结构示意图。分盖器13从罐盖存槽12中分离出罐盖，由推盖板14推出，落入由输罐机构及推头15推送过来的罐口上，推头继续将带盖罐头送入带槽转盘11，由转盘将罐送至卷封工位，托罐盘10将罐上推（或同时旋转），罐盖被上压头紧压在口上。同时，两个卷边滚轮8在封罐7旋转带动下，沿罐口先后两次加压滚动，使罐口翻边和罐盖圆边相咬合，进而卷曲，最后压紧，完成二重卷边封口操作。卷封后的罐头由带槽转盘11带离卷封工位并由输罐机构输出。

（二）玻璃瓶罐封口

1. 压盖封口 皇冠盖的封口原理就是利用压盖头上锥孔斜面的作用把盖箍紧在瓶口的凹槽中。锥孔挤压瓶盖时，将分解为垂直方向和水平方向的作用力，而垂直方向的作用力将使瓶盖、垫片和瓶口端面产生挤压力；水平方向的挤压力使盖裙边变形，并紧扣在瓶口上，以便保证密封力始终存在。

压盖头结构如图3-44所示。运转时，动力机构带动封盖头及瓶托做回转运动，同时，封盖头在滚轮9沿凸轮曲面10运动时做上下往复运动。当封盖头上升至最高点时，其缩帽上的开口与瓶盖导向套上的槽相吻合，磁铁11便把送盖机构送来的盖子吸住使其定位。随着封盖头的转动，冲头下降，盖子与瓶口接触，当冲头继续下降时，弹簧芯子7由于受到瓶子的反作用力而被压缩。弹簧芯子7带着磁铁11便缩入

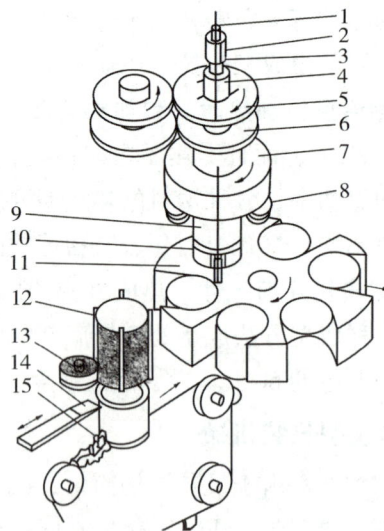

图3-43 圆形罐封罐机结构示意图

1. 压盖杆；2. 套筒；3. 弹簧；4. 上压头固定支座；5、6. 齿轮；
7. 封罐；8. 卷边滚轮；9. 罐体；10. 托罐盘；11. 带槽转盘；
12. 罐盖存槽；13. 分盖器；14. 推盖板；15. 推头

缩口套3，于是盖子的裙边受到缩口套3斜面的压力而产生收缩变形，完成封盖动作。当封盖头离开下死点后，便开始上升，瓶子给弹簧芯子7的反作用力慢慢减小，最终为零，弹簧把弹簧芯子7推出，瓶子被顶出。8为一偏心的滚轮轴，通过改变轴的偏心方向，可以对封盖头的高度做微量调节。当改变瓶子高度时，可以通过调整凸轮斜面轨道的高度来调整冲头与瓶口的间距。

2. 旋盖封口 三爪式左旋盖是一种结构比较简单的封口装置，结构如图3-45所示。从料斗送来的瓶盖，被压入由弹簧1和三个爪2组成的爪头内，当灌装物料的瓶子送到旋盖头下同一中心线位置被夹紧后，旋盖头的旋转与下降运动经传动轴6传入。通过弹簧4、球铰3和摩擦片7，使橡皮头8紧压在瓶口上，并将瓶盖旋紧在瓶口的螺纹上。当旋紧后继续压紧旋转时，旋盖头中的摩擦片7会打滑，保证旋紧力不超过一定的限度以免把瓶盖拧坏。螺钉5用于调节旋盖头的位置高度。

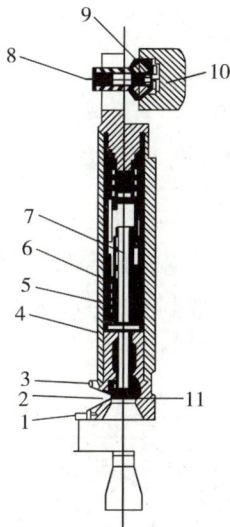

图3-44 压盖头结构示意图

1. 定位槽；2. 进盖开口；3. 缩口套；4. 支撑套；
5. 小弹簧；6. 大弹簧；7. 弹簧芯子；8. 滚轮轴；
9. 滚轮；10. 凸轮曲面；11. 磁铁

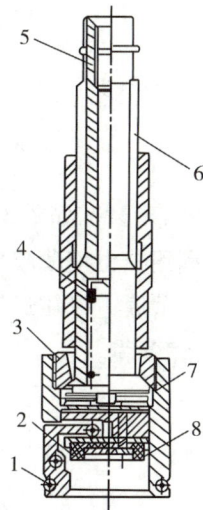

图3-45 三爪式左旋盖示意图

1. 弹簧；2. 三个爪；3. 球铰；4. 弹簧；5. 螺钉；
6. 传动轴；7. 摩擦片；8. 橡皮头

（三）软塑包装容器的封口

软塑包装容器主要采用热压封合，封合方法和要求取决于所用材料、包装形态、加热杀菌方法及包装食品特性和贮藏要求等因素。

1. 热压封合方法 是用某种方式加热容器口部材料，使其达到黏流状态后，加压使之黏封。热封头是热压封合的执行机构，可通过控制调节装置来调整热封头的温度和压力，以满足不同的封合要求。根据热封头的结构形式及加热方法的不同，热压封口方法可分为如下几种。

（1）普通热压封口 封口类型如图3-46所示。

1）板封 将加热板加热到一定温度，把塑料薄膜压合在一起即完成热封。此方法结构和原理简单，封合速度快，应用广泛，适合于聚乙烯薄膜，但对于遇热易收缩或分解的聚丙烯、聚氯乙烯等薄膜不适用。

2）辊封 特点是能连续封接，效率比较高。此方法适用于复合材料，不适用于因薄膜受热变形而导致封口外观质量差的材料，为了防黏，可在加热辊外表面涂一层聚四氟乙烯。

3）带封 钢带夹着薄膜运动，并在两侧对薄膜进行加热、加压和冷却，实现封口。这种装置结构较为复杂，可对易受热变形的薄膜进行连续封接，专门用于袋的封口。

4）滑动夹封 特点是结构简单，能连续封接热变形大的薄膜，适用于自动包装机。薄膜先从一对加热板中间通过，进行加热，然后由夹辊压合。

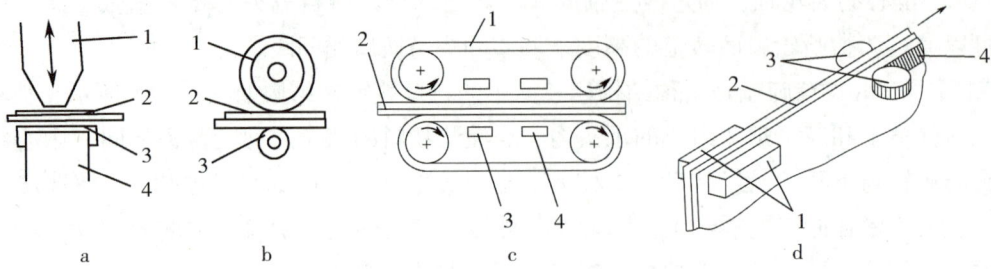

图3-46 几种热压封口示意图

a. 板封　1. 加热板；2. 薄膜；3. 绝热层；4. 承压台

b. 辊封　1. 加热辊；2薄膜；3. 耐热橡胶圆盘

c. 带封　1. 钢带；2. 薄膜；3. 加热部；4. 冷却部

d. 滑动夹封　1. 加热板；2. 薄膜；3. 压辊；4. 承接部分

（2）熔断封和熔融封 如图3-47所示。

1）熔断封 利用热力把薄膜切断，同时完成封接。这种封口没有较宽的封合带，强度低。

2）熔融封 将薄膜边缘靠近加热器或火焰，使之熔化成球形状完成封口。这种封口比熔断封口强度大，适用于热收缩薄膜。

图3-47 熔断封与熔融封示意图

a. 熔断封　1. 热刀；2. 封接部；3. 引出辊；4. 薄膜；5. 胶辊

b. 熔融封　1. 薄膜；2. 冷却板；3. 加热板

（3）脉冲、高频和超声波封 如图3-48所示。

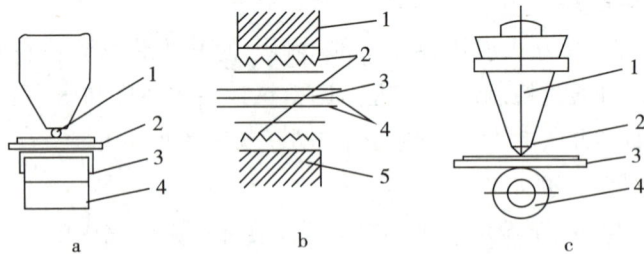

图3-48 其他几种形式的封口

a. 脉冲封　1. 压板；2. 镍铬合金电热丝；3. 防黏材料；4. 薄膜

b. 高频封　1. 压板；2. 高频电极；3. 封缝；4. 薄膜；5. 承压台

c. 超声波封　1. 封接部；2. 承压台；3. 输出棒；4. 磁致换能器

1）脉冲封 在薄膜和压板之间放置一扁形镍铬合金电热丝，瞬间通入大电流，使薄膜加热黏合，然后冷却，抬起压板。图中的防黏材料采用聚四氟乙烯织物。这种封接方法的特点是封口质量（强度）高，适用于易受热变形的薄膜，但冷却时间长，封接速度慢。

2）高频封　薄膜被压在上、下高频电极之间，当电极接通高频电流，薄膜因有感应阻抗而发热熔化。由于是内部加热，中心温度高，薄膜表面不会过热，封口强度高，适用于聚氯乙烯之类感应阻抗大的薄膜。

3）超声波封　由磁致换能器发出的超声波，经指数曲线形振幅扩大输出并传到薄膜上，从内到外发热，薄膜内部温度较高，适用于易受热变形薄膜的连续封接。

2. 热压封合封口质量及检测

（1）封口质量　经热压封合的封口应达到如下要求。

1）封口外观平整美观。热压封合的常见缺陷为：封口合面中间夹有污染物，封口出现折叠皱纹、有严重的凹凸不平等现象。这些缺陷产生的原因有：充填灌装对封口内侧造成污染，热封时对两封合面薄膜放置或夹持不平，热封工艺参数选择不合适，热封装置或机器选择不当，调整及使用不合理等。封口缺陷会影响封口的密封性。

2）封口有一定宽度：一般单一薄膜封口宽 2～3mm，复合膜封口宽 10mm。

3）封口有足够的封合强度和良好的密封性。

（2）封口质量检测　对食品软塑包装封口密封质量可通过一系列必要的检测随时进行监控，主要检测项目有：热压封口缺陷检查、耐压试验、热封强度试验、包装袋跌落试验等。

二、贴标技术

贴标是包装作业的最后一步工序。标签是加在容器或商品上的材料，印有产品说明和图样，或者直接印在容器或物品上。标签的内容包括商品名称、商标、有效成分、执行标准、品质特点、使用方法、包装数量、贮藏条件、制造商和其他广告性图案及文字等。标签的功能是介绍商品，以方便使用，通过精美的图案和印刷，还能起到宣传商品、扩大销售的作用。

标签的种类如下。

1. 胶黏标签　一般由纸等薄片材料制成，经印刷、模切成所需形状。涂胶可在制造标签时完成，使用时用水润湿背胶后粘贴，也可在使用时涂胶。

2. 热敏标签　制标时在标签背后涂一层热熔性塑料树脂，使用时加热标签，使塑料涂层熔化后粘贴于商品或容器表面。热敏标签比胶黏标签价格高，但使用方便，可适应高速贴标要求。

3. 压敏标签　在标签背面涂上压敏胶，然后黏附在涂有硅树脂的隔离纸上，使用时将标签从隔离纸上取下，贴于商品表面。压敏标签可制成单个，也可成卷用于高速贴标场合。

4. 热收缩标签　是将套标裁切成合适的尺寸后套到容器上，再利用蒸汽、红外线或热风通道进行热处理，使套标紧贴在容器表面的一种标签。标签材料有 PP、PET、PVC、PS 等，主要用于塑料瓶贴标。

5. 系挂标签　由卡纸、薄纤维板或金属片制成，用线绳或金属丝系挂在商品上，有时用彩色绸带系在礼品之上。

6. 插入标签　将标签放在透明的包装件内，无需固定，顾客可透过透明包装材料看到标签。

7. 直接印在包装件或包装容器上的标签　在塑料、纸、玻璃、金属容器的表面直接印刷。

三、捆扎技术

捆扎是用绳或带等挠性材料（称捆扎带）扎牢、固定或加固产品和包装件。随着商品流通的不断发展，产品的包装逐渐从单件小包装发展到中包装、大包装、集合包装，特别是瓦楞纸箱广泛应用于产品的运输包装。捆扎作业是外包装的最后一道工序，经过捆扎，不仅使包装件更加牢固美观，而且便于运输、堆放和销售。

（一）捆扎工艺方法

1. 捆扎形式及尺寸　被捆扎的包装件绝大多数为长方体和正方体。在捆扎之前，首先应根据包装件的内容和性质设计好捆扎形式。最常见的捆扎形式如图3-49所示，分为单道、双道、单道交叉、双道交叉、多道交叉等多种形式。捆扎机可实现上述的各种捆扎形式，在工作台上设置转位、推送和定位机构，实现包装件的平移和转动，进行自动捆扎。

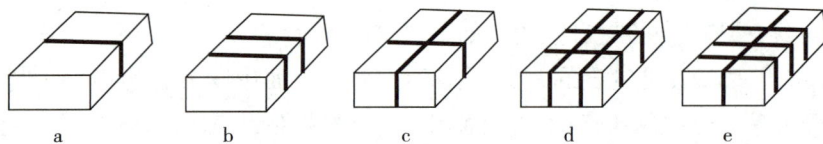

图3-49　捆扎形式
a. 单道；b. 双道；c. 单道交叉；d. 双道交叉；e. 多道交叉

目前国内外大多采用等差数列作为最大捆扎尺寸的标准系列。例如捆扎包装件的宽×高有如下系列：600mm×800mm、600mm×600mm、600mm×400mm、800mm×800mm、800mm×600mm、800mm×400mm等。此外，为了使小尺寸包装件也能捆紧，还规定了最小捆扎尺寸限制。

2. 捆扎带　分为金属和非金属两类。其中，塑料捆扎带应用最广泛，主要有以下几种。

（1）聚酯捆扎带　PET带是塑料捆扎带中性能最好的一种，其拉伸强度较高（为钢带拉伸强度的1/2以上），延伸率为2%～3%，保持拉力的能力较好，可代替轻型钢带，成本却比钢带低30%以上。聚酯带受潮不会产生蠕变，有缺口时也不断裂，且弹性回复能力强，既可用于硬质货件的捆扎，又可用于趋于膨胀货物的捆扎集装。聚酯材料受热易产生难闻气味，其接头应尽量避免用热合法接合。

（2）尼龙捆扎带　PA带成本最高，其强度相当于中等承载的钢带，与聚酯带强度基本相同。可长期紧捆在包装对象上，但受潮后强度降低，有缺口时易断裂，其延伸率较前者大，长期受力时保持能力差。

（3）聚丙烯捆扎带　成本低于前两者，是一种性能差且应用广泛的塑料捆扎带。其延伸率高达25%，保持能力很差，仅适用于轻、中型膨松货物的捆扎集装，多用于瓦楞箱的加强捆扎。此种捆扎带突出的优点是有抗高温、高湿和低温的能力，在-60℃时仍具有一定强度。

（4）其他　聚乙烯捆扎带的多种性能均不及前者，成本也最低，但可长期在低温条件下使用。聚丙烯、聚乙烯捆扎带的断带拉力定为等于或大于120kg、135kg、150kg、190kg和220kg共6种，并规定延伸率要小于25%，偏斜度小于30mm/m。

3. 带子的接头方式　捆扎带抽紧后，需将其两端首尾相接并固定。带子的接头方法有多种，对于塑料带，一般用热熔搭接式进行封接，聚丙烯捆扎带（PP带）也可采用铁扣式扣紧法。

热熔搭接式适用于塑料带，采用各种有效的加热方法，使塑料带表层受热熔化，将两个带端的熔化面搭接起来，在一定的压力下保持一定的时间，待熔化面冷凝后，接头黏接完成。

接头的强度应不低于断带拉力的80%。热熔搭接法所采用的加热方法主要有电热熔接和机械高频振荡熔接。

一些较重的物品多用捆扎加固，如大件电器、机械设备、仪器等。采用瓦楞纸箱包装的食品大多使用涂胶或胶带进行封口，也有使用热收缩薄膜裹封的，不再采用捆扎。

四、印码技术

形成最终销售包装都需要印码，除法规要求的生产日期外，还可以加印相关的代码，如生产工厂或产线代码，以及部分省区正在推行的数字化食品安全追溯管理系统要求喷印的溯源码。溯源码可以在预制包装时印刷，也可以在产品形成包装时喷印。印码方式包括色带印字、喷墨印码、激光印码等。

🔗 知识链接

食品包装的追溯系统

包装的追溯系统是指通过一物一码多渠道环节信息关联，对产品生产、运输、销售等全过程进行信息化监控，可以追踪产品从原材料采购、生产制造、质量检测到销售，甚至包括产品回收等整个生命周期中的信息，以确保产品的品质和安全，并为消费者提供更加可靠的产品保障。

追溯码常见的形式有数字码、条形码以及二维码。食品包装上的二维码标签一般分为三种，即物理标签、包材一体化标签和雕刻喷码标签。物理标签是揭开或刮开式标签，多用于单品防伪和营销，防伪效果好，造假难度高。包材一体化标签是在包装材料内部印刷一物一码，有明码、内码和暗码三种。雕刻喷码是用光纤雕刻机和小字符喷码机进行超精细打标雕刻，稳定喷印效果好，适用于食品和医药包装。

实训二 食品包装封口技术认识与封口机操作

一、实训目的

1. 掌握常规封口机、真空封口机的工艺操作规程并正确使用。
2. 熟悉食品包装封口机的分类及其用途，常规材质封口机（铝箔、塑料等）的封口原理。
3. 了解食品包装封口机的结构，会对常规封口机、真空封口机进行日常维护保养。

二、实训设备与材料

1. **设备**　封口机（自动带式封口机）、双室真空封口机。
2. **材料**　PVDC（聚偏二氯乙烯）、PE、PA、复合铝箔袋等。

三、实训原理

封口机是将装有产品的容器进行封口的机械。在产品装入包装容器后，为了使产品得以密封保存，保持产品质量，避免产品流失，需要对容器进行封口，这种操作是通过封口机完成的。一般封口机由机架、减速调速传动机构，封口印字机构，输送装置及电器电子控制系统等部件组成。

铝箔、塑料薄膜和复合材料薄膜以及口杯类容器的封口装置是食品生产加工中最常规的封口机，一般采用在封口处直接或间接加热，并施以机械压力，利用塑料/溶胶的热塑性，使封口熔合，容器（袋、杯等）密封。

电磁感应封口机是利用电磁感应的原理，使杯/瓶口上的铝箔片瞬间产生高热，然后熔合在杯/瓶口上，从而实现封口的功能。其封口速度快，封口质量好，并能连续工作，适合大批量产品生产。

真空封口机是将食品装入包装袋，抽出包装袋内的空气，达到预定真空度后，完成封口工序。真空封口机可以有以下功能：①对袋子进行抽气并封口；②直接对袋子口进行封口；③对袋子进行抽气后，充入氮气或其他气体并封口。真空包装排除了包装容器中的部分空气（氧气），能有效地防止食品腐败变质。采用阻隔性（气密性）优良的包装材料及严格的密封技术和要求，能有效防止包装内容物质的交换，既可避免食品减重、失味，又可防止二次污染。

四、实训步骤

1. 预先查阅资料（或通过网络搜索引擎），了解食品包装封口机械，熟悉食品包装封口机的分类及用途，知悉封口原理。

2. 走进食品企业、饮食门店或学校食品加工实训车间，实地考察食品包装封口机的应用场景，记录封口机及其应用情况，了解封口原理、操作要点。

3. 利用封口机（自动带式封口机）进行塑料袋封口

（1）阅读封口机操作规程，掌握工艺操作方法。

（2）对封口机进行观察，识别其各部分机构部件，领会其作用、操作要点。

（3）接通电源，各机构部件开始工作。将温控器设定到预定温度，设定加热保压时间（通过调速装置调整到塑料袋受热输送所需的速度）。当装有物品的塑料包装袋放置在输送带上时，袋的封口部分被自动送入运转中的两根封口带之间，并被带入加热区，加热块的热量通过封口带传输到袋的封口部分，使薄膜受热熔软，再通过冷却区，使薄膜表面温度适当下降，然后经过滚花轮（或印字轮）滚压，使封口部分上、下塑料薄膜黏合并压制出网状花纹（或印制标志），再由导向橡胶带和输送带将封好的包装袋送出机外，完成封口作业。

4. 利用双室真空封口机进行复合铝箔袋抽真空封口 参照上述"3"中的基本步骤，按照双室真空封口机作业指导书（操作规程），完成对装有物品的复合铝箔袋的封口。操作过程中注意以下事项。

（1）适当调试，预先设置封口温度和时间、真空度。

（2）放置包装袋时应将封口处平整地放于硅橡胶条上，袋子不要重叠，翻过包装袋压条将包装袋口部压好。

（3）下压工作室盖，合盖，该机器将按程序自动完成真空包装过程并自动开盖。

（4）如果发生其他状况需要停止包装，真空封口机上设置有急停开关，应正确使用急停开关。

5. 总结和报告

（1）根据查阅的资料信息以及市场实地调查结果，撰写一份调研报告（主要食品包装封口机市场情况、应用场景，食品包装封口机的分类及其用途等）。

（2）撰写实训报告：报告内容包括食品包装封口的目的意义、原理以及注意事项，封口机械的操作规程及维护保养常识。

五、问题和讨论

1. 根据包装食品物料应用，请按照封口方式列举：食品包装封口机分别有哪些？

2. 请叙述真空封口机的工作原理。有许多食品不适宜采用真空包装而必须采用真空充气包装，为什么？

3. 真空封口机的日常维护保养事项有哪些？

练 习 题

答案解析

一、选择题

（一）单选题

1. 计数充填法适合以下哪种特性物料的填充（　　）

A. 容重稳定　　　　　　　　　　B. 小颗粒状

C. 单个物料之间规格一致　　　　D. 粉末状

2. 啤酒适合的灌装方法是（　）

　　A. 重力真空灌装　　　　　　　B. 真空压差灌装

　　C. 等压灌装　　　　　　　　　D. 常压灌装

3. 矿泉水、牛奶的灌装方式为（　）

　　A. 机械压力灌装　　B. 等压灌装　　C. 常压灌装　　D. 真空灌装

4. 巧克力豆的充填方式通常为（　）

　　A. 称重式充填　　B. 螺杆式充填　　C. 计数式充填　　D. 容积充填

5. 以下充填方式中，精度最好的是（　）

　　A. 称重充填法　　B. 计数充填法　　C. 容积充填法　　D. 长度充填

6. 以下裹包形式中，又被称为"面包裹包"的是（　）

　　A. 两端折角式　　B. 两端搭接式　　C. 侧面接缝式　　D. 斜角式

7. 以下裹包形式中，又被称为"香烟裹包"的是（　）

　　A. 两端折角式　　B. 两端搭接式　　C. 侧面接缝式　　D. 斜角式

（二）多选题

8. 按成型时施加压力方式的不同，热成型方法包括（　）

　　A. 差压成型法　　B. 机械加压成型法　　C. 助压成型法　　D. 真空成型

9. 按照是否使用封口材料，封口方式分为（　）

　　A. 无封口材料的封口　　　　　B. 有封口材料的封口

　　C. 有辅助材料的封口　　　　　D. 涂胶封口

二、简答题

1. 分析裹包与袋装技术的适用场合。

2. 简要说明盒装和箱装方法的特点。

3. 简要说明热收缩包装的特点。

4. 试列举热收缩包装使用实例。

5. 简要说明热成型包装的特点。

6. 试列举热成型包装使用实例。

书网融合……

本章小结　　　微课

79

第四章

食品包装专用技术及应用

学习目标

知识目标

1. 掌握 真空和气调包装、无菌包装、微波食品包装以及活性和智能包装技术方法和基本原理。

2. 熟悉 真空包装、气调包装、微波食品包装、活性包装材料的性能要求。

3. 了解 真空和气调包装、无菌包装、微波食品包装以及活性和智能包装技术的适用性及范围。

能力目标

1. 能够运用基本原理，根据实际生产需要选择合理的包装专用技术方法。

2. 学会真空和气调包装、无菌包装、微波食品包装以及活性和智能包装技术工艺操作和质量控制方法。

素质目标

1. 通过对真空和气调包装质量控制方法的学习，培养精益求精的工匠精神。

2. 通过学习无菌包装杀菌技术及无菌操作环境的控制，懂得"失之毫厘，谬以千里"的道理，培养严格谨慎的做事态度。

3. 通过学习更多的食品保鲜包装技术，了解提供丰富多元化营养的健康食品的意义，从而在职业生涯中为建设健康中国贡献力量。

4. 通过学习智能包装技术，认识到食品安全监管的重要性，树立食品安全质量控制的责任意识。

情境导入

情境 由于绝大多数消费者将肉的呈色作为购买肉的评定标准，PacTive 公司为了延长牛肉鲜红呈色的持续时间，开发了活性包装技术"R3"（AcTive Tech R3）。该技术是先将生鲜肉放在发泡聚苯乙烯托盘上，然后用聚氯乙烯薄膜裹包密封，再进行二次包装，在二次包装密封前将高性能脱氧剂小包装在充氮气条件下迅速密封。当进入超市销售时，将托盘包装从二次包装中取出放在商品陈列架上，空气就能透过聚氯乙烯薄膜进入，鲜肉接触到氧气后再次呈现鲜红色。这一技术解决了运输过程中由于好氧微生物引起的产品腐败，延长了产品的保鲜期，同时也解决了真空包装生鲜肉食的呈色问题。

思考 1. 党的二十大报告提出"推进健康中国建设"，食品产业发展要满足人民群众对日益多元化食物的消费需求，让群众获得更多的营养产品，守护"舌尖上的幸福"。不断改进食品保鲜包装技术，可以使更多营养丰富的食物进入千家万户。你了解哪些食品保鲜包装技术？

2. 请分析：本案例中应用了哪些包装技术？并说明保鲜原理。

随着社会的进步，人民群众对食物的需求也日益增长，不仅要求食物种类丰富、营养安全、方便可口，还希望食品包装能够更加完善和安全。因此，各种新材料、新工艺、新装备被广泛应用于各种食品包装，使得常温奶、酸奶、冷鲜肉、预制菜、鲜果等丰富多元的食品能够实现更远距离的流通和销售。为了满足不同食品的特性和包装要求，进一步提高食品包装质量和延长其贮存期，食品工业中在基本技术的基础上又逐步形成了食品包装的专用技术。这些专用技术包括真空包装、气调包装、无菌包装、微波食品包装、活性包装和智能包装等。

第一节　真空与气调包装技术原理及应用 📱微课1

食品真空和气调包装都是通过改变包装食品环境条件，限制食品中微生物活性，从而延长食品保质期的。真空包装和气调包装技术的发展为生鲜食品及其加工制品的流通销售提供了技术保证。

一、真空包装技术与应用

真空包装（vacuum packaging）是指将产品装入气密性容器，抽去容器内部的空气，使密封后的容器内达到预定真空度的一种包装方法。

（一）真空包装的原理及特点

真空包装的作用机制是：通过降低包装容器内的氧气含量，防止油脂氧化酸败、抑制食品的褐变及色素氧化，防止好氧微生物、昆虫的生长繁殖等，从而保持食品原有的色、香、味、营养价值以及延长产品保质期。

对微生物来说，当 O_2 浓度≤1%时，它的繁殖速度急剧下降；在 O_2 浓度≤0.5%时，多数细菌的生命活动将受到抑制而停止繁殖。另外，食品的氧化、变色和褐变等生化变质反应都与氧密切相关，当 O_2 浓度≤1%时，也能有效地控制油脂食品的氧化变质。

真空包装可用于生鲜肉类产品的包装，通过抑制微生物生长繁殖以及油脂氧化，可有效延长肉的保鲜期；还可用于软塑包装的罐头类食品，抽真空后，包装容器内排除了气体，热传导能力增强，提高了杀菌效率，同时可避免包装容器因气体受热膨胀而造成封口裂开。因此，真空包装被广泛应用于腌腊制品如香肠、火腿、腊肉，豆制品如豆腐干、豆沙等，方便食品如米饭、湿面条、年糕等。

但真空包装在应用上还有一些不足，使用存在局限性：经真空包装的包装件，因内外压力不平衡使包装产生皱缩现象，粘结在一起或缩成一团而影响外观；酥脆的食品，如马铃薯片等经真空包装后易被挤碎；质地柔软的食品，如蛋糕等抽真空后则会发生变形，食品表面花纹也容易破坏；有尖角或坚硬突起的食品，易刺破包装材料而导致食品变质；真空包装也不适合新鲜果蔬包装。

（二）真空包装材料的性能要求与材料选择

为了保持食品贮存期间真空包装内的低氧环境，真空包装材料的透氧度要求在20℃、相对湿度65%下低于 $15ml/(m^2 \cdot 24h \cdot 0.1MPa)$。表4-1所示为常用塑料包装材料的透氧度。表4-1中，塑料薄膜如PET、PA、PVDC、EVAL等有良好的阻氧性，但这些材料一般不单独使用，考虑到薄膜材料的热封性和对水蒸气的阻隔性，常采用PE和PP等具有良好热封性能的薄膜与之复合。如果食品对避光有要求，可选用塑料薄膜与铝箔复合的材料。

表 4-1 常用塑料包装材料的透氧度

序号	材料	厚度（μm）	透氧度	序号	材料	厚度（μm）	透氧度
1	LDPE	25	4000	14	KPT	25	2
2	HDPE	25	600	15	PVA	25	7
3	CPP	25	860	16	EVAL	25	2
4	OPP	25	550	17	KOPP	25	5~10
5	PVC（硬）	25	150	18	PA/PE	77	50
6	PCV	25	80~320	19	PP/PVDC/PE	76	15
7	PS	25	5500	20	PET/PVDC/PE	60	15
8	PC	25	200	21	PA/EVAL/PE	80	15
9	PET	25	60	22	PA/PVDC/PE	73	6
10	PA	25	60	23	PET/EVAL/PE	71	4
11	OPA	25	20	24	PA/PP	90	50
12	PVDC	25	13~110	25	PA/EVAL/LLDPE	55	47
13	PT	25	3~80				

透氧度单位：ml/（m²·24h·0.1MPa）（20℃，相对湿度65%）。

（三）真空包装工艺与设备

1. 室式真空包装机 有台式、单室式和双室式。其基本结构相同，由真空室、真空和充气系统以及热封装置组成。室式真空包装机最低绝对气压为1~2kPa，机器生产能力根据热封杆数和长度及操作时间而定，每分钟工作循环次数为2~4次。图4-1是真空室结构示意图，热风杆8和真空室盖2上的耐热橡胶垫板1构成热封装置，放下真空室盖2，即通过限位开关接通真空泵的真空电磁阀进行抽真空，真空负压使真空室盖2紧压箱体6构成密封的真空室。控制系统按工作程序自动完成抽真空、压紧袋口、加热器加热封口、冷却、真空室解除真空、抬起真空室盖等动作。

2. 旋转式真空包装机 适用于固体带汤汁物料的真空包装。如图4-2所示，该机型由充填和抽真空两个转台组成，两转台之间装有机械手，自动将已充填物料的包装袋送入抽空转台的真空室。充填转台有6个工位，自动完成供袋、打印、张袋、充填固体物料、注射汤汁5个操作。抽真空转台有12个单独的真空室，包装袋旋转一周经过12个工位，完成从抽真空、热封、冷却到卸袋的操作。

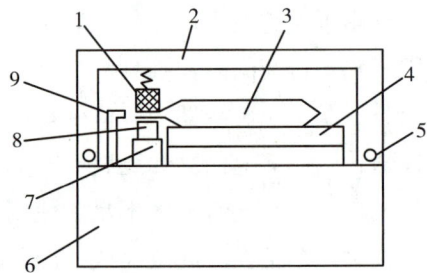

图4-1 真空包装机结构示意图
1. 橡胶垫板；2. 真空室盖；3. 包装袋；4. 垫板；5. 密封垫圈；6. 箱体；7. 加压装置；8. 热风杆；9. 充气管嘴

（四）真空包装技术在食品工业中的应用

食品真空包装配合杀菌工艺可以更有效地抑制微生物的繁殖、减缓食品的腐败变质，延长食品的保质期。酱卤制品的软罐头经真空包装后高温高压杀菌，保质期可达6个月以上。将食品真空包装用于生鲜食品包装也有较好的延长保质期作用，在热带地区用传统方法贮存大米，2~3个月就可能生虫或霉变；而真空包装至少可以保质1年，长者可达2年。国内生产的真空包装冷鲜羊肉，其保质期可达45天。

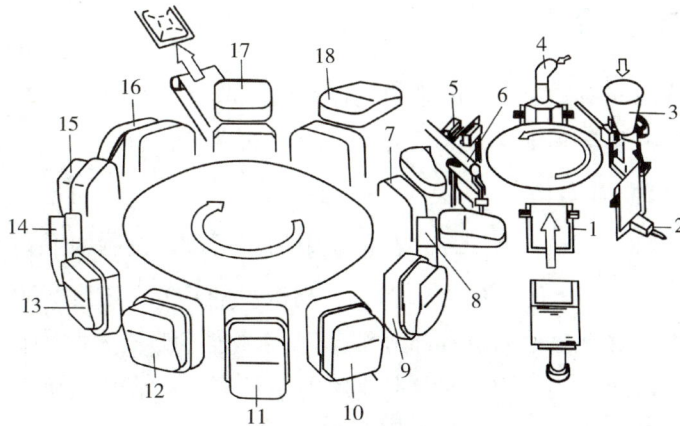

图 4 - 2　旋转式真空包装机工作示意图

1. 吸袋夹持；2. 打印日期；3. 撑开，定量充填；4. 自动灌汤汁；5. 空工序；6. 机械手传送包装袋；

7. 打开真空盒盖，装袋；8. 关闭真空盒盖；9. 预备抽真空；10. 第一次抽真空（93.3kPa）；

11. 保持真空；12. 二次抽真空（100kPa）；13. 脉冲加热热封袋口；14、15. 袋口冷却；

16. 进气释放真空，打开盒盖；17. 卸袋；18. 准备工位

常用的真空包装机如下：DZD - 500/600/800/2SC 系列真空包装设备，主要用于肉食品，海、水产品，农林副产品，禽畜产品的真空包装；DZD - 550/600/4S 系列真空包装设备，适用于小袋装酱菜、调味调料包、酱卤食品；DZD - 680/2SD 系列真空包装设备，适合较大包装及高效要求的产品真空包装，如肉类熟食、畜禽分割速冻出口产品、酱腌制品、水产品等；DZ - 500/2SF 可倾斜双室真空包装设备，既能包装颗粒、块状等固体食品，又能包装粉状、糊状等流动性较大的食品，特别适用于含液体食品（如泡菜、清水笋、含汤汁的软罐头等）的真空包装。上、下真空室及机身由平衡支架承托，并可转 0°～45°倾斜定位工件，使物品包装袋也同时倾斜安放，故袋内流动物品及液体不易溢出袋口，可确保封口质量。

真空包装除要有阻隔性能优良的包装材料外，封口质量的好坏对产品保质期也有较大影响，尤其是高温高压杀菌的软罐头，有较好的封口质量，才能避免杀菌过程中对封口部位的损坏而引起产品保质期降低。为了保证软罐头真空包装质量，通常有以下关键操作。

（1）封口机预热　打开封口机，需启动空转封口 10 次以上，预热封口机，以防假封。

（2）封口检测　每批包装后的产品需进行封口质量检测。目测法是通过手动挤压或拉伸方法对封口牢固度做检查，剔除封口不良的产品，如夹物、起泡、折伤、斜封、打皱、印字不良、含气量多等。同时，还要抽样进行袋内空气残留量、耐压强度、撕拉强度的检测。空气残留量要求 10ml 以下，检测方法采用水中倒置收集法，即简易沉水法，以一组符合要求的产品沉水露出水面的距离平均值作为标准，被测产品放入水中，位置低于标准值则确认合格。耐压强度检测是采用压力法，将产品放在平面上，在产品上施加 60kg 压力，超过 60 秒封口条未出现变形即合格。撕拉强度采用拉力仪进行检测，剪下包装封口处宽度 15mm 试样，拉力仪上、下夹头分别夹住剪下的封口两侧，进行拉伸，拉力仪的读数大于 3.5kg 为合格。

（3）保温测试　由于封品不良通过目测存在漏检，且后续的高温高压杀菌对封口会造成损伤，对保质期产生较大影响，故对水分活度在 0.85 以上的产品应进行保温贮藏实验。方法为：将所有产品放置在 32℃ ±2℃保温 14 天；同时进行商业无菌抽检实验（温度 37℃ ±1℃，保温 10 天），对经检测符合商业无菌的商品继续进行保温贮藏实验。14 天贮藏结束后，对全数产品进行包装检查，剔除因封口异常、表面针孔状损伤而造成的胀袋或漏袋。

二、气调包装技术与应用

气调包装是在食品包装内充入一定比例的理想气体，通过改变食品物料所处的气氛环境，达到抑制微生物生长、延缓食品的生物化学变化从而延长食品保质期的目的。

（一）气调包装技术原理

气调包装常用的气体有 CO_2、N_2、O_2 三种，在包装中的作用及其机制如下。

1. CO_2 的作用   正常空气中 CO_2 的含量为 0.03%，高浓度的 CO_2（浓度 >30%）能抑制绝大多数腐败微生物的生长繁殖。其中，好氧菌如霉菌及部分细菌对高浓度 CO_2 最为敏感，CO_2 能够通过延长微生物增长的停滞期及延缓其对数增长期，抑制好氧微生物的生长繁殖；兼性厌氧菌如酵母对 CO_2 的敏感性较差，抑制作用不大；厌氧菌如乳酸菌则抑制作用最差。

CO_2 的抑菌作用主要是通过改变微生物细胞膜的通透性和降低酶的活性来实现的，其抑菌机制为：CO_2 在生物组织液相中溶解，水合作用和离解作用使组织中的 pH 下降，抑制微生物生长；CO_2 穿透细菌细胞，使细胞内酶的活性降低，主要是对酶的羧化和脱羧反应的抑制；由于细菌的细胞膜溶解 CO_2，CO_2 与细胞膜内的脂质的相互作用能够降低细胞膜对多种离子的吸收能力。

2. N_2 的作用 N_2 在空气中占 78%，是一种理想的惰性气体，在食品包装中提高 N_2 浓度，则会相对减少 O_2 浓度，就能产生防止食品氧化和抑制细菌生长的作用。N_2 在包装中的作用有两个：一是抑制食品本身和微生物的呼吸；二是作为一种充填气体，保证产品呼吸消耗 O_2 后仍有完好外形。N_2 的稳定性好，常单独应用于低水分活度的干燥易氧化食品的充气包装，如茶叶、薯片、干果、固体饮料、乳粉等，主要目的是防止食品的氧化变质，保证产品质量。

3. O_2 的作用 O_2 在空气中占 21%，是引起食品腐败变质的主要原因，一般食品包装内都不允许存在，O_2 一般在以下两类食品保鲜中使用。

（1）生鲜的肉类和鱼贝类   在无氧状态下保存，维持组织新鲜的氧合肌红蛋白被还原，鲜红色变成暗褐色，使产品品质下降。因此，在生鲜肉类产品的销售包装中会充入一定比例的 O_2，来改善生鲜肉的色泽，提高外观品质。

（2）生鲜果蔬   需要呼吸 O_2 维持正常代谢来保持新鲜。因此，生鲜果蔬应采用有氧气调包装，包装中氧气浓度的大小取决于果蔬的品种、成熟度等因素。采用适当的包装材料和包装方法，控制果蔬贮藏环境中的氧气分压和呼吸速度，能有效延长果蔬的保鲜期。

充气包装中三种气体的应用要根据被包装物的特点，可以选用单一气体或一定比例的上述三种气体。CO_2 和 N_2 混合使用，可以应用于水分活度高易发生霉变等生物性变质的食品。对于生鲜果蔬和生鲜肉，则需要含有一定比例的 O_2，从而维持果蔬的呼吸作用和生鲜肉的鲜红色泽。

（二）控制气氛包装和改善气氛包装技术

充气包装中，根据包装后包装材料对内部气氛的控制程度，可分为控制气氛包装（controlled atmosphere packaging，CAP）和改善气氛包装（modified atmosphere packaging，MAP）。两者的不同之处在于包装内部环境气体是否具有自动调节作用，而共同点是包装内的气体组分不同于空气，即氧分压降低而二氧化碳浓度升高。

1. 控制气氛包装（CAP）   是指包装材料对包装内的环境气氛状态有自动调节作用，在贮存期间，产品周围的气体浓度保持相对稳定，这要求包装材料具有适合的气体可选择透过性，以适应产品的呼吸作用。

新鲜果蔬自身的呼吸特性要求包装材料具有气调功能，能保持稳定的理想气氛状态，避免因呼吸而造成缺氧和二氧化碳含量过高。因此，果蔬包装体系是一个典型的薄膜封闭气调系统，存在着呼吸作用和气体渗透控制作用。在这个动态系统中，产品呼吸代谢要消耗氧气，释放二氧化碳、乙烯、水蒸气和其他挥发性气体，这些气体会透过包装材料与外界发生受限制的交换作用，以使包装内气体浓度保持相对稳定。影响包装内部气氛动态的因素有：产品种类、成熟度、温度、氧气和二氧化碳分压、乙烯浓度、光线、包装材料的渗透性等。

CAP 系统应该是在低氧和高二氧化碳浓度条件下达到这两种气体平衡的状态，这要求产品的呼吸速率与气体进出包装材料的速率基本相同。对果蔬而言，包装材料对二氧化碳和氧气透过系数的比例（CO_2/O_2 透气比）也应合理，以适应果蔬的呼吸速度并能维持适合的氧气和二氧化碳浓度。几种适合新鲜果蔬 CAP 的包装薄膜透气性能见表 4 - 2。

表 4 - 2　几种适合新鲜果蔬 CAP 的包装薄膜透气性能

品种	透气度/[ml/(m² · 24h · 0.1MPa)]（膜厚 25.4μm）		CO_2/O_2 透气比
	CO_2	O_2	
HDPE	7700	3900 ~ 13000	2 ~ 5.9
PVC	4263 ~ 8138	620 ~ 2248	3.6 ~ 6.9
PP	7700 ~ 21000	1300 ~ 6400	3.3 ~ 5.9
PS	10000 ~ 26000	2600 ~ 7700	3.4 ~ 3.8
Saran™	52 ~ 150	8 ~ 26	5.8 ~ 6.5
PET	180 ~ 390	52 ~ 130	3 ~ 3.5
醋酸纤维素	13330 ~ 15500	1814 ~ 2325	6.7 ~ 7.5
盐酸橡胶	4464 ~ 209260	589 ~ 50374	4.2 ~ 7.6
PC	23250 ~ 26350	13950 ~ 14725	3 ~ 3.5
甲基纤维素	6200	1240	5
乙基纤维素	77500	31000	2.5

包装内的气氛状态可由包装后产品的呼吸作用自发形成，也可由人工充气形成。一般来说，对于本身耐储存的果蔬，可以选择自发形成的方式；对于不耐储存的果蔬，则选用人工充气，使包装系统很快进入气调稳定状态。大多数果蔬较适宜的理想气体指标为 1% ~ 5% 的 O_2 + 3% ~ 10% 的 CO_2，但果蔬因品种、部位、成熟度等不同，对理想气体的要求也不相同。另外，还可以在包装内放入活性炭等吸附剂，以除去果蔬呼吸产生的乙烯等有害气体，来延长保鲜期；还可以结合低温贮藏，也有较好的保鲜效果。

2. 改善气氛包装（MAP）　是指用一定理想气体组分充入包装，在一定温度条件下改善包装内环境气氛，并在一定时间内保持相对稳定，从而抑制产品的变质过程，延长产品的保质期。MAP 适用于呼吸代谢强度较小的食品包装。几种食品 MAP 的典型混合气体组成见表 4 - 3。

表 4 - 3　几种食品 MAP 的典型混合气体组成

产品	O_2	CO_2	N_2
瘦肉	70%	30%	—
关节肉	80%	20%	—
片肉	69%	20%	11%
禽类	—	75%	35%
硬干酪	—	—	100%
加工肉	—	—	100%
焙烤食品	—	80%	20%
干面食品	—	—	100%

对于呼吸强度小的食品，MAP包装应选用对气体有较高阻隔性的包装材料，以较长时间包装内部的理想气氛；同时还要求包装材料有一定的水蒸气阻隔性，避免包装产品失水。食品MAP包装后的贮藏温度对保鲜包装效果影响较大，因此，贮藏温度一般在0~4℃。

（三）气调包装影响因素及设备

1. 气调包装影响因素

（1）包装材料的选择　MAP应选用透气度在20℃、相对湿度65%下低于70ml/（m²·24h·0.1MPa）的包装材料，常选用以PET、PA、PVDC、EVAL等为基材的复合包装薄膜。CAP应根据产品的呼吸强度选择包装材料。

（2）气调包装过程的操作　热封时应注意封口部位的洁净，确保封口质量。严格控制理想气体的充入量，避免充气量过大造成内压升高而使包装材料破裂和封口部分剥离。

（3）贮存环境温度　温度升高，包装材料的透气度也会随之升高。因此，气调包装的食品在低温下贮藏能更好地保证气调效果。

2. 气调包装设备
根据产品对包装要求的不同，有真空-充气包装机和直接充气包装机两种类型。如果对充入气体要求较高，可以先抽真空，再充入设定好的理想气体；如果对充入气体要求不严格，可以直接充气，由充入气体将包装中原有空气赶出包装，达到预期效果。

（1）DQB-360W多功能气调包装设备　是单工位双嘴直抽式真空充气设备，可先抽真空再充气，电气自动程序控制，可完成真空、充气、封口、印字以及计数操作。该设备可用于肉松、果仁、茶叶、土特产、名贵中药材等食品的真空或气调包装。

（2）DZQ-540H真空充气包装设备　在物品包装袋袋口处增设密封装置，提高了充气气体的利用率，包装物品不会外溢。该设备可用于新鲜果蔬、水产、肉类等固体食品物料，以及对粉状、糊状或含液体的食品物料进行真空或充气包装，特别适用于仓储及出口的大包装（2.5~25kg）物品。

（3）DZQ-600L外抽式真空包装设备　采用无室双气嘴机构，不受真空室大小的限制，可用于较大物品的真空包装或真空充气包装。

3. 气调包装实例
以枕式三边封口充氮小包装为例，介绍气调包装操作及注意事项。

（1）充氮　先开启制氮机，使贮气桶内压力达5~6kg/cm²后进行充氮操作。为了保证氮气压力，可以安装压力报警装置，当压力不足时，充氮包装暂停工作。充氮后的单体小包装内要求氧气残留量在5%以下。为不影响成品再包装，充氮的包装不能太鼓。

（2）封口　包装产品时应在包装设备上设定相应的包装材料、印字内容、单个长度、中封和侧封温度及包装速度等参数，小袋包装速度一般为60~90包/分。在中封、侧封温度达到设定后，方可开启封口操作。首件包装应确认氧气残留量和封口状态，如夹物、打皱、起泡、封边宽度不足、假封等。每次封口开始、过程中每小时、生产结束及中途停产再启动均应进行确认，特别应注意封口机刚开机时因热封温度不足出现的假封现象。

（3）漏气检测　采用两种简易的方法可进行检测。一种方法是浸水挤压法，即把充气的包装放入水中挤压，如表面有硬划伤、封口不严等，会产生气泡。另一种方法是用带色素的乙醇渗透法，色素混合液按照红曲色素6g、无水乙醇4000g、水2200g配制。后者主要用于检测封口处的渗漏，将封口后的产品剪开，保持封口处完整，取色素混合液倒入封口侧并浸没，5分钟后，观察封口处是否有红色液体渗出，以确认是否渗漏。

（4）食品安全追溯　食品生产企业可在产品最小包装上打印追溯码，在产品出现异常时可以追溯生产过程。如小袋上打印1100152，11表示产品代号，001表示生产连续批次码，5表示生产过程中关键的可区分的编号（如调配批次），2表示包装机编号，具体可按不同生产线编制编码规则。

（5）环境要求　干制品包装要求包装场所的温度在25℃以下，湿度在60%以下。

第二节　无菌包装技术

一、无菌包装基本概念

无菌包装（aseptic packaging，AP）是指把被包装食品、包装材料容器分别杀菌，并在无菌环境条件下完成充填、密封的一种包装技术。无菌包装技术广泛应用于液态乳类、果蔬汁、酱类等液态或半液态流动性食品的包装，对食品物料可进行高温短时杀菌或超高温瞬时杀菌，产品色、香、味和营养素的损失小，且无论包装大小，质量都能保持一致，在无菌条件下包装的食品可在常温下贮存流通。

食品无菌包装过程包括：包装食品的杀菌，包装容器的杀菌，包装机械及操作环境的杀菌处理，定量灌装和封合等。这些工序都要保证食品包装操作的无菌条件。

二、被包装物的杀菌技术

（一）超高温瞬时杀菌

超高温瞬时杀菌（ultra–high temperature instantaneous sterilization，UHT）法是将食品在瞬间加热到高温（135℃以上），仅需3~5秒就可将微生物孢子完全杀灭，而达到杀菌目的。

1. 直接加热杀菌法　是用高压蒸汽直接向食品喷射，使食品物料迅速加热到150℃左右，随后通过真空罐瞬间冷却到80℃。目前国际上采用的有UHT喷射式杀菌和注入式杀菌两种类型的设备。图4–3是英国APV公司6000型直接蒸汽喷射超高温杀菌设备的杀菌工艺流程图。待杀菌物料由输送泵1从恒位槽抽出，经第一预热器2进入第二预热器3，物料温度升高至75~80℃，然后由原料泵4抽出，经流量气动阀5送到直接蒸汽喷射杀菌器6，在该处向物料内喷入压力为1MPa的蒸汽，瞬间加热到150℃。在保温管中保持这一温度达2~4秒，然后进入真空罐（或膨胀罐）9中，在低压下物料水分急速蒸发（闪蒸）而消耗热量，杀菌后物料温度急速冷却到77℃。利用喷射冷凝器18冷凝蒸汽、由真空泵21抽出不凝气体，使真空罐9保持一定的真空度。喷入物料的蒸汽应在真空罐9中汽化时全部除去，排出的蒸汽一部分送到第一预热器2用于预热进入的下一批冷物料。经过杀菌处理的物料用无菌输送泵11送至均质机12，以30~35MPa的压力均质，使物料的组织均匀稳定。经均质的无菌物料在冷却器13中进一步冷却到10~15℃后，直接被送往无菌包装机。这种杀菌方式使牛奶处于高温的时间很短，在使产品完全杀菌的同时，还能基本保持牛奶的营养和风味。

2. 间接加热杀菌法　是利用热交换器进行间接加热杀菌，热交换器分为板式、套管式和刮板式三种类型。板式热交换器适用于果肉含量不超过3%的液体食品。套管式热交换器对产品适用范围较广，可加工高果肉含量的浓缩果蔬汁等液体食品。刮板式热交换器装有带叶片的旋转器，在加热面上刮动而使高黏度的食品向前移动，达到加热杀菌的目的。

图4–4是间接加热灭菌工艺原理图。原乳从原料箱1被泵2抽送至第一热交换器9与杀菌乳进行热交换而升温，送入第一加热器10经热水加热，再送入保持箱3并保持6分钟，以稳定浆液蛋白质，防止在高温加热区段内产生过多的沉淀物。经稳定处理的牛乳经泵送入均喷箱4均质，再送至第二热交换器11与刚灭菌的牛乳进行热交换，之后进入第二加热器12与与高温蒸汽进行热交换，加热杀菌到138~150℃，并保温2~4秒。灭菌乳接着流路转换阀5被送去降温。

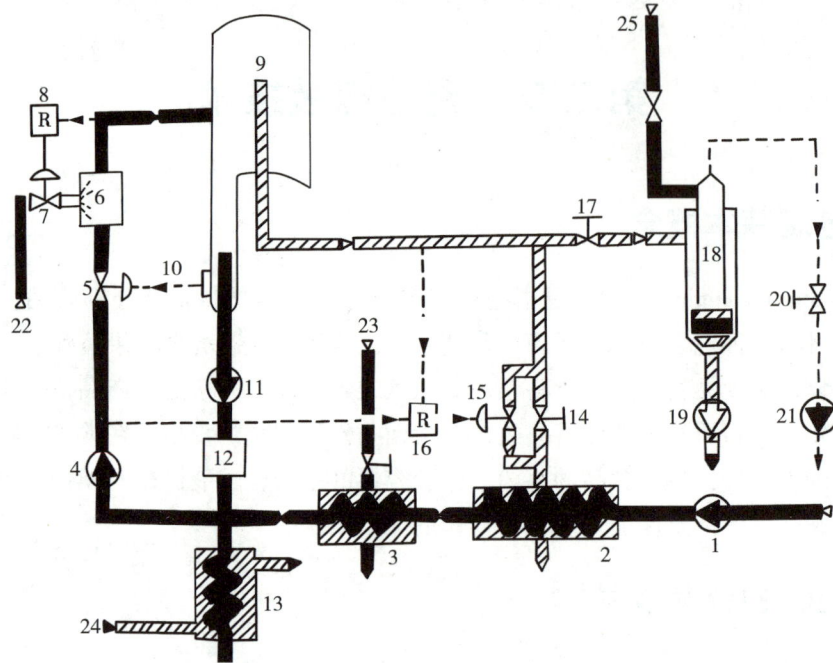

图 4-3 直接蒸汽喷射杀菌装置流程图

1. 输送泵；2. 第一预热器；3. 第二预热器；4. 原料泵；5. 流量气动阀；6. 直接蒸汽喷射杀菌器；

7. 气动薄膜阀；8. 杀菌温度调节器；9. 真空罐；10. 装有页面传感器的缓冲器；11. 无菌输送泵；

12. 均质机；13. 冷却器；14、17. 蒸汽阀；15. 蒸汽气动阀；16. 相对密度调节器；18. 喷射冷凝器；

19. 冷凝液泵；20. 真空调节阀；21. 真空泵；22. 高压蒸汽；23. 低压蒸汽；24、25. 冷却水

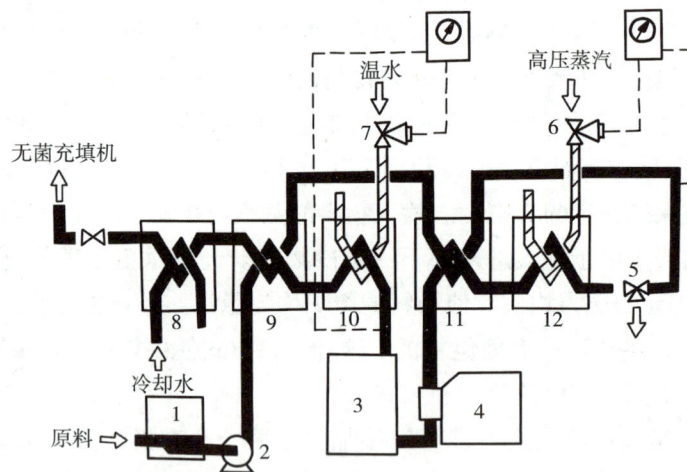

图 4-4 间接加热灭菌法工艺原理图

1. 原料箱；2. 泵；3. 保持箱；4. 均喷箱；5. 流路转换阀；6. 灭菌温度调节蒸汽阀；7. 预热温度调节水阀；

8. 最后冷却器；9. 第一热交换器；10. 第一加热器；11. 第二热交换器；12. 第二加热器

（二）高温短时杀菌

高温短时杀菌（high temperature short time，HTST）主要用于低温流通的无菌奶和低酸性果汁饮料的杀菌，可采用热交换器在瞬间把物料加热到100℃以上，然后快速冷却至室温，可完全杀灭物料中的酵母和细菌，并能保全产品的营养和风味。

（三）欧姆杀菌

欧姆杀菌是通过电极将电流直接导入含颗粒的流质食品，利用食品本身介电性质，使电能转变为热能而加热食品。

对于含颗粒（粒径小于15mm）的流质食品，常规的加热杀菌采用管式或刮板式热交换器进行间接加热，其升温速率取决于传热壁的热传导、辐射和物料间的对流传热条件。食品中颗粒的加热是通过食品中的液体与固态颗粒之间的对流和传导而传给颗粒，最后在颗粒内部进行热传导而传热到颗粒的中心，使流质食品的液体与颗粒都达到所要求的杀菌温度，其周围食品介质必然受到过度加热，从而影响食品风味和质量。采用欧姆杀菌，加热速率取决于食品的电导率，可使颗粒加热速度和液体加热速度接近，并可获得比常规加热杀菌更高的加热速率（颗粒升温速率1~2℃/s），从而得到高品质的产品。

英国APV公司的欧姆UHT加热杀菌系统可用于含粒径在25mm以上的块状草莓、猕猴桃等水果的高酸食品或含块状肉的低酸流质食品的无菌加工。图4-5为欧姆加热系统的工艺流程示意图，该系统主要由柱式欧姆加热器、进料泵、管式或刮板式热交换器等组成。

欧姆杀菌工艺首先是装置预杀菌，用热导率与待杀菌物料相近的一定浓度硫酸钠溶液循环加热，达到杀菌温度，从而使产品杀菌温度平衡有效地过渡到正常值。系统中的反压泵提供反压，放置产品在欧姆加热器中沸腾。高酸性物料杀菌时，反压维持在0.2MPa，杀菌温度为90~95℃；低酸性物料杀菌时，反压维持在0.1MPa，杀菌温度可达120~140℃。物料通过欧姆加热组件时被逐渐加热至杀菌温度，然后依次进入保温管、冷却换热器和贮罐或直接供送给无菌包装机。

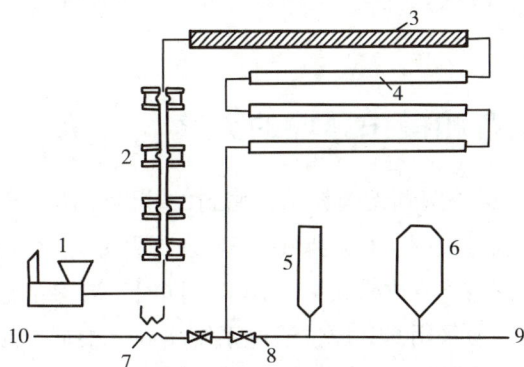

图4-5 欧姆加热系统工艺流程示意图

1. 进料泵；2. 电极加热器；3. 保温管；4. 冷却热交换器；5. 无菌集液罐；6. 无菌产品罐；
7. 无菌消毒液冷却热交换器；8. 通入无菌包装机管道；9. 接无菌包装机；10. 杀菌液回流

三、包装材料和容器的灭菌技术

包装材料及容器的灭菌按机制可分为物理方法、化学方法、物理化学并用三大类。

（一）物理灭菌

1. 蒸汽灭菌　热力方法灭菌一般应用于金属和玻璃等耐热容器的灭菌，即采用饱和蒸汽、过热蒸汽或热风处理来达到充分杀菌的目的。美国的多尔无菌装罐系统是金属罐无菌包装，罐身和罐盖均采用高温饱和蒸汽进行灭菌，当空罐在输送链上通过杀菌室时，287~316℃过热饱和蒸汽从上向下喷射45秒，此时罐温上升到221~224℃，罐盖也采用过热蒸汽杀菌，灭菌温度高，产品质量安全可靠。

玻璃容器也可采用加热杀菌，但考虑到玻璃不耐热冲击的特性，常用的方法是杀菌时逐步使瓶子升温，一般采用0.4MPa、154℃的湿热蒸汽灭菌。

2. 紫外线灭菌　对纸、塑料薄膜及其复合材料制成的容器，可以采用紫外线灭菌。对于多数微生物，波长在 240～280nm 的紫外线的灭菌效果最为有效。紫外线的灭菌效果与照射强度、照射时间、空气温度和照射距离有关，也与被照射材料的表面状况有关。采用高强度的紫外线杀菌灯照射长度为76.2cm 的软包装材料，若照射距离为1.9cm，照射时间为45秒，则能获得较好的灭菌效果。

3. 辐射灭菌　主要是 γ 射线，目前这种方法主要用于无菌大包装袋的成批灭菌。美国 Scholle 公司采用 γ 射线和紫外线杀菌，适用于 pH 在4.6以下的番茄酱等食品。

（二）化学灭菌

过氧化氢（H_2O_2）杀菌能力强、毒性小，在高温下可分解成氧和水，这种分解的"新生态"氧极为活泼，有较强的杀菌力。H_2O_2 对微生物具有广谱杀菌作用，杀菌力与温度和浓度有关，温度、浓度越高，杀菌效力越好。H_2O_2 浓度小于20%时，单独使用杀菌效果不佳；22% 浓度的 H_2O_2 在85℃杀菌时，可得到97% 的无菌率。单独使用 H_2O_2 杀菌常采用溶槽浸渍或喷雾方法，H_2O_2 浓度为30%～35%，使包装材料表面有一层均匀的 H_2O_2 液体，然后用无菌热空气加热包装材料表面至120℃左右使 H_2O_2 分解，减少残留。此外，乙醇、柠檬酸、次亚氯酸钠和环氧乙烷作为化学杀菌剂也被用于包装材料的灭菌。

H_2O_2 和紫外线结合使用能显著增强灭菌效果，含量低于1% 的 H_2O_2 结合高强度紫外线，在常温下产生的灭菌效果比两者单独使用要强百倍。

70% 乙醇、柠檬酸单独使用时杀菌效果不明显，但与紫外线并用后，3～5秒可达到灭菌效果。日本印刷株式会社已将紫外线灭菌灯与柠檬酸结合用于热成型塑料盒无菌包装材料的灭菌。塑料盒的底膜和盖膜从膜卷牵引至柠檬酸溶液槽中浸渍后，再经紫外线杀菌灯照射杀菌，然后底膜热成型为塑料盒、无菌充填物料和加盖膜并热封。

四、无菌包装系统设备和操作环境的灭菌

1. 包装系统设备杀菌　食品经杀菌到无菌充填、密封的连续作业生产线上，为防止食品受到来自系统外部的微生物二次污染，在输送过程中，必须保持接管处、阀门、热交换器、均质机、泵等的密封性和系统内部的正压状态，以保证外部空气不进入无菌工作区。同时，要保证输送线路尽可能简单，以利于清洗。无菌包装系统设备杀菌处理一般采用 CIP 原位清洗系统实施，根据产品类型，可按杀菌要求设定清洗程序。常用的工艺路线为：热碱水清洗→稀盐酸中和→热水冲洗→清水冲洗→高温蒸汽杀菌。

2. 操作环境杀菌　操作环境的无菌包括除菌和杀菌。除菌主要采用过滤和除尘的方法实现，目前大多采用直径为 0.3μm 的高效纤维过滤器，通过多级过滤将尘埃和细菌滤除。杀菌可采用化学和物理方法并用，并定期进行紫外线照射，杀灭游离于空气中的微生物。无菌空气要求处于过压状态，一般应保持室内与室外的静压差大于10Pa，以避免外部不洁空气渗入无菌工作区。

五、无菌包装系统及工艺设备

食品工业上常用的无菌包装系统主要有五种类型：纸盒无菌包装系统（包括卷材纸板制盒无菌包装系统和预制纸盒无菌包装系统）；塑料杯无菌包装系统（包括卷材制塑料杯和预制塑料杯两种无菌包装系统）；塑料袋或铝塑复合袋无菌包装系统；塑料瓶无菌包装系统（包括吹塑瓶和预制塑料瓶两种无菌包装系统）；箱中衬袋无菌大包装系统。

（一）纸盒无菌包装系统

1. 卷材纸板制盒无菌包装系统　以瑞典 Tetra Pak 公司的 L－TBA/9 利乐无菌包装设备为代表，利乐包制盒无菌包装系统具有以下特点：包装材料以板材卷筒式引入；所有与产品接触的部件及机器的无

菌腔均经灭菌；包装的成型、充填、封口及分离在一台机器上运行。图 4-6 为 L-TBA/9 无菌灌装机工作示意图，该机采用卷筒材料输入立式机器进行杀菌、成型、充填和封合，砖形容器由 5~7 层材料组成，典型材料结构为 PE/印刷层/纸板/PE/铝箔/PE/PE。这种机器采用 H_2O_2 和高温热空气进行包装材料的无菌处理。

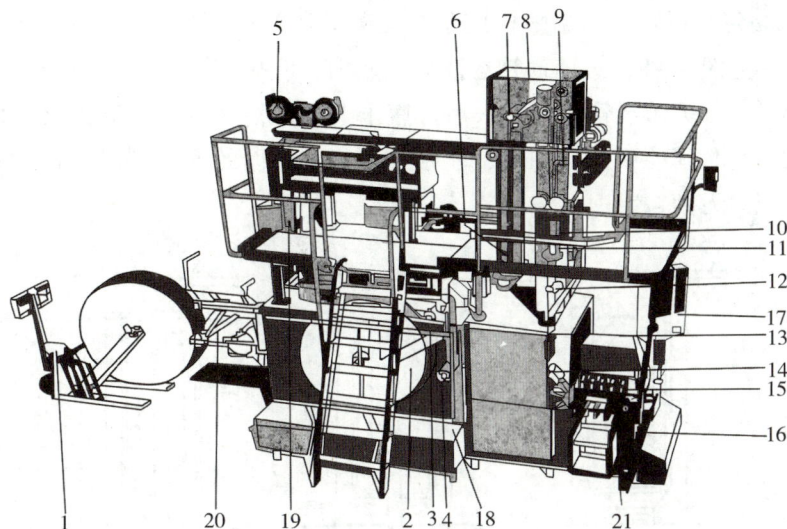

图 4-6　L-TBA/9 型无菌灌装机工作示意图

1. 纸卷车；2. 包装纸卷；3. 马达驱动的滚筒；4. 惰轮；5. 封条附贴器；6. H_2O_2 槽；7. 挤压滚筒；8. 气帘；

9. 产品灌装管；10. 纵封装置；11. 暂停装置；12. 感光器；13. 横封装置；14. 灌装好的小包装；

15. 折叠器；16. 利乐砖成品卸放处；17. 可转动控制屏；18. 润滑油及液压油添加处；

19. 日期打印装置；20. 包装材料接驳工作台；21. 水和洗涤剂混合槽

2. 预制纸盒无菌包装系统　以德国 PKL 公司的康美盒无菌包装系统为代表，包装材料用纸板/铝箔/PE/Surlyn 树脂等组成。系统用预先压痕并接缝的筒形材料，在机器无菌区外预先成型，呈平整状的半成型容器进入装置后，由真空作用使容器自动弹起打开，接着，覆盖在容器底部的 PE 由热空气加热软化、成型和密封，然后传送到无菌填充部分，用 H_2O_2 喷涂灭菌，然后用热无菌空气使之干燥，充填物料后用超声波密封上口，在容器侧面曲折向上，形成开口用的"舌头"，即为成品，工艺过程如图 4-7 所示。该系统主要用于牛奶和果汁饮料等的无菌包装。

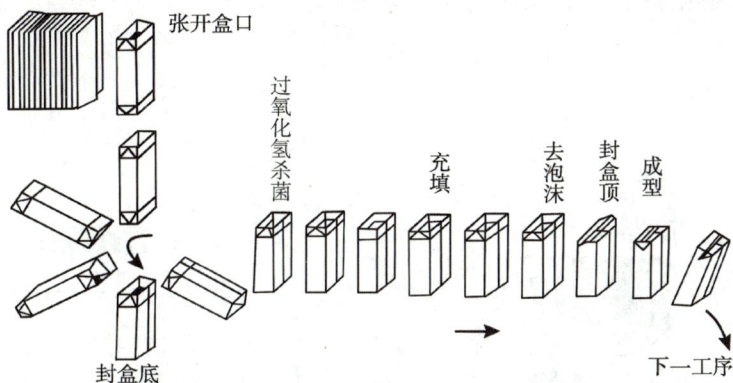

图 4-7　康美无菌包装机的工艺过程示意图

另一种是热柠檬酸杀菌的 Rampart Packaging-Mead 公司的 Crosscheck 无菌包装系统，应用于低酸性食品和含有颗粒物产品的包装。

（二）塑料瓶无菌灌装系统

1. 吹塑瓶无菌包装系统　塑料吹塑瓶是以热塑性颗粒塑料为原料，采用吹模工艺制成容器，然后在无菌环境下直接在模中进行物料的充填、封口。由于在容器成型过程中的高温处理已使容器无菌，无需二次灭菌。该系统可包装各种产品，如超高温灭菌乳、果味乳、水果饮料以及不充 CO_2 的其他饮料。

2. 预制塑料瓶无菌包装系统　预制塑料瓶是在无菌系统外成型后，经一段时间预热，被送至灭菌工序。瓶子的灭菌步骤见图 4 - 8，灭菌剂管逐渐插入瓶内，吹出 H_2O_2 蒸气与热空气的混合物，对容器的全部内表面进行灭菌。待灭菌剂管完全插入后，瓶子上升，稍稍离位，流出灭菌剂进入环隙的通路，容器内、外表面经过一定时间的灭菌作用后，凝结在内、外表面的 H_2O_2 蒸气由热的无菌空气吹干。此系统同样适用于玻璃瓶的无菌包装。

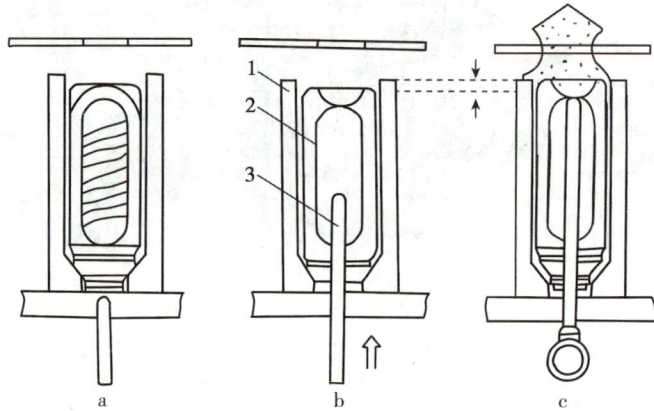

图 4 - 8　瓶子的杀菌过程

a. 进瓶位；b. 瓶内喷淋杀菌；c. 瓶内外表面杀菌

1. 载瓶器；2. 瓶子；3. 杀菌剂喷管

（三）塑料杯无菌包装系统

塑料杯无菌包装系统有塑料片卷材成型杯和预制杯两种，法国 Erca 公司的埃卡杯 NAS 无菌包装系统属于塑料片材杯成型系统，即成型 - 充填 - 密封一体机。机器的工作过程如图 4 - 9 所示，杯材被卷杯包装机输送链的夹子夹持输送进入无菌区时，其表面 PP 保护膜被剥离并牵引到回收卷回收；经成型、充填后，盖材从膜卷上被牵引进入热封工序时，PP 保护膜被剥离，随后热封模将盖膜与杯体密封。该系统材料被 PP 保护膜覆盖保护，无需用化学杀菌剂杀菌。

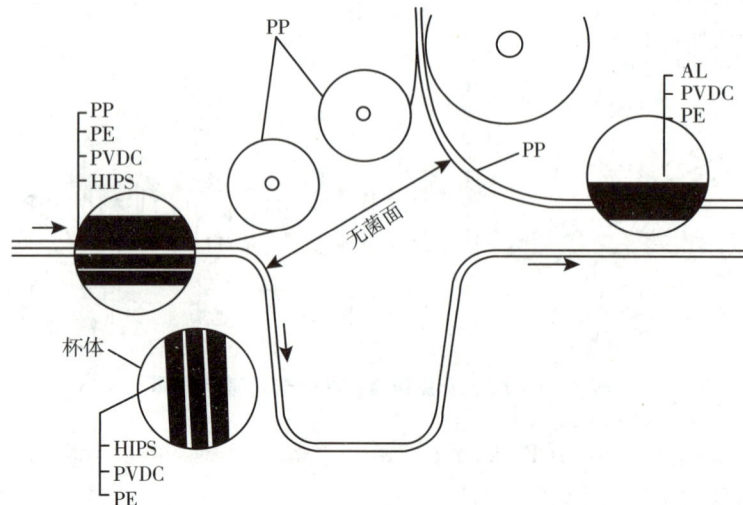

图 4 - 9　NAS 杯材、盖材上的 PP 保护膜回收

除以上三种无菌包装系统外，还有塑料袋无菌包装系统和衬袋盒（箱）无菌包装系统。塑料袋无菌包装系统主要有百利包（Pre Pak）和芬包（Finn Pak），其中，芬包采用特殊的电阻加热超高温瞬时杀菌系统。包装薄膜采用 H_2O_2 液和紫外灯双重杀菌方式，包装薄膜先经 1% 的 H_2O_2 液浸渍杀菌，接着进入包装机用紫外灯再次杀菌。

衬袋盒（箱）是由一个柔性的可折叠多层复合袋、封盖、管嘴以及刚性外盒组成。瑞典 ALFA - LAVAL 公司的 STAR - ASEPT 复合袋内衬为 LLDPE，可承受 140℃ 蒸汽短时杀菌。

第三节　微波食品包装技术

微波食品（microwave food）是指为适应微波加热（调理）的要求，对食品原料进行适当配比和组合，采用一定的包装方式制成的食品，即可采用微波加热或烹制的一类预包装食品，主要有两大类：一是常温或低温下流通，经微波加热后直接食用的食品，如可微波速食汤料、可微波熟肉类调理食品、可微波汉堡包等；二是冷冻和冷藏条件下流通，经微波加热调理（烹制）后才能食用的食品，如冷冻调理食品等。

一、微波食品包装特点

微波是指波长在 1~1000mm、频率在 300MHz 至 30GHz 之间的电磁波。处在微波场中的食品物料，其中的极性分子在高频交变电场的作用下高速定向转动产生碰撞、摩擦而自身生热，表现为食品物料吸收微波能而将其转化为热能使自身温度升高。微波加热的效果与包装材料和食品物料的介电性质有关，对微波的吸收性越强则能量转化率越高，升温越快。

微波食品的方便性之一是可将包装与食品一起进行加热，在包装设计时就必须将其包装作为加热容器来考虑。包装材料对微波的吸收、反射与透过性能，以及对内装产品在加热时的影响，是微波食品包装时需要考虑的一个重要问题。因此，微波食品包装应具备以下特点。

（1）具有较好的耐热性：耐热程度必须大于食品加热后的温度，能耐急速温度变化。特别是含有油脂的食品，材料受热速度快而且温度很高（常可达 130~150℃）。

（2）一般微波食品包装选用介电系数小的材料，微波会透过包装直接辐射到食品物料上。在特殊情况下也会选择可以吸收微波的材料，需要材料升温来保证物料的温度，比如微波炉制作焙烤食品时，食品表面需要较高温度。

（3）具有耐低温性能：由于微波食品大部分是冷冻冷藏调理食品，对此类食品的微波包装还要求包装材料具有良好的耐低温冷冻性能。

（4）微波加热时，密封包装内空气膨胀压力增高，加热时密封的容器要能耐受较高的内压强度。

二、微波食品包装材料

（一）微波食品包装材料种类及性能

1. 微波穿透材料　在微波场中很少吸收和反射微波，对微波的透过性很高，也称微波透明材料。包装食品在进行微波加热时，微波能最大限度地被食品所吸收，此类包装材料是微波食品包装的主要材料。

微波食品中最常用的包装形式是热固性塑料托盘，微波包装托盘常用的材料有聚丙烯（PP）和结晶化聚酯（CPET），它们具有较高的熔化温度（180~210℃）。涂 PET 的纸板容器成本较低，也在微波食品包装上得到了较广泛的应用。

2. 微波吸收材料　在微波场中，此类材料与食品一起吸收微波能而生热，甚至比食品升温更快。通常用于微波敏片包装与食品表面直接接触，对食品进行脆化和烘烤加工，使食品表面能达到产生脆性和褐变色泽所需的温度。

一种微波吸收材料是在某种基材上涂布一层具有介电损耗性能的材料，有铁磁体涂层，当把它放在微波场中时，涂层中会产生一定电流，进而产生大量热。

另一种是把某种金属离子（如铝）以热蒸镀或喷镀的方式沉积于塑料薄膜表面（厚度大约为10nm），然后再把塑料薄膜与具有热稳定性的牛皮纸以层压的方式复合到一起。当金属涂层的厚度非常大时，其表面电阻为零，辐射到涂层表面的微波全部被反射回去；随着涂层厚度的减小，其表面电阻增加，吸收的微波量也逐渐增加。涂层厚度在最佳，可吸收微波能量的50%。此类薄膜在微波场中几秒钟内即可达到250℃左右高温，可作为加热板使用。这些材料一般包括以下四层：加热层（12μm 厚的热固性双向拉伸聚酯）；薄金属层（真空镀铝，单位面积电阻 50～250Ω）；黏合剂层；基层材料（纸或纸板）。

3. 微波反射材料　在微波场中不能吸收和透过微波，但能反射微波。大多数金属材料反射微波而不产生热量，常见的各种金属薄板、金属箔及厚涂层的铝箔复合材料等都是微波反射材料。该类材料主要用作微波屏蔽材料，防止食品边角或突出部位过度加热，达到均匀良好的加热效果。

（二）常用微波食品包装材料

微波食品包装材料除了要求具有一般食品包装所需的性能外，还需适合各种不同微波食品的不同要求。微波食品包装用材料可以是玻璃、陶瓷、塑料、纸等。常用的塑料及复合材料有以下几种。

1. PET/纸　具有较高的阻隔性能，可用于包装冷冻食品和非冷冻的焙烤食品。该材料耐205℃的高温。容器制作时可冲压成盘形或折叠成形。

2. CPET　通常耐热温度可达230℃，在225℃时仍有一定的刚性和热稳定性；在－18℃时具有一定的耐寒冲击性，保香性、阻气性及耐油性良好。

3. TPX（polymefhyl penfene）　是以聚4－甲基戊烯为主的聚合物。熔点为230～240℃，介电常数稳定，密度为 0.83g/cm³，是塑料中最轻的材料。透明性良好，可见光透光率大于90%，但易受氧化和光辐射作用，受热会变黄，无毒，价格低廉。

4. PP 系列材料　PP 膜使用温度范围为－20～120℃。可包装油分较少的微波食品。在制作包装容器时，可以使用 PP 单体，也可以与其他材料制成共挤物容器，如 PP/EVOH/PP、PP/PVDC/PP、PP/PE等。

5. 其他　除上述材料外，还有硬化 PET，即30% PET＋50%碳酸钙＋20%玻璃纤维混合材料。磁性容器是一种磁性粉末与硬化 PET 混合热成型的容器。PPO/PS 容器是 PPO 与结晶 PS 混合制成的耐热容器。

三、典型微波食品包装

微波食品的包装在设计时，通常考虑要适应微波加热，要保证食品加热迅速、均匀且感官品质与传统加热方式相当。

（一）冷冻调理食品微波包装

冷冻调理食品的微波包装一般采用：CPET、PC、纸浆模塑托盘等，结合薄膜覆盖封口或裹包；盒中袋式包装，常采用复合薄膜袋外套纸盒，使用的复合薄膜主要有 Ny/LLDPE、PP/EVOH/PE、各种铝箔复合薄膜等，微波加热前去掉薄膜。Cryovac®生产的微波冷冻调理食品包装采用盐酸橡胶薄膜拉伸覆盖封口，加热时可以不用去掉封口膜，直接放入微波炉，食品在微波炉加热时，蒸发的水蒸气会使封盖膜膨胀，当达到一定压强时，盐酸橡胶薄膜会出现排气孔而排除水蒸气。

（二）比萨饼微波包装

此包装属于带微波敏片的微波食品包装。采用纸盒和外覆塑料薄膜包装，纸盒底面有支撑物，在微波加热时纸盒被托起离开炉底一定距离，便于被微波炉底面金属反射的微波透入包装。纸板上留有气孔，微波加热时产生的水蒸气可以排出，从而避免比萨饼变软和潮湿。纸盒底面内部可以根据需要选择吸收微波材料，使与其接触的食品表面能发生褐变。

（三）汉堡包微波包装

此包装属于有微波屏蔽材料的微波食品包装。采用纸盒包装，纸盒分为上、下两部分，下半部分底面及四周的纸板材料复合有铝箔，顶部为纸类材料，上半部分均由纸类材料组成；用于冷冻汉堡包微波食品。微波加热时，两块面包放在盒子的下半部分，小馅饼放在上半部分，下半部分只接受来自顶部的微波，加热速度减慢；而上半部分可以接受来自四周及顶部的微波，因此加热速度快。这样使得面包部分和馅饼部分能达到同时被加热的目的，而避免面包过度受热。

（四）微波爆玉米花包装

微波爆玉米花是将专用玉米与调味料混合后放入软塑包装袋，袋子要求能耐受一定强度的内压，同时有足够大的容积，能盛装膨爆后的玉米。使用时可以直接将内包装放入微波炉加热，随着膨爆的进行，产生的气体将包装袋撑开，使玉米可以散开。

第四节　活性包装技术

一、活性包装的概念及类型

活性包装（active packaging）是指通过改变包装食品环境条件来延长货架期、改善安全性或感官特性，同时保持食品品质不变的包装技术。食品环境条件是指对影响包装食品货架期可能起作用的各种因素，包括生理作用（如新鲜果蔬的呼吸）、化学变化（如脂质的氧化）、物理变化（如面包的老化、脱水）以及微生物活动等。通过活性包装系统的应用，能明显减少食品品质的降低。

活性包装可分为三种类型：吸收剂、释放剂和其他系统。吸收剂用于除去氧气、二氧化碳、乙烯、多余水分、污染物和其他特殊组分。释放剂能够适时地向包装食品或者包装的顶隙内添加或者释放某些组分，如二氧化碳、抗氧剂和防腐剂。其他系统的功能较为复杂，如自加热、自冷却和自保护等。常见的活性包装功能类型、辅助成分及食品应用见表4-4。

表4-4　常见的活性包装功能类型、辅助成分及食品应用

活性包装功能类型	辅助成分	食品应用
脱氧剂	铁粉、$Na_2S_2O_4$、铂催化剂、抗坏血酸、葡萄糖氧化酶、过氧化氢酶	富含油脂食品，如糕点、乳酪、肉类产品、干果
二氧化碳清除剂	氢氧化钙＋氢氧化钠、氧化钙＋硅胶	炒咖啡豆、牛肉干、脱水禽肉产品
二氧化碳释放剂	抗坏血酸、碳酸氢钠＋抗坏血酸盐	果蔬、鱼类、畜禽肉类

续表

活性包装功能类型	辅助成分	食品应用
乙烯清除剂	氧化铝 + 高锰酸钾、活性炭 + 金属催化剂、活性黏土、沸石	水果、蔬菜保鲜包装
杀菌防腐剂	有机酸、银沸石、中草药提取物	谷类、畜禽肉类、鱼类、面包、干酪
气味吸收剂	三乙酰纤维素、乙酰化纸、柠檬酸、亚铁盐/抗坏血酸、活性炭/黏土/沸石	果汁、油炸食品、谷类、乳制品、畜禽肉类

二、脱氧包装

脱氧包装（deoxygen packaging）是指在密封的包装容器内，封入能与氧起化学作用的脱氧剂，从而除去包装内的氧气，使被包装物在氧浓度很低甚至几乎无氧的条件下保存的一种包装技术。

脱氧剂最早于1925年用铁粉和硫酸铁研制而成，1933年开始在食品上使用铁化合物制成的脱氧剂；1969年开始用以亚硫酸盐为主要成分的脱氧剂，以后又成功研制有机脱氧剂等。目前，封入脱氧剂包装主要用于对氧气敏感的食品，如蛋糕、茶叶、咖啡粉、水产品和肉制品等的保鲜包装。

脱氧包装最显著的特点是在密封的包装内可使氧气降至很低水平甚至产生一个几乎无氧的环境。脱氧剂能把包装容器内的氧气全部除去，还能将从外界环境中渗入包装内的氧气以及溶解在液体中或充填在固体海绵状结构微孔中的氧气除去。

（一）常用脱氧剂及其作用原理

1. 铁系脱氧剂　是目前使用较广泛的一类脱氧剂。在包装容器内，铁系脱氧剂以还原状态的铁经下列化学反应消耗氧：

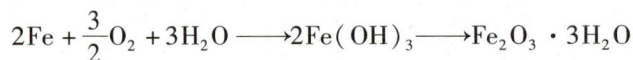

$$2Fe + \frac{3}{2}O_2 + 3H_2O \longrightarrow 2Fe(OH)_3 \longrightarrow Fe_2O_3 \cdot 3H_2O$$

以上反应过程较为复杂，理论上，铁转变为氢氧化铁时，1g铁要消耗0.43g（折合约300cm^3）的氧气，这相当于1500cm^{3}正常空气中的含氧量。因此，铁系脱氧剂的除氧能力是相当强的，这是铁系脱氧剂得到广泛应用的主要原因之一。此外，铁系脱氧剂主剂原料容易获得，制作简单，成本较低。但铁系脱氧剂的脱氧速度相对较慢，且脱氧时需要一定量水分的存在才有较好的效果。

2. 亚硫酸盐系脱氧剂　多以连二亚硫酸盐为主剂，以氢氧化钙、碳酸氢钠、活性炭等为助剂。在有H_2O的条件下，反应式如下：

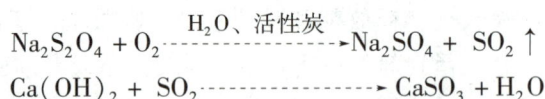

$$Na_2S_2O_4 + O_2 \xrightarrow{\quad H_2O、活性炭 \quad} Na_2SO_4 + SO_2 \uparrow$$
$$Ca(OH)_2 + SO_2 \dashrightarrow CaSO_3 + H_2O$$

如果还需同时产生二氧化碳，则须再加入碳酸氢钠，反应式如下：

$$2NaHCO_3 + SO_2 \dashrightarrow Na_2SO_3 + H_2O + 2CO_2 \uparrow$$

1g连二亚硫酸钠大约可消耗0.184g氧气，即在标准状态下1g连二亚硫酸钠可脱除约130cm^{3}的氧气。它的脱氧能力不如铁系脱氧剂，但脱氧速度快。

3. 抗坏血酸脱氧剂　抗坏血酸本身是还原剂，在有氧气的情况下，可被氧化成脱氢抗坏血酸，从而除去环境中的氧气。常用此法除去液态食品中的氧气，该类脱氧剂是目前使用脱氧剂中安全性较高的一种。在有Cu^{2+}存在的情况下，反应式如下：

$$AA（抗坏血酸）+ O_2 \xrightarrow{\quad Cu^{2+} \quad} DHA（脱氢抗坏血酸）+ H_2O$$

4. 酶催化脱氧技术　酶系脱氧剂是以葡萄糖氧化酶为主，氧化葡萄糖生成葡萄糖酸，在催化氧化的过程中消耗包装内部的氧气，从而达到脱氧的目的。反应式如下：

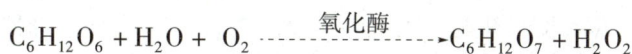

$$C_6H_{12}O_6 + H_2O + O_2 \xrightarrow{\text{氧化酶}} C_6H_{12}O_7 + H_2O_2$$

此反应的适宜条件是温度30~50℃，pH 4.8~6.2。目前这种脱氧剂仅在某些特定产品的包装中应用。

除上述几种脱氧剂之外，还有铂、钯、铑等加氢催化剂，这种方法成本较高，很少单独使用。还可利用光照除氧法，即在透明的包装容器中同时封入一种含光敏色料和诱氧剂的薄膜，只要容器受到一定强度的光照射，容器内所含的氧气便迅速除去。

脱氧剂根据脱氧速度的不同可分为速效型和缓效型。速效型脱氧剂一般在1小时左右能使密封容器内游离氧降至1%，最终达0.2%以下；缓效型脱氧剂达到这种程度需要12~24小时。实际使用时，可将两种脱氧剂配合作用。常用脱氧剂中，铁系脱氧剂脱氧速度慢，属于缓效型；亚硫酸盐系脱氧剂脱氧速度快，属于速效型；抗坏血酸及酶催化等有机系脱氧剂介于两者之间。

（二）脱氧剂包装的技术要点

用于食品脱氧包装的脱氧剂应安全无毒，不与被包装物发生化学反应，更不能产生异味。应根据不同的脱氧需求选用相应的速效型或缓效型脱氧剂。

1. 脱氧剂使用方法　脱氧剂有粉末状、颗粒状、片状等形态，使用时可以直接应用某种形态，也可采取一定的方式使其附着在某种载体（如高发泡的泡沫塑料片）上再使用。使用方法通常是先按一定的量分装在用透气性好的材料制成的小袋中，然后再与被包装物一起封入包装内。另一种方法是将脱氧剂与包装材料结合起来，放在复合材料的夹层中来使用。

2. 脱氧剂的使用量　选择脱氧剂的量在使用时要足够，不仅要能保证除去包装容器内原有的氧气，而且还需根据包装材料等情况考虑氧气渗入量的多少，留有一定的安全系数，设计时一般增加15%~20%。为了判断包装内的脱氧程度，可采用氧指示剂进行检查。氧指示剂为直径6~8mm、厚2~3mm的片，它能通过自身的颜色变化来指示包装容器内氧气的含量。当包装内氧气含量超过0.5%时，氧指示剂显蓝色；氧气含量低于0.1%，显粉红色；氧气含量介于0.5%~0.1%之间，呈现雪青色。因此，根据包装内氧指示剂的颜色，就可以很容易判断含氧多少。

3. 脱氧剂使用的温、湿度条件　脱氧剂的脱氧效果与脱氧环境温度密切相关。在脱氧剂常使用的温度范围5~40℃内，随温度升高，脱氧剂的活性变大，脱氧速度加快；温度降低，则活性变小，脱氧速度变慢。

包装容器内的相对湿度和产品的含水量对脱氧剂的脱氧效果也有明显影响。从各种脱氧剂的脱氧原理可知，脱氧剂的脱氧反应都需要水的参与，因此，包装内环境湿度在一定范围内越大，脱氧速度越快。但湿度也不易过高，被包装物的含水量不应超过70%。

4. 使用脱氧剂的注意事项

（1）包装材料及包装容器　用于封入脱氧剂包装的材料要求具有很高的气密性，特别是对氧气的隔绝性能要好，在25℃时其透氧度要小于20ml/（m²·24h·0.1MPa），多采用复合薄膜如KOPP/PE、KONY/PE、PE/PT/铝箔/PE等，以及金属、玻璃、陶瓷等包装容器。

由于脱氧后，软包装容器会塌陷，影响美观，可选用抗坏血酸型等可产生CO_2的脱氧剂或结合充气包装来避免此缺陷。

（2）脱氧剂在分包使用前必须包装完好　脱氧剂不能直接与大气接触，同时要求在包装过程中操作迅速，以免吸氧而影响使用效果。目前用于食品包装的铁系脱氧剂一般采用气密性好的包装材料密封，使用时应随开随用。试验表明，脱氧剂开封后在湿度80%、温度25~30℃的环境中放置5小时，对其脱氧效果无明显影响，故自动反应型铁系脱氧剂在开封后5小时内务必使用。

（3）注意选择合适的脱氧剂类型和脱氧效果 封入脱氧剂包装能否保全食品质量取决于脱氧剂的吸收能力和吸收效果，一般铁系脱氧剂在封入包装 4 小时内，氧气浓度可降低至 0.35% 以下，4 小时后可达 0.1% 。如果把速效型和缓效型脱氧剂配合使用，既能实现快速脱氧，又能维护包装内长期接近无氧状态，可长期地保持包装食品的风味和品质。

三、食品抗菌包装 [e] 微课2

抗菌包装是在密封的包装容器内，封入能释放抗菌剂的小包，或利用能释放抗菌剂的包装材料来包装食品，以达到抗菌防腐目的，使被包装物得以较长时间保存的一种包装技术。

（一）抗菌剂

目前广泛使用的抗菌剂有化学抗菌剂、生物抗菌剂、抗菌集合物、天然抗菌剂等。化学抗菌剂包括有机酸及盐类、杀真菌剂和乙醇等，有机酸及盐类有苯甲酸盐、丙酸盐、山梨酸盐等，杀真菌剂有苯菌灵和抑霉唑。细菌素是一种细菌分泌的生物抗菌物，对一些与产生菌亲缘相近的细菌有杀菌作用。Nisin（乳酸链球菌素）是最早被发现的细菌素之一，也是目前唯一可以安全使用的生物性食品防腐剂，能有效抑制肉毒梭菌的过量繁殖和毒素的产生。一些合成或天然的聚合物也有抗菌活性，紫外线或激光照射能够刺激尼龙结构，使其产生抗菌活性。天然聚合物壳聚糖、天然植物提取物如柚子籽、桂皮、山葵、丁香等提取物已被应用于抗菌包装。

（二）抗菌包装的类型

1. 直接封入抗菌独立小包装 把抗菌剂制成小包或片材，连同被包装物一起封入包装材料。在食品的储藏过程中，小包中的物质可与环境中的成分发生作用，释放出抗菌剂，从而杀死食品中的病原微生物或抑制这些微生物的生长，从而有效地延长食品的货架期。

乙醇是理想的食品杀菌剂，将食品级乙醇先吸附到一种惰性粉末载体上，然后将其装入透湿性小袋。惰性粉末物质从食品中吸收水蒸气后，向包装空间放出乙醇蒸气，从而使食品长期处于含乙醇蒸气的气氛中。此包装适用于糕点、奶酪等食品。如日本市场上出现的 Fretek（乙醇和乙酸浸泡的聚烯烃片材）和 Ethicap（二氧化硅微胶囊化乙醇），它们的抗菌机制是使细菌蛋白质发生变性，扰乱细胞正常代谢功能。

2. 直接添加抗菌剂的包装材料 在包装材料生产时，原料被熔解或熔融后，直接添加抗菌剂后加工成型。生产制作时，主要通过以下两种方法实现。①直接混炼法：先在塑料基材中添加抗菌剂，混匀后直接加工成型，制得抗菌塑料产品。这种方法操作简单，可依据实际应用精确调整抗菌剂添加量，但抗菌剂聚集分布在基材中，分散性差，抗菌性能相对较差。②抗菌剂母粒化法：此法将基材树脂和（或）与基材树脂具有良好相容性的树脂与抗菌剂通过双螺杆挤出机制成浓缩母粒，然后再加到包装材料中制作成型。该方法很好地解决了宏观、微观分散的均匀性问题。

聚烯烃基材抗菌膜主要指以聚烯烃为基材，通过加入抗菌剂制得的抗菌薄膜，目前研究较多的基材主要有聚乙烯、聚丙烯等。聚烯烃基材抗菌膜的生产加工方法主要有 2 种：①将抑菌剂（如纳米银或纳米 ZnO 等）负载于其他无机粒子（如沸石）中，然后将其与聚烯烃颗粒混合、均匀分散，吹膜制得抗菌薄膜；②将抗菌单体采用接枝法负载于聚烯烃薄膜表面来制备抗菌膜。日本昭和公司研制了以载银磷酸锆系为抗菌剂的杀菌效果较强的聚苯乙烯膜，并广泛应用于食品包装。我国生产了一种具有较好抗菌性能的光触媒食品包装纸，并研究了二氧化钛纳米粒子的选择、分散、加工工艺、测试方法及抗菌性能。

3. 表面复合抗菌剂的包装材料 先将包装基材制作成薄膜，再将抗菌剂以一定形式复合到其表面，包装食品后，抗菌剂迁移到食品表面，达到杀菌或抑菌的目的。

例如对包装基材进行表面处理以提高吸附能力，将抗菌剂吸附在基材的表面；利用压缩空气枪产生高强度压缩空气，将抗菌剂喷射成微粒并分散嵌入到塑料表面上，形成抗菌剂层，通常 $50 \sim 300 \mu m$ 的抗菌层就能发挥较好的抗菌作用。有研究证明，硅藻土在吸附乳酸菌素后，可有效抑制单核细胞增生李斯特菌（*Listeria monocytogenes*）的生长。

也可以将抗菌材料作为涂覆剂，涂覆到包装材料中使用。如将乙醇、山梨酸盐、苯甲酸钠、银沸石等抗菌物质加到包装材料中，使其在密封容器内缓慢释放。又如将山梨酸钙和羧甲基纤维素的混合物作为材料的涂覆剂的组成部分，涂覆到包装材料中使用。也有用热塑贴面法生产的山梨酸防潮玻璃纸，包装奶酪具有极好的效果。

欧洲一公司以肉桂精油为抗菌剂，将其固定在厚度为 $30 \mu m$ 的微孔聚丙烯薄膜上，可将焙烤食品的保质期延长 3～10 天。韩国科学家研制了复合有山梨酸钾（质量分数为 1.0%）的 LDPE 膜，该膜可显著降低酵母的生长速率。

4. 本身具有抗菌作用的包装材料　一些天然的或人工合成的材料本身具有抑菌效果，可直接用作食品的抗菌包装材料。天然的材料有壳聚糖、ε - 聚 - L - 赖氨酸和山梨酸等。壳聚糖具有良好的成膜性，并且由于其透气性能和抗菌性能俱佳，已经作为涂膜保鲜剂被广泛应用在果蔬和肉类的保鲜上。合成的材料如聚酰胺薄膜通过紫外线照射后表面可产生铵离子，铵离子能提高微生物细胞的黏附性，薄膜便具备了抗菌作用。

我国科学家通过研究发现，在壳聚糖/甲基纤维素膜中加入香兰素之后，可明显抑制鲜切菠萝的乙醇产生量和呼吸速率，并且对大肠埃希菌和酿酒酵母可产生明显的抑菌作用，同时还有较好的保湿和护色效果。

四、其他活性功能脱除剂

（一）乙烯脱除剂

水果、蔬菜在贮藏过程中自身会释放出乙烯，乙烯会使果蔬过快地成熟而导致品质劣变，因此，有必要除去果蔬包装顶相中的乙烯。

乙烯脱除剂可与乙烯发生不可逆的化学反应，如高锰酸钾可以把乙烯氧化成乙醇和乙酸。此外，硅胶、活性炭、沸石、膨润土等虽然能吸收乙烯，但不能氧化乙烯，若将它们与高锰酸钾结合，可提高清除速度。目前使用的乙烯去除剂主要是以活性炭为代表的吸附型和以高锰酸钾为代表的氧化分解型。

1. 常用乙烯脱除剂

（1）高锰酸钾　能将乙烯氧化成乙醛，乙醛继续被氧化成乙酸，乙酸继续被氧化生成二氧化碳和水，从而脱除包装袋中的乙烯。高锰酸钾的颜色从紫红色变为褐色时，就失去了脱除乙烯的功效。

（2）活性炭　吸收乙烯气体多是利用它的多孔性。活性炭可将乙烯吸附，随后再用金属催化剂将其降解。如日本开发的乙烯脱除剂是在活性炭中填充有助于乙烯降解的物质（钯催化剂或有机溴），可有效降低脐橙和香蕉的软化速度。

2. 乙烯脱除剂的使用方法

（1）乙烯脱除剂独立包装体系　高锰酸钾不宜直接与食品接触，实际使用中，常把表面积较大的惰性支撑物（如矾土、硅胶、活性炭等）在浓度为 4%～6% 的高锰酸钾液中浸泡后，装入能透过乙烯的袋，制成乙烯脱除包，再放入包装。含钯的活性炭能吸收乙烯将其降解，常将其放入小袋使用。

（2）乙烯脱除膜　为了除去有害的乙烯气体，在聚乙烯或聚丙烯材料内混入气体吸附型多孔物质，如凝灰石和沸石、石英石和硅石、黏土矿物等微粉末，然后挤压成薄膜，就制成了具有吸收乙烯气体功能的乙烯脱除膜。这种薄膜在高水分的情况下，孔内存在的水分子也能与乙烯置换。

（二）CO_2脱除包装技术

CO_2浓度过高，会使水果进入糖酵解阶段，导致水果品质快速下降；咖啡由于糖和氨基化合物的分解，在焙烤后会产生大量 CO_2；奶酪在储藏时也会放出 CO_2。因此，必须从包装中除去 CO_2，避免变质或胀破包装袋。可采用装有 $Ca(OH)_2$ 和铁粉的 CO_2 吸收剂小袋。另有 CO_2 吸收小袋，为含有 CaO 和吸湿剂（如硅胶）的多孔性包装袋，CaO 与硅胶中的水分结合形成 $Ca(OH)_2$，可吸收 CO_2。

第五节　智能包装技术

一、智能包装的概念及原理

智能包装（intelligent packaging）是一种能够自动检测、传感、记录和追溯食品在运输和储藏期间包装内外环境变化，并通过复合、印刷或粘贴在包装上的标签，以视觉上可感知的物理变化来告知和警示消费者食品安全状态的一种技术。

智能包装通过包装上的智能指示卡实时地呈现食品确切的质量变化，这些指示卡分为内部指示卡和外部指示卡。比较典型的有时间–温度指示卡，被安装于食品包装外部；氧气指示卡、二氧化碳指示卡、乙烯指示卡、新鲜度指示卡等，被放置于食品包装内部。常见的食品智能包装指示卡的指示原理、提供的实时信息及应用见表4–5。

表4–5　常见的食品智能包装指示卡的指示原理、提供的实时信息及应用

指示剂	指示原理	实时信息	应用
时间–温度指示卡	化学、机械学、酶学、微生物学	包装食品的温度变化和因温度变化引起的质量下降水平	生鲜冷冻食品如蔬菜、海产品、畜禽类和乳制品
氧气指示卡	pH 指示剂、氧化还原染色剂	贮藏条件、包装的泄漏	气调包装的食品
二氧化碳指示卡	pH 指示剂、显色反应	贮藏条件、包装的泄漏	气调包装的食品
乙烯指示卡	氧化还原染色剂	吸收包装内乙烯的程度	呼吸跃变型的水果、蔬菜
新鲜度指示卡	与微生物生长过程中产生的新陈代谢产物反应	产品中微生物的数量	易腐烂变质的生鲜食品
酶反应指示卡	pH 指示剂、酶	食品的贮藏条件、货架期	易氧化变质的油炸食品
病原体指示卡	与毒素反应相关的各种化学、免疫学方法	特殊的致病菌，如 O157 大肠埃希菌	易腐败变质的生鲜食品

二、时间–温度指示卡

时间–温度指示卡（time–temperature indicator，TTI）能够记录食品在贮藏和销售过程中温度变化的连续过程，进而对食品质量变化情况进行实时监控。食品流通和贮藏过程中，经常会出现温度升高的情况，导致食品中酶和微生物催化作用的加速，时间–温度指示剂会通过机械变形或者颜色变化的形式向消费者传递包装食品剩余货架期。

根据显色物质产生机制的不同，TTI 分为扩散型、酶促反应型和聚合型等。

（一）扩散型

扩散型指示卡是根据布朗运动的原理制成的，即物质的扩散速度随温度的升高而加快。这种指示卡

采用有色酯质染料，染料在吸液芯带上逐渐扩散，当食品贮藏温度高于酯质熔化温度时，指示卡开始响应。指示卡指示的温度范围和响应期与所选择的酯质类型及其初始浓度有关。美国 3M 公司的 Monitor Mark 就是利用这种扩散原理生产的 TTI，如图 4－10 所示，a 室放入脂肪酸酯和蓝色钛酸酯的混合物，b 室内是一条长长的吸液芯带，a、b 室之间用热熔型聚酯膜隔开，当外界温度达到隔膜熔点时，隔膜熔化，指示剂被激活，a 室内的混合物沿着 b 室的吸液芯带流动，可通过 5 个小视窗观察混合的流动进程，扩散长度反映产品经历高温的时间。

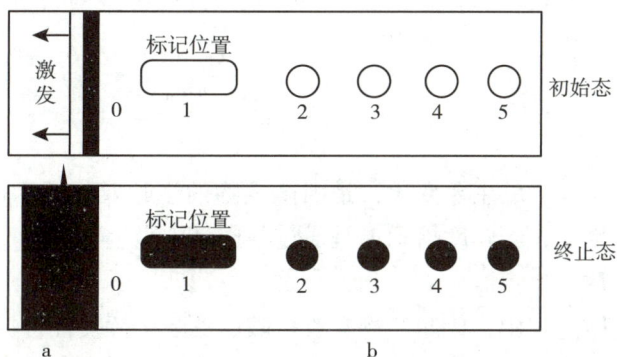

图 4 － 10　Monitor Mark 扩散型 TTI

(二) 酶促反应型 TTI

酶促反应型 TTI 实质上是一种 pH 指示卡，即脂质底物在受控条件下的酶促水解导致 pH 的降低，从而引起颜色的变化。贮藏温度的高低会影响酶促反应的速率，指示卡颜色变化也会随时间的延长而发生较大变化。在激活前，这种指示卡呈 2 个独立的小塑料袋结构，一个装有脂肪酶（如胰脂肪酶）的水溶液，另一个则装有脂质底物和 pH 指示剂，其中，脂质酶作用底物吸附在聚氯乙烯粉末上，悬浮于水相中。底物包括甘油三己酸酯、三花葵苷、三丁酸甘油酯等多种多价醇酯和有机酸。瑞典 Vitsab A. B. 公司的 Check Point TTI 指示卡如图 4－11 所示，未激活前，指示卡内环颜色为白色，使用过程中，伴随着环境温度的上升，指示剂内部的酶被激活并催化脂类底物，从而发生显色反应。根据环内颜色变化，消费者可以判断出食品是否可以食用。

图 4 － 11　Check Point 酶促反应型 TTI

(三) 聚合物型 TTI

聚合物型 TTI 的工作原理是固态聚合物反应，即利用单体发生聚合反应而生成带有颜色的聚合体。随着温度的升高，聚合反应加速，在外观上表现为指示剂颜色加深或色密度发生变化，可以用色度计进行测定来确定食品的质量状态，也可以用肉眼对 TTI 的颜色与参考色进行对照评估。此类 TTI 主要用于冷冻食品贮藏销售期间的品质控制，一旦接触温度高于保存温度，指示剂即被激活。美国 Lifelines Technology 公司生产的 Lifelines Freshness Monitor TTI 属于此种类型，如图 4－12 所示，指示剂通过聚合反应生成蓝色聚合物，随着温度的升高，固态聚合物反应加速，从而导致指示卡中心圆蓝色加深，可直接用肉眼，也可用手提式色度计或光密度计来连续测量指示卡中心圆颜色变化，从而监控产品的质量状态。

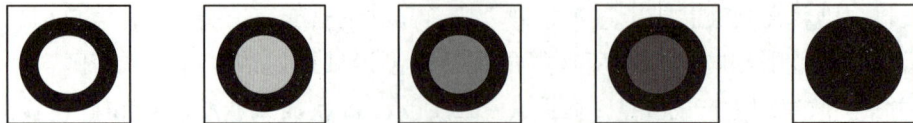

图 4-12　Lifelines Freshness Monitor 聚合物型 TTI

TTI 可以作为流通部门人员检测工具，检测产品在流通过程中是否被置于高温、高辐射等环境，从而实现对食品品质与新鲜度可视化的监控；消费者可以通过 TTI 标签判断所购食品是否保存良好；TTI 所提供的剩余货架期信息，可用于优化存货周转。

三、新鲜度指示卡

生鲜食品腐败变质过程中发生的主要变化，是因微生物的生长及代谢而改变 pH、产生毒素、释放臭味以及产生气体和黏液。因此，新鲜度指示卡是通过与产品中微生物代谢产物发生变色反应，来监控食品的新鲜度，控制产品品质。

在微生物引起的食品腐败过程中，代谢产物有有机酸、乙醇、挥发性含氮化合物、生物胺、二氧化碳、ATP 降解产物、含硫化合物等。新鲜度指示卡中的指示剂感受到某种代谢产物而发生变色反应。常见的新鲜度指示卡有以下几种。

（一）pH 变化敏感型指示卡

此类指示卡主要是利用基于 pH 染色液的指示剂对微生物腐败所产生的二氧化碳进行直接检测。常用的 pH 染色液为溴百里香酚蓝，另外还可以使用二甲苯酚蓝、溴甲酚紫、溴甲酚绿、苯酚红、甲基红等。用来作为 pH 敏感型指示剂的目标分子除二氧化碳外，适用的还有二氧化硫、挥发性胺、有机酸等。

（二）对挥发性含氮化合物敏感的指示卡

此类指示卡是通过与挥发性胺反应后的颜色变化来指示产品的新鲜度，常被用于海产食品。美国 COX Recorders 公司的 Fresh Tag 指示卡为此类型指示卡，是一个塑料片，内部嵌装着一个装有试剂的毛细管。附着在包装上后，该标签背面的锋利倒钩将刺破包装袋，包装顶部的气体便会与试剂相接触。当挥发性胺通过毛细管时，就会呈现出亮粉色。

（三）硫化氢敏感型指示卡

此种指示卡是利用指示剂血红蛋白与食品腐败所产生的硫化氢反应而发生颜色变化来进行检测，是将血红蛋白溶解于琼脂糖块上的磷酸钠缓冲溶液中制作而成的，被应用于家禽肉的自发气调包装中。

除以上基于微生物代谢产物反应的指示卡外，还有基于污染微生物酶的发色底物颜色变化的指示卡，可用于检测液态保健食品的污染。此外，特定营养素消耗也可作为新鲜度标示的因素，如葡萄糖的消耗，可用形成的葡萄糖梯度来检测新鲜度。

四、智能电子标签

随着人们饮食要求的提高以及电子商务的发展，生鲜食品的远距离销售越来越普及，这对生鲜食品冷链物流提出了更高的要求。生鲜食品在从生产者到最终消费者的过程中，有 80% 以上的时间是在配送运输环节上，及时准确的追溯信息对物流活动有至关重要的作用。智能电子标签可实现对低温流通食品的时间、温度以及湿度进行实时监控，从而有效提高冷链物流质量。

（一）温感智能电子标签

温感智能电子标签是指将温度传感器与电子标签集成封装，应用无线信息传输技术将电子标签读写的内容进行传输。该技术可实现电子标签信息远距离多标签同时读写，实现食品仓储、物流环境温度指标的实时或定时监控，从而实现仓储、物流智能化管理。

（二）RFID 电子标签

RFID（radio frequency identification）即射频识别。RFID 电子标签是指将 RFID 技术应用于食品冷链物流中，可实现温感智能标签数据采集与处理，货物入库管理、货物出库管理、调拨管理、库存盘点、仓库与人员基本信息管理等功能，并在食品储存温度越界时提供蜂鸣、短信等报警。

知识链接

活性与智能包装案例

1. 多功能活性包装 PPI 公司新的设计使吸收垫片在包装内具有改变包装内部气体组成的新功能。功能性垫片不仅能吸收生鲜食品释放出的水（冷凝水），当垫片设计组入了发生二氧化碳、捕集氧气、吸收异味和产生香味等多种不同功能的成分时，垫片也就相应地变成不同功能的垫片。

2. 果蔬成熟识别智能包装 新西兰 P－P Enterprises 超级市场推出了一款 Ripe SenceTM 的洋梨包装，包装上的传感器标签的工作原理是对梨成熟时释放的香气做出反应，并在检测到成熟的香气挥发物时变色。标签最初为红色，随着水果的成熟，标签会由红色变为橙色，当水果完全成熟时，标签则会变成黄色。

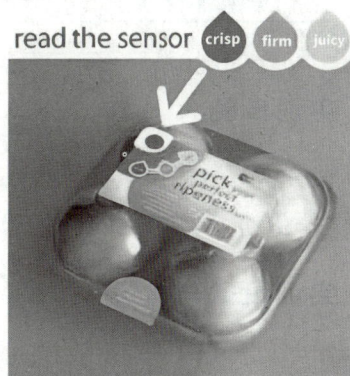

图 4 - 13 Ripe SenceTM 的洋梨包装

3. 包装完整性指示智能包装 是能够提供关于包装被打开多长时间的信息或给出内部气体信号比例的技术。包装的完整程度直接影响包装环境内气体的浓度和食品的品质，包装完整性指示器即可用来检测气调包装是否完整或损坏。由日本 Mitsubishi 公司开发的 Ageless Eye 氧气指示标签可以根据颜色来判断包装中的氧气浓度，当暴露在氧气中时，标签会变成蓝色或紫色；而随着容器中氧气的减少，标签又会恢复为原来的粉红色。Ageless Eye 提供了不同颜色变化与氧气浓度关系的信息，人们可根据标签上的指示来判断食品包装的完整与否。

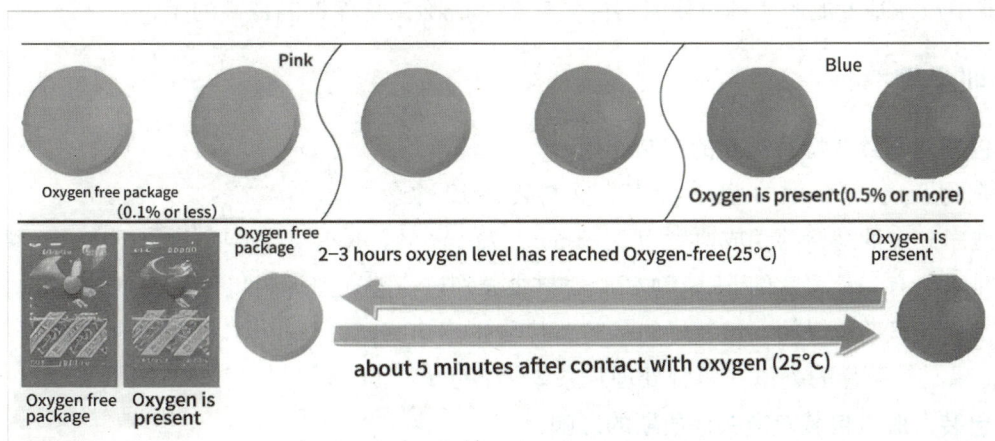

图 4 - 14 Ageless Eye 氧气指示标签

4. 随温指示保质期变化的智能包装 食品的保质期不是一成不变的，而是会因食品存储时间、温度等的不同而变化。北京大学团队研发出一款"智能标签"，通过查看外包装上"智能标签"由绿到红的颜色变化，就能预估食物是新鲜还是变质。"智能标签"的基本原理是：随着时间推移，金属银逐渐沉积在金纳米颗粒上，形成厚度连续变化的壳层，改变了纳米颗粒的尺寸、形状和化学组成，从而使标签发生颜色改变，其变色的速率可以与时间和温度精准吻合，从而指示保质期变化。比如，一盒酸奶在 0~4℃ 的保质期是 15 天，绿色的"智能标签"从出厂时就进入了 15 天的变色期，在物流储存过程中如果环境温度超过 4℃，标签会加快变色的速度，当变成代表变质的红色时，酸奶的理论保质期可能还剩好几天。

实训三　真空包装、脱氧包装对食品保质期的影响

一、实训目的

1. 掌握真空包装、脱氧包装的原理、作用和适用对象以及对食品保质期的影响。
2. 了解不同气体阻隔性的 PE、PA/PE 等塑料包装材料对食品保质期的影响。

二、实训设备与材料

马铃薯、馒头、PE 塑料袋、PA/PE 塑料袋、刀具、真空包装机、普通热压封口机、色差仪。

三、实训原理

真空包装和脱氧包装都能不同程度地降低包装容器内的氧气含量，从而减轻氧对食品造成的不利影响。例如，马铃薯中富含多酚氧化酶及酚类物质，切分后的马铃薯在有氧条件下会迅速发生酶促褐变，通过真空包装配合气密性好的包装材料可以抑制褐变，防止切片马铃薯变色；馒头容易霉变，在气密性好的包装容器中放入适量的脱氧剂可使容器内氧气全部脱除，从而抑制霉菌的生长。

四、实训步骤

1. 真空包装对马铃薯切片褐变的抑制作用

（1）准备厚度、大小一致的 PE、PA/PE 塑料袋各 12 个。

（2）将洗净外皮的马铃薯切成厚度为 2~3mm、大小一致的厚片，每袋 1 片，迅速装入袋中。

（3）及时对装有马铃薯片的 PE、PA/PE 塑料袋分别进行普通热压封口包装和真空包装。

（4）记录包装日期及时间。包装好的马铃薯片分别于 30 分钟、1 小时、24 小时后拆包，观察其褐变的情况并记录马铃薯片的 L 值（每种处理观察 2 袋）。

2. 普通包装、脱氧包装对馒头保质期的影响

（1）准备厚度、大小一致的 PE、PA/PE 塑料袋各 12 个。

（2）将馒头切成厚度为 5mm、大小一致的厚片，每袋 1 片，装入袋中。

（3）对装有馒头片的 PE、PA/PE 塑料袋分别进行普通热压封口和脱氧包装。

（4）记录包装日期及时间。包装好的馒头片分别于 5 天、10 天、15 天后拆包，观察其霉菌生长的

情况并记录（霉斑的多少以 * 表示，数量越多表示霉变越严重，每种处理观察 2 袋）。

五、实训结果分析

1. PE、PA/PE 材料包装马铃薯片，在普通包装条件下的差异。

2. PE 材料包装马铃薯片，普通包装和真空包装的差异。

3. PA/PE 材料包装马铃薯片，普通包装和真空包装的差异。

4. PE 材料包装馒头，普通包装和脱氧包装的差异。

5. PA/PE 材料包装馒头，普通包装和脱氧包装的差异。

练 习 题

答案解析

一、选择题

（一）单选题

1. （　）是通过电极将电流直接导入含颗粒的流质食品，利用食品本身介电性质，使电能转变为热能而加热食品

　　A. UHT　　　　　　　B. HTST　　　　　　C. 欧姆杀菌　　　　D. 间接加热法

2. 乙醇抗菌包装常用于（　）的包装

　　A. 香肠　　　　　　　B. 鲜果　　　　　　C. 蛋糕　　　　　　D. 海鲜

3. 高锰酸钾活性包装的主要功能是（　）

　　A. 抑菌　　　　　　　B. 抗氧化　　　　　C. 脱除 CO_2　　　　D. 脱除乙烯

4. 时间 – 温度指示卡中，（　）指示卡是根据布朗运动的原理制成的

　　A. 扩散型　　　　　　B. 酶促反应型　　　C. 聚合型　　　　　D. 敏感型

（二）多选题

5. 适合高温短时杀菌的物料有（　）

　　A. 低温无菌奶　　　　B. 果汁饮料　　　　C. 碳酸饮料　　　　D. 常温奶

6. 通常采用过氧化氢溶液杀菌的包装有（　）

　　A. 纸基复合材料容器　B. 玻璃瓶　　　　　C. 金属罐　　　　　D. 塑料瓶

7. 下列不适合采用真空包装的物料有（　）

　　A. 蛋糕　　　　　　　B. 薯片　　　　　　C. 香肠　　　　　　D. 大米

8. 下列材料中，属于微波透明材料的有（　）

　　A. 纸类　　　　　　　B. 玻璃　　　　　　C. 金属　　　　　　D. 塑料

9. 下列食品中，适合采用脱氧包装的有（　）

　　A. 月饼　　　　　　　B. 瓜子　　　　　　C. 薯片　　　　　　D. 果脯

二、简答题

1. 简述 MAP 和 CAP 的主要特征及分别适用的场合。

2. 简述真空包装的保质机制及特点。

3. 简述真空和气调包装对材料的要求。

4. 试列举真空、MAP 和 CAP 实例。

5. 分析食品无菌包装技术的特点及其与罐头食品包装的区别。

6. 简述活性包装的定义及种类。

7. 说明脱氧包装与真空包装的区别。

8. 简述智能包装的种类及原理。

书网融合……

本章小结   微课1   微课2

第五章

功能性包装技术及应用

学习目标

知识目标

1. 掌握 可食性、绿色和纳米包装材料的种类与特性。

2. 熟悉 防伪与防盗包装技术方法。

3. 了解 可食性、绿色和纳米包装的应用。

能力目标

1. 能够根据实际，正确应用几类特殊的包装材料。

2. 学会辨识防伪和防盗包装技术方法。

素质目标

1. 通过对可食性包装和绿色包装技术的学习，了解包装废弃物对环境的影响，培养环保意识，树立减碳的责任担当。

2. 通过对防伪和防盗包装技术的学习，培养诚实守信的职业操守。

情境导入

情境 纷美包装公司（以下简称纷美）成立于 2003 年，是为液体乳制品及非碳酸软饮料提供无菌包装材料、灌装机和包装技术等的包装企业，公司前身为山东泉林纸业集团于 2001 年组建的无菌包装车间。在不断的技术自主创新中，纷美先后打破无菌卷材和片材包装由国外企业垄断的供应格局，成为全球液体食品行业第三大无菌包装材料供应商。纷美坚持可持续发展理念，担负企业社会责任使命。2020 年，纷美推出了加减包服务方案，包装材料中 75% 为纸板，并使用易拉贴替代塑料瓶盖，同市面上常见的 330ml 规格的塑料瓶相比，塑料含量减少 86%。每使用一个加减包来包装饮用水，便可减少 19.1g 的塑料使用量、30.2g 的二氧化碳排放量。纷美®加减包不仅可以有效降低塑料使用量，而且可实现回收再利用。党的二十大报告指出，推动经济社会发展绿色化、低碳化是实现高质量发展的关键环节。要在这个行业崛起，靠的是技术创新，同时也应注重承担社会责任，通过研发减塑环保包装，与供应链上下游企业和同业企业一起，积极践行复用（reuse）、替代（replace）、减量（reduce）和再生（recreate）的"4R"原则，促进循环经济模式的发展。

思考 你了解我国包装废弃物回收途径吗？制约我国包装废弃物回收循环利用的因素有哪些？

近年来，随着科技的飞速发展和社会的不断进步，日常生活中常用的纸、塑料、金属和玻璃等传统包装材料在使用功能和环境保护方面已不能很好地满足社会发展要求。人们对商品包装的功能期望已不再局限于基本的保护功能，而是期待包装能够具备更多的特定防护和环境友好的功能性，因此，功能性包装应运而生。功能性包装一是主要依赖包装材料自身的性能，通过一定的技术手段处理后，使材料具备特定的功能；二是通过施加特定的技术方法，使包装容器具有特定功能。根据不同包装的应用要求，包装的功能性主要体现在高阻隔性、防潮性、一定的气体调节活性、抗菌性、耐热性、防锈性、生物可降解性、防伪和防盗等方面。

第一节 可食性包装技术

一、可食性包装概述

可食性包装是指以人体可消化吸收的蛋白质、脂肪和淀粉等作为基本原料，通过包裹、浸渍、涂布等方法在食品表面形成一层可食用的包装薄膜，对食品有一定保护作用的包装技术。该技术通常可以起到阻止食品吸水或失水，防止食品氧化、褐变等作用。可食性包装材料常作为食品特殊成分（防腐剂、色素、风味物质等）的载体，使这些成分在食品表面或界面上发挥作用。

可食性包装材料有以下特点。

（1）包装材料和油墨可与被包装食品一起食用，对食品和环境无污染。

（2）可以作为各种食品添加剂的载体，并可控制它们在食品中的扩散速率。

（3）部分可食性成膜材料（例如蛋白膜）本身具有营养价值。

（4）可以用于小容量、体型差异大的单体食品包装。

（5）防止食品组分间水分和其他物质的迁移而导致的食品腐败变质。

（6）可食性膜和不可食用薄膜构成多界面、多层次的复合包装，增强阻隔性能。

（7）具有良好的物理机械性能，可提高食品表面的机械强度，易于加工处理。

二、可食性包装材料

可食性包装材料是指当包装的功能实现后，包装材料即转变为一种食用原料。可食性包装材料主要包括可食性膜、可食性纸、可食性容器等。目前，研究应用较多的是可食性膜。

可食性膜是以天然可食性的大分子物质为基质，添加可食性的增塑剂、交联剂及功能性添加剂，通过不同分子间相互作用形成具有多孔网状结构的、保护食品品质和卫生安全的薄膜。可食性膜根据其基质材料的种类，可分为四大类：蛋白质类、多糖类、脂类及复合膜类。同时，在成膜的过程中还要添加诸如甘油、丙二醇、山梨糖醇、蔗糖、玉米糖浆等增塑剂，再加入抗氧化剂、抑菌剂、营养素和色素等功能性添加剂。

（一）蛋白质类可食性膜

蛋白质类可食性包装材料是以蛋白质为基料，利用蛋白质的胶体性质，同时加入其他添加剂改变其胶体的亲水性而制得的包装材料。蛋白质类可食性膜根据蛋白质来源的不同，可分为胶原蛋白薄膜、乳基蛋白薄膜及谷物蛋白质薄膜。

以大豆蛋白粉为基质，添加甘油、山梨醇等对人体或动物无害的增塑剂和成膜剂等，通过流延等方法制成的类似于塑料薄膜的可食性包装材料，具有良好的防潮性、阻氧性、弹性和韧性，同时还有一定的抗菌能力，可用于包装脂肪含量较高的油性食品。

以从小麦粉中提取出来的蛋白质为原料，使用乙醇进行提炼，以甘油、氨水等为增塑剂制备出的小麦可食性包装材料，具有较强的韧性，同时能很好地隔绝氧气和二氧化碳，但防潮、防湿性能较差，其水蒸气透过率是普通包装材料（如 PE、PP、PVC）的 $10^2 \sim 10^4$ 倍；由于其本身就是人体所需要的营养成分，具有很高的安全性。

以玉米中的蛋白质为基质，经乙二醇或异丙醇溶液提炼，以甘油、丙二醇或乙酰甘油作为增塑剂可制成玉米蛋白质可食性膜，具有优良的耐高温性，具有对氧气、二氧化碳有良好阻隔性能和优良的防潮性等特点，可作为药品如微胶囊的被膜剂和糖制品等的可食性包装涂层。

（二）多糖类可食性膜

多糖类可食性膜的基质主要包括植物多糖和动物多糖两大类，应用较多的基质有淀粉、改性纤维素、动植物胶和壳聚糖等。

1. 淀粉类可食性膜 近年来随着成膜材料与工艺和增塑剂研究应用等方面的改进，这类薄膜在力学强度、透明度、耐水性和阻氧性方面都有了很大的提高。但是淀粉膜的热封性较差，这在一定程度上限制了其在食品包装领域的应用。

2. 改性纤维素可食性膜 是以采用化学方法改变其原有性质得到的具特殊性能的纤维素衍生物为基质制备的一类薄膜。如以羧甲基纤维素（CMC）、甲基纤维素（MC）等为原料，以软脂酸、琼脂、蜂蜡和硬脂酸为增塑剂，可制成半透明状、入口即化的改性纤维素可食性膜。这类薄膜具有阻气、阻湿性好，拉伸强度高和阻油性良好等特点。

3. 胶体可食性膜 是以植物胶如葡甘聚糖、角叉胶、果胶、海藻酸钠、普鲁士蓝等为基质，并加入适量增塑剂，利用植物胶的凝胶作用制成的薄膜。这类薄膜具有透明度高、机械强度高、印刷适性好、易热封、阻气性好、耐水耐湿等特点，目前广泛应用于调味品、油脂、汤料等食品的包装。

4. 壳聚糖可食性膜 是以甲壳素的 N-脱乙酰基产物——壳聚糖为基质，并添加适量的增塑剂制成的薄膜。该类薄膜材料具有透明度高、弹性好、阻氧性强等特点，最重要的是它具有一定的抗菌性能，可抑制真菌对食品的污染，目前主要用于水果（去皮）等食品的涂膜保鲜包装。

（三）脂类可食性膜

脂类可食性膜按脂肪源的不同，可分为植物油、动物脂及蜡质三类。脂类物质具有极性弱和易于形成致密分子网状结构的特点，所形成的材料阻隔水蒸气能力强，但存在薄膜厚度难以调控的缺点，制备时容易产生裂纹或孔洞而降低其阻水能力，并降低其力学性能。因此，这类薄膜通常与蛋白膜和多糖类薄膜制备成复合型可食性膜使用。

（四）复合型可食性膜

为了克服单一可食性膜的性能缺陷，复合型可食性膜的研究和应用成为可食性膜当前的发展趋势。美国威斯康星大学食品工程系在可食性包装材料的研究开发中，将不同配比的蛋白质、脂肪酸和多糖结合在一起，制造出一种可食用的包装薄膜。这种包装薄膜，脂肪酸分子越大，其减缓水分散逸的性能越佳，同时由于复合膜中蛋白质、多糖的种类、含量不同，复合膜的透明度、机械强度、印刷性、热封性、阻气性、耐水耐湿性表现会相应不同。目前，我国研制成功的一种复合包装膜是以玉米淀粉为基料，加入海藻酸钠或壳聚糖，再配以一定量的增塑剂、防腐剂，经特殊工艺加工而成，该复合膜具有较强的抗拉强度、韧性以及很好的耐水性，可用于果脯、糕点、面汤料和其他多种方便食品的内包装。

此外，可食性包装上使用的油墨也应具有可食性。可食性油墨是使用符合食用标准的天然色素、粘结料及其他添加剂，按一定比例混合制得的满足特殊印刷工艺的油墨，可以直接印刷在食品表面，具有提高食欲以及改善儿童挑食、偏食行为等功能。

三、可食性包装技术在食品工业中的应用

（一）在果蔬保鲜中的应用

英国科学家成功研制了由蔗糖、淀粉、脂肪酸调配而成的保鲜剂，将其涂于柑橘、苹果、西瓜、香蕉、番茄等果蔬的表面可延长水果的保鲜期。加拿大研究人员研制了 N,O - 羧甲基脱乙酰壳聚糖保鲜剂（NOCC），用 0.7% ~2% 的 NOCC 溶液即可延长果蔬保鲜期。国外有一种名为"Semperfresh"的可食性涂膜剂是由单甘酯、二甘酯与蔗糖和羧甲基纤维素制成的，可延长芒果的保鲜期。

在鲜切果蔬的保鲜方面，美国一家食品公司利用干酪和从植物油中提取的乙酰单甘酯制成薄膜，将它贴在切开的瓜果、蔬菜表面，可以达到防止果蔬脱水、褐变以及防止微生物侵入的目的，使切开的果蔬也能长时间地保持新鲜。日本蚕丝昆虫农业技术研究所利用废蚕丝加工保鲜膜，用它包装鲜切的马铃薯，置于 25℃、相对湿度 21% 的室内，10 天后仍未发现马铃薯有褐变与变质现象，可以达到与冷库贮存保鲜同样的效果。

（二）在肉制品保鲜中的应用

胶原蛋白膜可以代替天然肠衣应用于香肠生产。也有研究表明，胶原蛋白包裹肉制品后可以减少汁液流失、色泽变化以及脂肪氧化，从而提高保藏肉制品的品质。大豆蛋白膜也可用于生产肠衣和水溶性包装袋。英国推出了一项利用海藻糖保存食品的新技术，用于保鲜肉类，可使肉类所含的维生素保持完好。

（三）用于冷冻食品的包装

用乳清蛋白制取可食性包装材料时加入甘油、山梨醇、蜂蜡等增塑剂，制成的可食性膜具有透氧率低、强度高等特点，可用于制作袋装冻鸡丁、冻鱼等。

（四）在焙烤制品中的应用

以改性淀粉为主要成分，加入多元醇（如甘油、山梨醇、甘油衍生物及聚乙二醇等），并以脂类原料（如脂肪酸、单甘油酯、表面活性剂等）作为增塑剂，同时加入少量动、植物胶作为增强剂，再经流延等方法制得的材料具有较好的拉伸性、耐折性，透明度较高，不易溶于水，透气率低，是糕点类食品包装的较好材料。将壳聚糖或玉米醇溶蛋白膜涂敷在面包表面，可以防止面包失水而干裂。

第二节　绿色包装技术

一、绿色包装概述

（一）绿色包装的含义

绿色包装（green package）又称为环境友好包装（environmental friendly package）或生态包装（ecological package），是指从原料到产品的加工生产整个生命周期中，能经济地满足包装的功能要求，同时对环境无污染，对人体健康不产生危害，能够回收和再生利用，满足可持续发展的要求。

（二）绿色包装的原则

1. Reduce 原则　是指减少包装材料的使用量，又称减量化原则。包装在满足基本功能的前提下，应尽量减少使用量。2023 年 9 月 1 日，我国正式实施 GB 23350 - 2021《限制商品过度包装要求 食品和

化妆品》，其中规定包装的成本不超过产品销售价格的20%。

2. Reuse 原则　即可重复利用原则。通过多次重复利用，可节约材料，降低能耗，有利于环境保护。

3. Recycle 原则　即循环再生原则。通过回收废弃物，生产再生制品、焚烧利用热能、堆肥化改善土壤等措施，达到再利用的目的。这样既不污染环境，又可充分利用资源。

4. Recover 原则　即重新获得新价值原则。对于无法再直接利用或也不能转作他用的包装物，可通过焚烧等方式，再次获得新的能源或燃料等。

5. Degradable 原则　即可降解原则。所使用的包装物及材料，废弃后既不能回收重复使用，也不能回收循环再生处理的，或是回收价值不大的，应在一段时间内可被土壤分解，以减少环境污染。世界各工业国家均重视发展利用生物或光降解的包装材料。

二、绿色包装材料的种类

绿色包装材料有利于回收重复使用和资源再生，同时不会造成环境污染。随着经济发展和科技进步，用于食品的绿色包装材料种类也越来越多，主要为以下三类。

（一）可降解材料

可降解材料在使用后可以在自然界的环境中因微生物或光照等因素发生降解，最终完全降解成二氧化碳、水等低分子化合物。

1. 生物降解材料　完全生物降解材料是指在较短时间内可以降解成小分子物质的材料，以淀粉等天然高分子材料、具有天然降解性的合成材料或水溶性高分子材料等为原料加工而成。如以乳酸为原料制得的聚乳酸，可被微生物降解；德国 Essen 大学以甜菜渣为原料制成了可在60天内分解的牛乳包装罐；我国南通锻压机床厂用麦秸、稻草和蔗糖生产出降解餐盒。

2. 生物分裂塑料　是以现有塑料与生物可降解大分子共同制成的一类不完全生物分解性材料。以低密度聚乙烯为主要原料，填充经特殊处理的玉米淀粉和其他辅助材料制成的包装薄膜，也已用于肉类、豆制品和其他食品的包装。

3. 光降解材料　光降解塑料是指在光照作用下能降解的塑料，可通过合成光降解树脂和使用光敏剂进行制造。光降解塑料目前主要应用在农用薄膜和饮料包装袋上。聚酮材料是光降解材料的代表，如一氧化碳和单一烯烃的交替共聚物，再添加其他烯烃和乙酸乙烯酯、甲基丙烯酸甲酯类等作为第三组分形成的三元共聚物，是食品和饮料很好的包装材料。瑞典 Filltec 公司研制的添加光敏剂的 TPR 绿色包装材料，在光照下4~18个月即降解成粉末，现已用于黄油、冰淇淋等的包装。

4. 水降解塑料　其本质是利用化学合成的方式实现对高分子结构的物质加成和性能改造，赋予其水溶性的特征。水溶性包装薄膜的主要原料是低醇解度的聚乙烯醇，利用聚乙烯醇成膜性、水溶性及降解性，添加各种助剂，如表面活性剂、增塑剂、防黏剂等。该类降解塑料的制备成本较低，且加工技术成熟，可用于食品的包装，能够有效减少传统塑料包装废弃物造成的白色污染，但由于大多数材料的耐水性较差，其在水中的强度较低。

（二）可回收再利用的包装材料

包装材料的重复使用和再生是保护环境，促进包装材料再循环的一种积极方法。目前，纸、金属以及塑料 PET 饮料瓶等有较成熟的回收再利用体系。

（三）"绿色"印刷材料

食品包装印刷材料（即油墨）作为一种包装辅助材料，也应符合"绿色"要求。绿色油墨具有无毒、无味、不污染环境等特性，符合食品包装卫生要求，并且能适应各种印刷方式，如胶印、凹印、丝印等特点。绿色油墨分为水性油墨、胶印油墨、UV油墨等类型，其中，水性油墨是主要类型，也是应用最广泛的类型。水性油墨简称为水墨，柔性版水性油墨也称为液体油墨，主要由水溶性树脂、有机颜料、溶剂及相关助剂经复合研磨加工而成。水性油墨特别适用于烟、酒、食品、饮料、药品、儿童玩具等卫生条件要求严格的包装印刷产品。此外还有植物油墨，它是一种由植物油和植物颜料制成的印刷油墨，相较于传统的石油类油墨，具有无毒、挥发性低、不易氧化等特点，可以有效地减少对环境和人体健康的影响。

第三节 纳米包装技术

一、纳米包装概述

纳米材料通常是指组成相或晶粒结构控制在100nm以下长度尺寸的材料。广义上讲，纳米材料是指在三维空间中至少有一维处于纳米尺度范围或以它们为基本单元构成的材料。与传统材料相比，纳米材料具有许多优异的性能。

纳米包装材料是指采用纳米技术对传统包装材料进行改性后的材料，具有高强度、高硬度、高韧性、高阻隔性、高降解性及高抗菌能力等特点，同时具有较好的成型性。纳米复合包装材料、纳米抗菌包装材料、纳米基板包装材料、纳米阻隔性包装材料都为包装材料的绿色化提供了良好的应用前景。

二、纳米包装技术的应用

由于纳米粒子具有许多特殊性能，纳米技术在食品包装工业中从各个方面发挥着重要的作用。

1. 高阻隔性纳米技术 阻隔性是塑料包装的基本功能之一。聚酰胺-6塑料（NPA6）是一种新型包装材料，采用纳米复合技术制成，与传统的尼龙相比，NPA6的阻气性和阻水性更高，用它来包装食品能够延长食品保质期。聚酯（PET）是饮料包装的首选材料，但作为含二氧化碳饮料的包装，它对二氧化碳的阻隔性仍不能满足要求。通过在表面涂覆纳米层，这一问题得到解决。无定形纳米碳涂覆技术（ACTIS）是一种表面涂覆技术，由法国的Sidel公司开发，能够很好地提高PET瓶的阻隔性，经此技术处理的PET瓶的防乙醛渗入性和气体阻隔性都有很大的提高。

2. 保鲜纳米包装技术 果蔬成熟后，乙烯是许多果蔬正常代谢的产物，乙烯的量达到一定程度时，果蔬就会加速腐烂，所以通过清除或减少乙烯的量，能够对果蔬起到保鲜的作用。而纳米Ag及纳米TiO_2对乙烯的氧化有催化作用，用纳米涂膜的形式将其与其他材料复合在一起，可通过调节膜内外二氧化碳和氧气的交换量来控制果蔬的呼吸强度，从而对产品进行保鲜。柯达公司（Kodak）利用纳米技术研制的包装能吸收包装内的氧气，从而阻止食品的变质。

3. 抗菌性纳米包装材料 近年来，抗菌性纳米包装材料成为食品包装领域的热点，常用于抗菌方面的纳米材料有纳米Ag、纳米TiO_2、纳米凹凸棒土等。由于纳米Ag、纳米TiO_2等纳米抗菌剂的存在，相较于传统抗菌性包装材料，抗菌性纳米包装材料具有抗菌能力强、抗菌时效长的特点，广泛应用于医疗器械包装、药品包装、食品包装等领域。荷兰的研究人员通过利用纳米技术研制的一种生物开关来控制包装内防腐剂的可控性释放。

4. 韧性纳米包装技术 传统的陶瓷容器与玻璃容器具有无毒、密封性好和表面光洁等优点，在包装产业中占有重要的地位；但由于制品易碎、不便搬运等缺点，逐渐被部分金属包装所取代。近些年来，西欧、美国、日本等国家和地区将纳米微粒加到陶瓷或玻璃中，得到了富有韧性的陶瓷材料。又如，日本将氧化铝纳米颗粒加到普通玻璃中，明显改善了玻璃的脆性。

5. 食品安全智能检测纳米技术　纳米技术在食品安全与品质检测等方面同样取得了很大的进展。纳米检测器可用于检测食品中的化学污染、病原菌污染以及毒素等。克拉夫特公司（Craft）的研究人员研发了一种智能包装系统，通过在包装内植入纳米传感器来检测包装内的病原菌。这种被称为"电子舌"的传感器，其检出限阈能达到万亿分之一的物质浓度；在食品遭受污染或开始败坏时，还可以通过引发包装颜色的变化来提醒消费者。Agro Micron 公司开发了纳米荧光粒子喷雾检测技术（Nano Bioluminescence Detection Spray），喷雾中的纳米荧光粒子含有一种发光蛋白质，这种蛋白质可以结合在沙门菌和大肠埃希菌等细菌的表面。蛋白质一旦与细菌结合，就会发出一种可见光，食品污染越严重则光的强度越大。

第四节　防伪包装与防盗包装技术

一、防伪包装技术

防伪包装就是借助包装，防止商品从生产厂家到经销商以及从经销商到消费者的流通过程中被人有意识地窃换和假冒的技术与方法。防伪包装技术以商品为对象，主要应用于销售包装。

防伪技术按照识别真伪的方法分类，包括：①一线防伪包装技术，指大众化地识别真伪，只需借助简单的方法或不需要任何特殊技术，仅凭目测便可判别真伪的包装技术；②二线防伪包装技术，指由专业人员或需要用专门仪器识别，将特殊材料或信息经过特殊工艺加到包装中的包装技术。

防伪包装技术还可按照包装材料分类，分为材质防伪包装技术、印刷油墨防伪包装技术、加密防伪包装技术等；按照特种技术分类，可分为信息防伪包装技术、核径迹防伪包装技术、条形码防伪技术、重离子微孔防伪技术等。这里主要按照防伪技术识别真伪方法分类来介绍。

（一）一线防伪包装技术

1. 印刷防伪技术　其关键是通过提高印刷质量、制版与印刷难度、一次性设备投资金额以及印刷相关材料的特殊渠道等来使印刷包装复杂化，又使包装精美，从而使制假者难以得逞，使仿制的包装难以达到真品包装的质量要求，主要有以下几种技术。

（1）多色接线印刷技术　是指印刷花纹的同一线条上出现两种以上颜色时，其变色的接线处无露白，无错位现象。这种接线印刷技术既可用胶印，也可采用凸版或凹版印刷实现。

（2）双面对印技术　是指印刷图案正、背面的部分图案组成一个完整的新图案。

（3）凹版印刷技术　是指雕刻凹版版面线条细腻，具有防伪功能，凹版印出的图案可呈三维图像，立体感强，层次分明，用手触摸有凹凸感。雕刻防伪印刷技术是一种传统的防伪技术，多用于造币行业，现已广泛应用于包装印刷中。

2. 油墨防伪技术　防伪油墨是在油墨连接料中加入具特殊性能的防伪材料，经特殊工艺加工而成的特种印刷油墨。其具体实施主要是以油墨印刷方式印刷在票证、产品商标和包装上。这类防伪技术的特点是实施简单、成本低、隐蔽性好、检验方便等。防伪油墨的类型主要有紫外荧光油墨、日光激发变色防伪油墨、热敏防伪油墨、磁性油墨、生化反应油墨等。油墨防伪在纸质容器包装制品上得到广泛应用，识别方法均在包装上说明。

3. 包装结构防伪技术　是通过特殊的包装结构设计，使包装具有不易仿制的特点。结构防伪包装最常用的结构是破坏性的，即商品在使用前，其包装通过结构而严密地保护着内包装物，无法接触和触摸到内包装物，只有把包装结构破坏后方可接触到内装实物。例如，许多酒瓶都应用了包装结构防伪，设计出结构特别、工艺复杂的外形，特别是在瓶口的设计上，多采用一次性瓶盖或瓶塞，要使瓶盖或瓶塞破坏后才能倒出酒来。还有采用特殊单向保护阀门结构的，酒只能被倒出，不能被倒灌。

（二）二线防伪包装技术

1. 激光全息防伪包装技术　全息是指全部信息。全息技术是利用光的干涉原理，将物体发射的特定光波以干涉条纹的形式记录下来而形成图像，此图像记录了物体全部信息。当光照到全息图上时，由于光的衍射，可以观察到再现的物体像。由于激光是很好的相干光源，可用激光记录，激光再现，故称激光全息。现国内外所采用的是白光再现全息技术，主要是利用全息图在日光或普通白炽灯照射下即可再现的特点。白光再现全息技术又可分为模压全息和反射全息两大类。

2. 条形码识别技术　商品条形码是商品的一种代码，是人类为了用计算机对商品进行有效管理而设计的，在设计时可选择条形码符号的标识位置，印刷上，在保证不超出其宽度公差、污点、孔隙及边缘粗糙度、反射度和对比度等要求的前提下，进行防伪设计。如选择特定的标识位置，应选用特种油墨、特种印刷方式以及采用特殊的加密方法等。目前普遍认为具有防伪功能的条码只有两种，一种是隐形覆盖式条码、光化学处理的隐形条码和隐形油墨印刷的隐形条码；另一种就是金属条码。

3. 电码防伪技术　是将包装信息网络化的一种防伪包装技术。外包装、中包装、小包装上均可设置电码标识，以便于在市场上选购识别，但运输包装与销售包装上的电码号不能相同。当消费者对所购商品的真实性产生怀疑时，只要揭开防伪密码，打通咨询热线，就能得到准确答案。制假者无法将伪造的产品编码号存于防伪中心数据库，因此，该类电码具有不可伪造性。

二、防盗包装技术

防盗包装是指为防止内装物被盗而设计的一种打开后会留下明显被盗痕迹的包装。商品防盗包装技术主要有非复位性防盗包装技术和辅助技术防盗包装技术。

（一）非复位性防盗包装技术

消费者及用户在使用商品时，需要开启包装，而在开启包装过程中，会使包装内物品位置或包装开启部位发生变化。

在进行防盗包装设计与制作时，通过专门的设计，可使包装开启后难以恢复原有位置。防盗包装不仅要防盗，还要保证其包装的功能，在设计非复位性包装的开启结构时，无论结构是否被破坏，都不会对整个包装的功能产生影响。

非复位性防盗包装主要是针对偷换真品的包装盗窃行为而设计的，这种盗窃的主要手段是在包装中装入其他同类劣次产品，以假充真，以次充好。最常见的如酒类、药品等包装中的防盗瓶盖。

1. 螺旋扭断盖　是一种破坏性包装，是利用瓶盖和其连接带断裂而使瓶盖开启后不可复位的原理来防盗的。

螺旋扭断盖的使用数量逐年递增，形式也在不断创新。塑料防盗盖一般有传统盖、一片式盖和两片式内塞盖三种。经过不断改进，一片式盖有了长足的发展。两片式内塞盖盖体为一片，内塞为另一片，互相装配而成。这三种盖型各有优缺点，在相同材料、尺寸及瓶型条件下对三种盖型进行防盗和包装性能的对比可以看出，传统盖的密封性能和耐候性能优于一片式盖和两片式内塞盖，但泄漏和断环角度不好，而一片式盖与两片式内塞盖的泄漏和断环角度较好。根据对热灌装防盗盖与连接容器的配合性的比较可知，全结晶的热灌装 PET 瓶瓶口的公差范围比部分结晶的热灌装瓶大。

2. 力学定位设计　是利用弹性力学和材料力学中材料的受力与变形的关系进行设计。包装容器中的瓶盖、瓶塞的瓶口密封中最能体现这种设计。力学定位设计主要有瓶塞压合定位、玻璃球堵口定位和旋盖定位。

（1）瓶塞压合定位　是将特定的瓶塞（材料与结构）压入瓶口内，让瓶塞产生变形，从而实现封口与密封。当开启后再次用作密封时，它便失去了原有的弹性，因而不能再起密封作用。

（2）玻璃球堵口定位　是向瓶中压入一玻璃球，使瓶口与玻璃球之间产生微量的变形（弹性变形），并形成较紧的过度配合或过盈配合，从而使包装瓶口有较好的密封性。开启时，需用硬物将堵在瓶口处的玻璃球捅入瓶内，方能取出瓶内的物品（液体或粉料）。

（3）旋盖定位　是将包装瓶的盖旋到一定值（旋转圈数或松紧程度），并使旋盖产生一定的变形，通过控制并设定标记来实现防盗要求。

3. 胶质定位设计　是非复位性防盗包装中最重要的设计方法之一。使用的胶质有普通胶质和热熔胶质。普通胶质是利用普通胶黏剂使包装容器的封口件（盖、塞等）进行融合，一旦开启后再也难以恢复原位。热熔胶质的胶质设计方法是针对那些用普通胶质难以实现的非纸品包装容器。

胶质定位设计常见的如易拉罐的封口，即拉环舌与罐盖的胶合；某些高档白酒等的瓶塞与瓶口（均为玻璃材质）的封口。这种防盗设计在启封时，必须将封口处局部破坏才能取出其内容物。

4. 填充定位设计　是选用合适的材料对包装进行填充定位，且在充填后便可固定成型，而一旦打开或启用后便恢复不了原样，从而达到防盗的目的。

填充定位有整体填充与局部填充两种。①整体填充设计：将内包装或单件物品放入包装容器，再加入填料后，使之固定成型。一旦使用拆开后，其固化结构就被破坏或散架。②局部填充设计：在包装容器的封口处填充固化材料，包装封口完毕后，将封口处的空间全部填平填满并固化。当使用开启时，其填充材料必须被挖掉破坏，填充材料仅能一次性发挥包装作用，再进行填充固化时，已失去原有功能，不可能再进行固化与成型密封。

5. 机型定位设计　是通过包装中的变形、装配、卡合等工艺技巧来实现的。包装件封合时靠机械力作用产生变形，封合完毕，卡合部位恢复原来的尺寸后而自锁。打开包装时，卡合部位被撕破而不能再还原。卡合时包装的变形属于弹性变形，当卡合时的机械力消除后，也就是卡合到位，包装过程结束后，变形又恢复，最后自锁，达到防止重复以免制假或包装物被偷换的目的。

（二）辅助技术防盗包装技术

辅助技术防盗就是利用一些辅助手段进行防盗。日本一家化学公司成功研制了两种食品防盗包装：一种采用信号显示技术，这种包装在原封不动时呈绿色，一旦开封即变成红色；另一种是将氧化亚铁放在包装内，同时将另一氧气指示图形标志安装在透明盖内，一旦开启，包装内的缺氧气氛遭到破坏，氧化亚铁就转变为氧化铁，圆形标志便改变颜色。这两种防窃包装可应用于粒状、粉状、焙烤和罐装食品中。美国一家公司研制了一种墨水，当遇到高温或异常水分时即脱墨。此外，美国公司还研制出一种用于包装膜的涂料，只要包装一打开，涂层即断裂，或留下灰白色的痕迹。

☑ 实训四　抗菌型可食性膜的制备

一、实训目的

1. 掌握可食性膜的制备原理和方法。
2. 了解抑菌剂添加量对抗菌性能的影响。

二、实训材料与设备

马铃薯淀粉、甘油、咖啡酸、生鲜肉、玻璃培养皿、热风干燥箱、超净工作台等。

三、实训原理

利用淀粉糊化后具有成膜性，可制成薄膜，但单纯的马铃薯淀粉可食性膜存在易碎和易吸潮等缺点。加入甘油可起到保湿和塑化作用，保持淀粉可食性膜的完整性。添加咖啡酸起到抑菌作用。

四、实训步骤

1. 抗菌型可食性膜的制备　称取一定量马铃薯淀粉，加入蒸馏水制成 0.06g/ml 悬浮液，再加入淀粉质量分数为 25% 的甘油，混合均匀，置于 60℃ 温水中预热 30 分钟，在 100℃ 沸水浴中持续搅拌 10 分钟至完全糊化，加入咖啡酸水溶液，使咖啡酸的浓度分别为 0.3%、0.4%、0.5%，持续搅拌 10 分钟，超声波脱气 5 分钟，保温静置 30 分钟，用流延成膜法将膜液浇铸在平皿槽内，于 60℃ 热风干燥，揭膜备用。

2. 抑菌实验

（1）将薄膜样品制备为 10mm×60mm 的长条，在超净工作台的紫外灯下灭菌 30 分钟，备用。

（2）配制营养琼脂培养基，灭菌，倒入平皿，冷却。

（3）取 25g 购买的生鲜肉，切碎，将肉样在超净工作台中放入 225ml 无菌生理盐水，用无菌生理盐水稀释 1000 倍。

（4）取 1ml 样品稀释液，用涂布法将肉样中的微生物接种到平皿培养基上。

（5）将薄膜片贴于平皿中央。在恒温培养箱中培养 24 小时后，观察细菌的生长情况。

五、实训结果分析

1. 分析抗菌型淀粉可食性膜的成膜性能。
2. 分析抗菌型淀粉可食性膜的抑菌性能。

〔 练 习 题 〕

答案解析

一、选择题

（一）单选题

1. 聚酮材料属于（　　）绿色包装材料

　　A. 生物降解　　　　　　B. 水降解　　　　　　C. 光降解　　　　　　D. 生物分裂

2. 易拉罐的封口属于（　）防盗设计

    A. 力学定位   B. 胶质定位   C. 填充定位   D. 机型定位

（二）多选题

3. 一线防伪技术包括（　）

    A. 印刷防伪   B. 油墨防伪   C. 包装结构防伪   D. 激光全息防伪

4. 纳米 Ag、纳米 TiO_2 具有（　）的功能

    A. 抗菌   B. 抑制果蔬后熟   C. 高阻隔性   D. 防潮

二、简答题

1. 简述可食性包装的种类及特点。

2. 简述绿色包装的概念及种类。

3. 简述纳米包装的种类及特点。

4. 试举出几种防伪包装案例。

5. 简述防盗包装的种类及原理。

书网融合……

本章小结

第六章

各类食品包装实例

PPT

学习目标

知识目标

1. **掌握** 各类食品可选用的包装材料与包装技术方法。
2. **熟悉** 各类食品的产品特性及其包装技术。
3. **了解** 各类生鲜食品的加工保鲜、贮运、流通、销售等过程中的包装要求。

能力目标

1. 学会剖析市场上的传统食品包装或新型食品包装。
2. 按照各类食品的包装要求，学会选用包装材料和包装技术。

素质目标

通过对各类食品包装技术方法的学习，认识到食品包装是为消费者提供健康营养食物的重要途径之一，从而有意识地学习更多相关知识，提高职业素养。

第一节　乳类食品的包装

一、液态奶包装

液态鲜奶在常温下放置很容易变质，主要原因是鲜奶中微生物的生长、繁殖使其中的蛋白质分解，分解产物容易聚集而出现沉淀物；同时，还会使牛奶中的乳糖发酵、变酸，产生大量的气体，如硫化氢、二氧化碳等，变质奶闻起来有酸臭味。因此，鲜奶的包装应考虑抑制微生物的生长繁殖，通常采用鲜奶灭菌后密封包装并且低温冷藏的方法。

1. 巴氏杀菌奶　玻璃瓶是巴氏奶常见的包装容器，可反复使用。回收的玻璃瓶经过清洗、灭菌消毒处理，在自动灌装机上充填灌装，再经铝箔或浸蜡纸板封瓶。复合纸盒是目前比较盛行的鲜乳包装，也可采用多层塑料袋包装，如铝箔与 PE 薄膜复合制成的"自立袋"（图6-1）。

2. 超高温灭菌奶　经高温短时或超高温瞬时灭菌（HTST 或 UHT），采用多层复合材料随即进行无菌灌装（图6-2），常温下可贮存半年至1年，能有效保存产品的风味和营养成分。

图6-1　巴氏杀菌奶自立袋

118

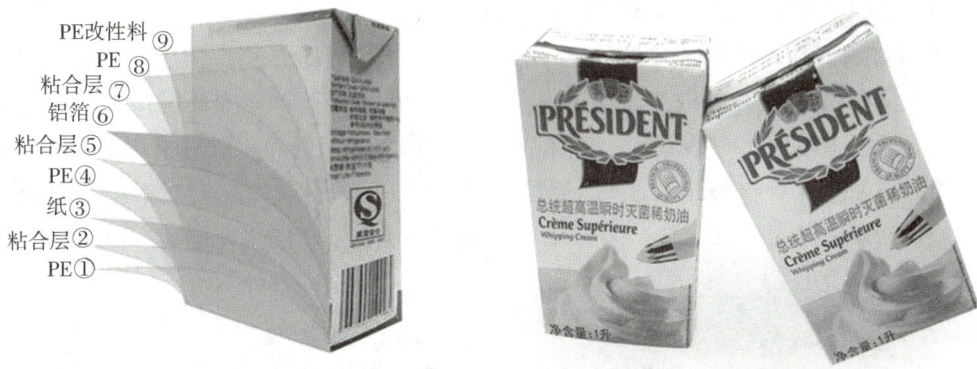

PE改性料⑨
PE ⑧
粘合层⑦
铝箔⑥
粘合层⑤
PE④
纸③
粘合层②
PE①

图6－2　超高温灭菌奶包装

二、粉状乳制品包装

粉状乳制品是以乳为原料，经过巴氏杀菌、真空浓缩、喷雾干燥而制成的粉末状产品，一般水分含量在4%以下。常见的品种有全脂乳粉、脱脂乳粉、婴幼儿配方乳粉。粉状乳制品保存的要点是防止受潮和氧化，阻止细菌的繁殖，避免紫外线的照射。包装一般采用防潮包装材料，如涂铝BOPP/PE、K涂纸/Al/PE、BOPP/Al/PE、纸/PVDC/PE等复合材料（图6－3a），也可采用真空充氮包装，如使用金属罐充氮包装（图6－3b）。

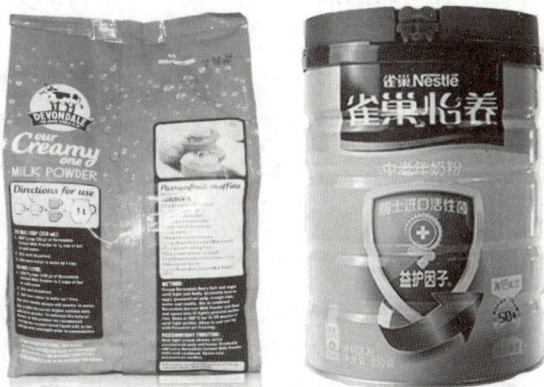

a. 奶粉包装袋　　　　b. 奶粉罐装

图6－3　奶粉包装

三、其他乳制品包装

1. 奶酪　其包装目的主要是防止发霉和酸败，其次是保持水分以维持其组织柔韧且免于失重。干酪在熔融状态下进行包装，抽真空并充氮气，这样保存时间较长，但要求包装材料能够耐高温，避免熔融乳酪注入时变形。用聚丙烯片材压制成型的硬盒耐高温性能好，在120℃以上能保持强度，适用于干酪的熔融灌装。新鲜奶酪和干酪的软包装要采用复合材料，常用的有：PET/PVDC/PE、PET/PE、BOPP/PVDC/PE、Ny/PVDC/PE以及复合铝箔和涂塑纸制品，多采用真空包装（图6－4）。短时间存放的奶酪可用单层薄膜包装，价格便

图6－4　奶酪包装

宜，常用的有 PE、PET、EVA、PP，多采用热收缩包装。

2. 奶油 脂肪含量很高，稀奶油含脂肪 35%～40%，将稀奶油进一步搅拌、压炼，可以获得固态的奶油，其脂肪含量在 80% 左右，极易发生氧化变质，也很容易吸收周围环境中的异味，要求包装材料有优良的阻气性，不透氧、不透香气、不串味以及耐油等性能。奶油一般可采用羊皮纸、防油纸、铝箔/硫酸纸或铝箔/防油纸复合材料进行裹包。对要求较高的，采用涂塑纸板或铝箔复合材料制成的小盒，PVC、PS、ABS 等片材的热成型盒、共挤塑料盒和纸/塑复合材料盒等包装，以 Al/PE 复合材料封口（图 6－5）。

图 6－5　奶油复合材料盒

3. 炼乳 分为淡炼乳和甜炼乳。将原料牛乳标准化，经真空浓缩，使乳固体浓缩 2.5 倍，装入铁罐密封并经高温杀菌为淡炼乳。以盐、糖为防腐剂，装罐密封后不进行杀菌的称为甜炼乳。

炼乳储存主要是防止霉菌等常见微生物的污染，所以除选择合适的包装材料外，还应排除包装容器内的残留空气，进行真空封罐。目前，主要采用金属罐包装（图 6－6）。对装罐室及容器等应进行严格的消毒，最好采用自动装罐机灌装，用真空封罐机封口，尽可能地排除顶隙的空气。甜炼乳的贮藏温度不宜高于 15℃，淡炼乳经过高温杀菌，能在常温下贮存，保质期为 1 年左右。

4. 酸奶 分为两大类，一类为传统的凝固型酸奶，另一类为搅拌型酸奶。凝固型酸奶的灌装在发酵前进行，搅拌型酸奶在发酵后灌装。

（1）凝固型酸奶 最早采用瓷罐，之后采用玻璃瓶，现在塑杯装酸奶已占据了很大市场。塑杯包装（图 6－7）是目前酸奶包装的主流，考虑到环保要求，也有采用纸盒包装形式的。

（2）搅拌型酸奶 多用塑杯和纸盒，适合生产规模大、自动化程度高的厂家使用。容器的造型有圆锥形、倒圆锥形、圆柱形和口大底小的方杯等多种形式。圆锥形适合调羹食用；倒圆锥形有助于维持酸奶的硬度，小盖封口卫生、安全，对振荡有保护作用，尤其适合凝固型酸奶。

图 6－6　炼乳金属罐包装

图 6－7　塑杯酸奶

制造塑杯的材料有 PVC、PVC/PVDC、PS、HDPE 或 Sanlon 等。酸牛乳出售前应在 2~8℃低温条件下贮存，贮存时间不应超过 72 小时；运输和销售均应在冷藏条件下进行。

第二节　饮料和酒水的包装 📱微课

一、饮料包装

（一）饮料的分类

饮料是指不含乙醇或乙醇含量不超过 0.5% 的饮料，依据 GB/T 10789—2015《饮料通则》，我国饮料共分为十一大种类：包装饮用水、果蔬汁类及其饮料、蛋白饮料、碳酸饮料、特殊用途饮料、风味饮料、茶（类）饮料、咖啡（类）饮料、植物饮料、固体饮料及其他饮料。

（二）不同种类饮料的包装

1. 碳酸饮料包装

（1）玻璃瓶及金属罐　玻璃瓶是传统的碳酸饮料包装容器，但笨重易碎，已逐渐被 PET 瓶所取代。碳酸饮料用的金属罐主要为铝质二片罐（图 6-8a），较高的 CO_2 内压使薄壁罐具有较好的刚度和挺度。

（2）PET 瓶　因其质轻、方便运输又具有良好的阻气性而得到广泛应用（图 6-8b）。但 PET 瓶对 CO_2 的阻隔性不够理想，在常温下较长时间贮存时 CO_2 损失较大。PET 瓶的阻隔性可用 K 涂纸来提高，即在其表面涂覆厚度在 0.01mm 左右的 PVDC，成本很低，但阻气性却大大提高，阻氧性提高 3 倍，对 CO_2 气体的阻隔性也大大提高，用其包装的饮料的货架期可延长 2 倍。

a.铝质二片罐　　b.PET瓶

图 6-8　碳酸饮料包装

2. 果蔬汁类及其饮料包装
一般采用四种包装形式，即塑料包装、金属罐、玻璃瓶和纸基复合材料无菌包装。

（1）塑料包装　常采用 PE、PET、HDPE、PP 等包装材料（图 6-9）。在普通 PP 中加入 0.1%~0.4% 山梨醇缩二甲苯（苯甲醛）成核剂，所生产出的高透明 PP 瓶可广泛用于需要高温灌装（如浓缩果汁）的饮料包装，其价格适宜、耐压抗温。采用二轴延伸吹塑法生产的 PET 瓶，具有良好的透明度，表面光泽度高，呈玻璃状外观，是代替玻璃瓶最合适的塑料瓶，广泛应用于各种茶饮料、果汁等需要热灌装的饮料。

（2）金属罐　是国内外常用的包装方式。果蔬汁经热交换器升温到 90℃左右，进行真空脱气后直接灌入金属罐中封口，再杀菌。热灌装可降低罐顶部空间的含氧量，经这样处理产品的保质期可达 1 年以上。由于果蔬汁含有较多的有机酸，对金属罐的耐酸腐要求较高，目前广泛采用的是马口铁三片罐和铝质二片罐，内涂环氧酚醛型涂料；对要求较高的采用二次涂层，即在环氧酚醛内涂层的基础上再涂乙

121

烯基涂料，以提高其耐酸腐能力。

（3）玻璃瓶 是我国近年来广泛采用的果蔬汁饮料包装（图6-10），具有良好的耐腐能力，清洁卫生、易清洗。果蔬汁经加热杀菌后直接热灌装，使瓶内产生0.04~0.05MPa的负压，可有效降低包装内的氧气含量。

（4）纸基复合材料无菌包装 是目前国际流行的果蔬汁包装形式（图6-11），采用无菌包装技术，HTST或UHT杀菌技术可基本上保全果蔬汁中的热敏性营养物质。

图6-9 果蔬汁及饮用水塑料瓶

图6-10 果蔬汁玻璃瓶

图6-11 无菌包装

3. 包装饮用水包装 多采用塑料瓶包装。

（1）HDPE瓶 无毒卫生、质轻方便且价格较低，在美国饮用水市场上占有很大比例。但HDPE是半透明的，无法增强水的感染力，因而逐渐被透明、光亮的PET瓶所取代。

（2）PC瓶 透明光亮，因其价格较高而不被用于吹制非回收性的饮用水包装瓶，一般用PC制成19L以上的大罐，用于饮用水的配送市场。大容量PC瓶透明度高、硬度好、重量轻、不易被破坏，平均可回收使用85次。

（3）PET瓶 因其良好的阻气性和光亮、透明的特性而大量用于碳酸饮料的包装，在饮用水包装中的应用也有所增加，特别用于含气的饮用水包装，但价格较高。

二、固体饮料包装

（一）茶叶包装

茶叶是世界三大无酒精饮料之一，按其生产工艺的不同大致可分为绿茶、红茶和乌龙茶。茶对外界的异味极其敏感，当包装的气密性不合要求时，茶叶本身的清香会逐渐散失，还会吸附周围环境中的各种气体，使茶叶的品质下降。因此，茶叶的包装主要是要求防潮、遮光、防氧化和防串味。常用的茶叶包装有以下几种。

1. 传统包装　最早用于茶叶包装的容器是陶罐，其遮光性能优良，有一定的阻气和防潮性能，但陶罐易破损、不易流通，目前仅作为一种陈列的工艺品包装。现代大多采用马口铁罐，有密封罐和非密封罐两种，密封罐多采用真空充气包装，可长期保存绿茶而不变质。

2. 塑料容器包装　用于茶叶包装的塑料薄膜有单层膜和复合膜。低档茶叶多用 PE 或 PP 单层薄膜包装，防潮性较好，但阻气性较差，不能避光和防止串味，保存期较短。中高档茶叶多用复合薄膜包装，常用的复合薄膜有：OPP/PE、K 涂 PET/PE、PE/PVDC/PE、BOPP/Al/PE、PET/纸/PE/Al/PE、K 涂 BOPP/PE、真空涂铝 PET/PE 等。需注意的是，用于茶叶包装的复合薄膜内层不能用胶水胶粘，而须用热熔剂黏合，或用热熔法涂覆 PE，这样可避免胶水所用熔剂的加工残留物造成茶叶串味。

3. 特殊包装　除了防潮、阻气、遮光外，高档茶叶包装为保全其特有的清香并能长期保存，常采用真空充氮包装。有时除了小包装袋内真空充氮外，其外包装的大袋里也充入氮气。制作这种大包装袋的材料：表层是涂敷 PE 的牛皮纸，中间是涂敷 PVDC 的 PP 薄膜和铝箔，内层是 PE，各种材料均用 PE 或 EVA 热熔胶复合；内包装材料常用 PET/K 涂 PP/Al/PE 或 PET/Al/PE 等（图 6－12）。外包装常用瓦楞纸箱。茶叶的礼品包装一般采用复合薄膜作内包装，外装硬纸盒，这种包装既具有阻气、防潮、遮光的功能，又具有纸盒包装所具有的保护性、刚性、印刷装潢和陈列效果，再辅以纸盒提手式结构，或采用组合包装，携带方便，更具礼品功能。这种包装方式广泛用于中高档茶叶包装。

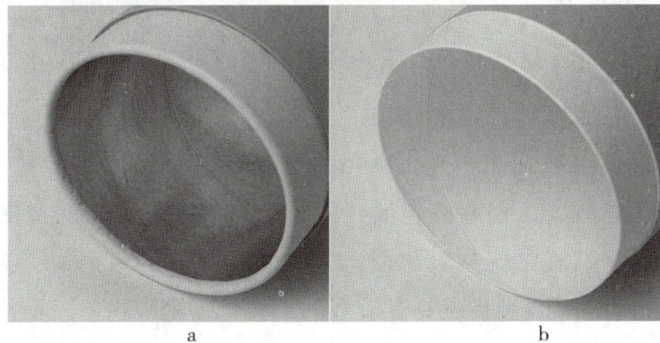

图 6－12　内膜铝箔（左）或白卡纸（右），外层是牛皮纸

（二）其他固体饮料的包装

咖啡、可可、果珍等固体饮料的包装主要是考虑防潮、防止脂肪氧化、防止香气逸散串味。这类食品传统上均用玻璃瓶和马口铁罐封装（图 6－13a），为节省包装费用和减少仓库贮运费等，现在正逐步改用塑料薄膜袋包装。大包装固体饮料可采用 BOPP/PE/PET/PE 复合膜包装（图 6－13b），小包装固体饮料可采用 PET/PVDC/PE、BOPP/PVDC/PE、PA/PVDC/PE 等复合薄膜包装（图 6－13c）。这种复合材料硬性好，比较挺括。高档固体饮料如咖啡、可可等常用真空充氮包装。作为礼品的包装，也采用纸盒外包装。

a. 马口铁罐　　　　　　　　b. 复合膜　　　　　　　　c. 复合薄膜

图 6－13　其他固体饮料的包装

三、酒水包装

酒水包括乙醇含量在 0.5% 以上的各种酒类，主要有蒸馏酒、配制酒、发酵酒三大类。

（一）蒸馏酒及配制酒的包装

蒸馏酒由于含醇量高而使微生物难以生存，包装主要是防止乙醇、香气的散失挥发，同时为贮运销售提供方便。我国酒类的传统包装是陶罐封装（图6-14a），现代酒包装主要采用玻璃瓶（图6-14b）和陶瓷器皿，这类包装能保持酒类特有的芳香而能长期存放，包装器皿的造型灵活多变，既能体现出古朴风格，又能表达时代气息，可以很好地体现出酒类商品的价值。但玻璃和陶瓷笨重易碎，运输销售不便，近年来，塑料容器包装已开始引入酒类包装领域。

酒类包装设计大多体现在瓶型设计和瓶盖结构的变化上，目前大多采用塑料旋盖和金属止旋螺纹盖作为防盗盖包装。另外根据不同的要求，许多新型的包装也在不断开发应用，如用自加热罐、自冷却罐包装清酒及饮料酒等。

a. 陶瓷包装　　　　　　　　　b. 玻璃瓶包装

图6-14　蒸馏酒及配制酒的包装

（二）发酵酒包装

发酵酒指啤酒、黄酒和葡萄酒等，发酵结束后不进行蒸馏，酒中乙醇含量一般在20% Vol以下。发酵酒包装主要防止乙醇散失，葡萄酒包装还要有较好的隔氧，防止残留二氧化硫被氧化而降低其抗氧化作用和抑菌作用，啤酒包装还要有较好的二氧化碳阻隔性。发酵酒的传统包装也是陶罐和玻璃瓶，对于啤酒多用铝罐和玻璃瓶包装（图6-15）。此外，还有塑料瓶和衬袋盒包装。衬袋盒与玻璃瓶相比，其运输破碎损失大大降低，便于冰箱贮存，取酒时只需拧开连在袋上的龙头即可方便地放出酒液，空气不会进入包装，因而能保证剩余的酒不会走味，因此被国外酿酒业和消费者广泛接受。衬袋盒包装的主要问题是灌装和贮存时的透氧性，葡萄酒的抗氧化能力主要取决于游离二氧化硫的含量，如果制袋和开关材料选用不当，氧气便会侵入，使游离二氧化硫的含量大大降低。为了能阻隔氧气的渗入，衬袋材料采用多层复合薄膜如 PP/PVDC/PE 制成。

a. 啤酒包装　　　　　　　　b. 黄酒包装　　　　　　c. 葡萄酒包装

图6-15　发酵酒包装

第三节　水产品的包装

水产品包括鱼虾类、软体动物（贝类）、腔肠动物（海蜇等）、藻类等淡水产品和海产品。水产品中除了海藻类外，其他极易腐败变质，保鲜极为重要。目前常规的保鲜手段主要采用冷冻冷藏配合冷链运输销售，近年来气调保鲜等技术也已得到广泛研究和应用。

一、生鲜水产品的品质变化特性及保鲜包装机制

（一）水产品在保鲜过程中的品质变化特性

水产品极易腐败变质，主要是由于以下原因。

1. 鱼贝类消化系统、体表、鳃丝等处都黏附着大量细菌，鱼贝类死后，这些菌类开始向纵深渗透而致腐败。

2. 体内各种酶的活力很强，如内脏中的蛋白质、脂肪分解酶和肌肉中的 ATP 分解酶等。

3. 一般鱼贝类栖息的环境温度较低，捕获后往往被置于较高温度环境，加速了前两种腐败的进程。

4. 相对于畜肉来说，鱼贝类个体小、组织疏松、表皮保护能力弱、水分含量高，从而造成腐败的加快。

（二）生鲜水产品的气调保鲜包装机制

1. 保持鱼肉色泽　生鱼片等鱼肉的颜色是判断新鲜度的主要感官指标。鱼肉在新鲜时呈现鲜亮的红色或白色，暴露在空气中后颜色会越来越暗，最后呈紫黑色，这种颜色的变化与微生物引发的腐败无关，而是由肌肉内部肌红蛋白和血液中的血红蛋白发生化学反应变成甲基肌红蛋白所致。高氧气调包装可使肌红蛋白形成氧合肌红蛋白，从而有效控制甲基肌红蛋白的生成，故可以保持鱼肉良好的色泽。

2. 防止脂质氧化　鱼油中含有大量不饱和脂肪酸，其高度不饱和，极易氧化产生令人生厌的酸臭味和哈喇味。采用低氧气调包装可有效避免氧化劣变的发生。但为了保证鱼肉肉色鲜艳，常常采用高氧包装。气调包装时，应根据不同商品形态、要求和保鲜期限等采用最适气体组合。

3. 防止微生物性腐败　低温是抑制细菌繁殖的最好办法，但温度波动常造成其抑菌效果降低，如果在 $0 \sim 10℃$ 低温条件下采用气调包装，则保鲜效果更显著，如采用 $40\% \ CO_2$ 和 $60\% \ N_2$ 的气调包装都能取得较理想的抑菌效果。

CO_2 对好氧菌的控制效果非常显著，但对厌氧菌则没有抑制作用，这类菌群在无氧情况下反而可快速增长，特别是作为食物中毒菌的产气荚膜梭菌和肉毒梭菌；而 O_2 的存在可有效抑制厌氧菌，同时还可以有效防止鱼肉中氧化三甲胺转化成三甲胺。因此，生鲜鱼的气调包装为保证食用安全，常采用 O_2、CO_2、N_2 三种气体混合包装。

二、生鲜水产品包装

生鲜鱼类的包装应该遵循以下几项原则：①尽量避免鱼脂肪的氧化倾向；②防止鱼产品在流通过程中脱水；③避免产品的细菌败坏和化学腐变；④防止鱼产品滴汁；⑤防止气味污染。

（一）生鲜水产品的常规包装

生鲜水产品的包装方式主要有以下几种：①PE 薄膜袋；②涂蜡或涂以热熔胶的纸箱（盒）；③采用纸盒包装，并在纸盒外用热收缩薄膜裹包；④将鱼放在用 PVC、PS、EPS 制成的塑料浅盘中，盘中衬垫

一层纸以吸收鱼汁和水分，然后用一层透明的塑料薄膜裹包或热封；⑤生鲜的鱼块或鱼片也可以直接用玻璃纸或经过涂塑的防潮玻璃纸裹包；⑥高档鱼类、对虾、龙虾、鲜蟹等由于保鲜要求比较高，可采用气调、真空包装，包装使用的材料主要有 PET/PE、BOPP/PE、PET/Al/PE、PET/PVDC/PE 等高阻隔复合材料。

鱼、虾的冷冻小包装袋一般采用 LDPE 薄膜，涂蜡纸盒或涂以热熔胶的纸箱（盒）包装也比较普遍。分割的鱼肉、对虾为保持色泽、外形和鲜度，也可用托盘外罩收缩薄膜包装。生鲜鱼类的 MAP 包装所采用的包装材料应具有高阻气性，可采用 PET/PE、PP/EVOH/PE、PA/PE，采用的气体及比例应根据不同鱼类的特性试验来确定。值得注意的是，生鲜鱼类 MAP 保鲜包装必须配合低温才能取得良好的效果。

（二）其他生鲜水产品的包装

1. 虾类产品包装　虾类含有丰富的蛋白质、脂肪、维生素和矿物质以及大量的水分和多种可溶性的呈味物质，且其头部含有大量细菌，在贮存过程中容易发生脱水、脂肪氧化、细菌性腐败、化学变质和失去风味等现象。包装前应去头、去皮和分级，再装入涂蜡的纸盒中进行冷藏或冻藏，有的纸盒有内衬材料；为防止虾的氧化和水分丧失，可对虾进行包冰衣处理，用 PE、PVC、PS 等热成型容器包装，也可用 PA/PE 膜进行真空包装。鲜活虾类产品可放在冷藏桶的冰水中并充氧后密封包装，以防止虾类死亡。

2. 贝类产品包装　贝类性质与鱼虾相似，贮存过程中易发生脱水、氧化、腐败及香味和营养成分的损失。贝类捕获后，通常去壳并将贝肉洗净冷冻，用涂塑纸盒或塑料热成型盒等容器包装，低温流通。扇贝的活体运输包装常采用假休眠法：将扇贝放入有冰块降温的容器内保持温度 3~5℃，使扇贝进入假休眠状态，冰融化成的水不与扇贝接触，直接从底板下流走，待运输结束，将扇贝恢复到它本身所栖息的海水温度即可使之苏醒复活。采用这种方法运输，扇贝可存活 7 天；而采用一般的常规方法，扇贝仅可存活 3 天。

3. 牡蛎等软体水产品包装　软体水产品极易变质败坏，因肉中含有嗜冷性的"红酵母"等微生物，在 -17.7℃甚至更低的温度下仍能生长。生鲜牡蛎一旦脱离壳体，就应立即加工食用。牡蛎可采用玻璃纸、涂塑纸张、氯化橡胶以及 PP、PE 等薄膜包装，对涂蜡纸盒再用玻璃纸、OPP 等薄膜加以外层裹包（防泄漏），这些都是较理想的销售小包装。

三、加工水产品包装

（一）加工水产品的普通包装

1. 盐渍类水产品包装　食盐溶液的高渗透压能抑制细菌等微生物的活动和酶的作用，因此，其包装主要是防止水分的渗漏和外界杂质的污染，通常用塑料桶、箱包装。

2. 干制水产品包装　乌贼干、鱿鱼干、虾米、海参等水分含量很低，易霉变或氧化而变质，需采用防潮包装材料。普通销售包装可用彩色印刷的 BOPP/PE 膜密闭包装；高档产品包装要求避光隔氧，可采用涂铝复合薄膜真空或充 N_2 包装。

3. 水产品罐装　有软罐头、金属罐头和玻璃罐头三种。在水产品软罐头生产时，如熏鱼，应去除原料中的骨、刺等尖锐组织，以免戳穿包装袋。

4. 其他加工水产品的包装

（1）鱼松　含水量在 12%~16%，味道鲜美、营养丰富，一般需长期保藏，多用 BOPP/PE、PET/PE 或 BOPP/Al/PE 等复合薄膜袋包装，或再用纸盒作为销售包装。

（2）熏鱼、鱼糕、鱼火腿、鱼香肠等水产熟食品　极易腐败变质，一般都需采用真空包装并加热杀菌。若采用软塑包装，则应选用具有高阻隔性且耐高温，或具有热稳定性的复合薄膜材料，如 BOPP/PE、PET/PE、K 涂 BOPP/PE 等；在要求较高的场合，可选用 PP/PVDC/CPP 共挤膜或 PET（PA）/Al/CPE 复合膜包装。滚粘面包屑的鱼通常采用蜡纸裹包并用纸盒包装，纸盒中衬垫羊皮纸，也可采用热成型－充填－封口包装。

（二）加工水产品的气调包装

1. 低水分水产品包装　干海苔和一些干燥的调味菜等都属低水分食品，细菌在这样低的水分活度下难以生长繁殖，采用充氮除氧包装可保持产品原有颜色，防止脂质氧化并防虫。对水分稍多的半干制品如幼鳗鱼干、晒竹荚鱼片、鱿鱼丝等，使用除氧包装易发生褐变，用亚硫酸盐处理再用充氮包装可防止变色，使用充 CO_2 包装防止氧化变色的效果会更好。用高浓度 CO_2 包装生鱼片会产生发涩的感觉，但对半干制品影响不大。

2. 高水分水产品包装　使用水产品气调包装的目的主要是防止氧化变色等，也可与其他方法配合抑制微生物生长繁殖，高浓度 CO_2 气调包装对抑制微生物也有效果。但气调包装的抑菌效果只能限定在产品表面，如果适量添加乙醇和盐，其抑菌保鲜效果可明显提高。如生鱼片、鱼糜制品、明太鱼子、鲑鳟鱼子等，采用气调包装可延长保鲜期；新鲜烤鱼卷可保鲜 2 天，用 CO_2 包装可保鲜 6 天；鱼糕保鲜期是 4 天，用气调包装可保鲜 8~9 天。

第四节　粮食谷物及粮谷类食品的包装

一、粮食谷物包装

粮食谷物类食品主要是指大米、小麦、玉米、大麦、荞麦、高粱和以粮谷类为主要原料制成的食品。常见的粮谷类食品有饼干、面包、糕点、方便面（米）、方便粥以及一些谷物膨化食品。

粮谷类包装的主要目的是防潮、防虫和防陈化。在贮运过程中，除了专用的散装粮仓和散装车箱、船舱外，都要对粮谷进行包装。目前大多是在塑料编织袋中衬 PE 薄膜袋，既能有效地防潮，又有轻微的透气性，谷物能继续进行呼吸，又不会产生过多的呼吸热，从而保持谷物的新鲜状态。

对于精米、面粉、小米等粮食加工品，多采用塑料编织袋、聚乙烯、聚丙烯等单层薄膜小包装。对于较高档品种，可采用多层复合材料包装，包装方法也由普通充填包装改为真空或充气包装。若要求具有良好的驱虫效果，可在复合薄膜材料中加入驱虫剂（除虫菊酯、胡椒基丁醚等）。一种典型的复合材料为防油纸/黏合剂＋除虫剂/铝箔/聚乙烯。

二、典型粮谷类食品包装

（一）大米的包装

20 世纪 90 年代末，大米包装以麻袋、布袋、塑料编织袋为主，虽成本低廉、可反复利用，但由于透气性比较大，很难达到长期保鲜的目的。目前，我国大米包装常用的有编织袋、普通塑料袋、复合塑料袋。常用的包装方法有普通包装、真空包装和充气包装等。

1. 普通包装　使用聚乙烯、聚丙烯、尼龙等材料制成的塑料编织袋来包装大米，采用缝线封口，包装过程中未施加任何保鲜技术。其包装方式简单，但材料防潮性差、阻隔性差，大米易氧化霉变，虫害现象较为严重。但由于塑料编织袋抗拉强度强高，重量在 5kg 以上的大米均用此包装，保质期在 3 个月左右。

2. 复合塑料袋包装　由高阻隔性包装材料 EVOH、PVDC、PET、PA 与 PE、PP 等多层塑料复合而成（图6-16），其防潮、防霉、防虫效果均优于塑料编织袋。重量在5kg以下的大米绝大多数采用复合塑料袋包装。使用复合塑料袋来包装大米，一般辅以抽真空或充气技术后热封。材料本身具有致密性且经抽真空、充气处理，基本上解决了大米防霉、防虫、保质问题，所以具备一定的推广、实用价值。另外，复合袋的抗压强度不够，一些采用充气方式的包装在运输过程中经常会出现破袋现象，从而影响大米的保质期。

近年来，不少包装的新技术也正被应用到大米包装上。如将钛合金、二氧化硅等半导体作为触媒掺入聚乙烯薄膜的光触媒技术，掺入的金属物在触媒磷和光的作用下，可发生触媒反应和光化学反应。这种光触媒聚乙烯袋盛入大米后，因半导体电子被光能激活而处于极高的非平衡状态，在袋内形成温度上升趋势，促使大米等粮食体内水分子分解，从而达到防虫、防霉和保鲜的效果。

图 6-16　大米复合塑料袋包装

（二）面包、饼干包装

1. 面包包装　通常采用软包装材料裹包，主要包装材料有如下几种。

（1）蜡纸　是最经济的包装材料，在自动裹包机上也有足够的挺度，容易封合，能有效防止水分的散失。缺点是透明度不好，而且容易产生折痕而造成漏气，引起面包水分散失和发干。目前我国仍有相当数量的蜡纸裹包。

（2）玻璃纸包装　成本比蜡纸高得多，但解决了防潮和热封问题，较适合用作高档面包的包装。

（3）塑料薄膜　PE 薄膜包装面包的成本比玻璃纸低30%左右，但厚度较薄的薄膜的机械操作工艺性较差；PP 薄膜透明度优于聚乙烯，而且挺度较理想，机械操作工艺性能也好，但 BOPP 热封困难；PE/PP/PE 三层共挤膜可满足面包包装的需要。目前大约90%的面包采用 PE 或 OPP 薄膜袋包装（图6-17），这种包装货架期较短，可采用热封或塑料涂膜的金属丝扎住袋口，OPP 袋也可采用袋口扭结封口，还可采用收缩薄膜包装。

图 6-17　面包薄膜袋包装

2. 饼干包装　饼干含水量很低且含有脂肪，包装主要考虑防潮、防油脂氧化、防碎裂；夹心饼干和花色饼干常用果酱、果仁、奶油等装饰，更需注意防霉和防止脂肪氧化，故需选用防潮、遮光、隔氧的包装材料，如防潮玻璃纸、PVDC 涂塑纸、K 涂 BOPP/PE、Al/PE 等复合薄膜，可以热封，表面光泽好，并能适应自动包装机械操作的要求。采用 PVC、PS 等塑料片材热成型托盒，能保护酥脆的饼干不被压碎（图 6 - 18）。金属罐盒包装一般为礼品包装。

（三）面条、方便面（米）包装

1. 面条包装　潮面不易保存，一般不包装。需包装的是干面条，即挂面、通心粉等，一般采用 PE、BOPP/PE 薄膜等防潮材料包装（图 6 - 19）。

2. 方便面（米）包装　速食的方便面是先将波纹面干制后油炸，方便米是大米熟制后干制而成，食用时用开水浸泡复原即可。包装主要要求防潮、防油脂酸败，一般采用发泡 EPS 或 PE 钙塑片材制成的广口塑料碗盛装，再以 Al/PE 封口。近年来随着绿色环保政策的逐步落实，纸浆模塑广口容器包装开始取代发泡 EPS 包装，成为流行趋势。

图 6 - 18　饼干包装

3. 快餐盒饭　以大米饭为主体的快餐盒饭近年来发展很快，因发泡 EPS 塑料饭盒强度高、保温性好、外观漂亮、使用方便而成为主要包装容器。但由于发泡 EPS 饭盒引起的白色污染，我国已全面禁止使用一次性发泡塑料餐具，取而代之的是一种环保型的纸质纸浆模塑快餐饭盒。

（四）糕点包装

糕点有的含水量极高，如蛋糕、年糕；有的含水量极低，如桃酥等；有的含油脂很高，如油酥饼、开口笑等；有的包馅，如月饼等。因此，糕点的包装应适应这些不同特点（图 6 - 20）。

图 6 - 19　面条包装

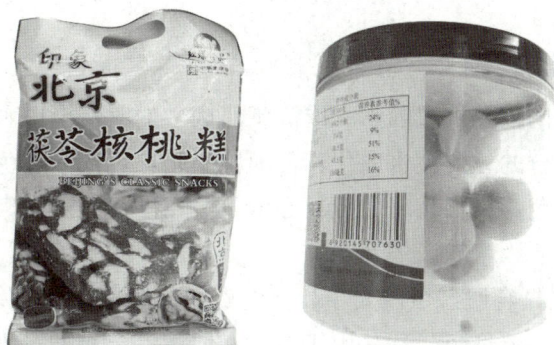

图 6 - 20　糕点包装

1. 含水量较低的糕点的包装　酥饼、香糕、酥糖、蛋卷等食品包装时首先要求防潮，其次是阻气、耐压、耐油和耐撕裂，主要包装形式有：塑料片材热成型浅盘包装外裹包 PET 或 BOPP 薄膜或用盖材覆盖热封，套装透明塑料袋封口；纸盒内衬 PE、PET/PE、BOPP/PE 等薄膜袋，不仅具有很好的防护性，其防潮阻气性能也较理想，故货架期长、陈列效果好。

2. 含水量较高的糕点的包装　蛋糕、奶油点心等很容易霉变，同时其内部组织呈多孔性结构，表面积较大，很容易散失水分而变干、变硬；另外，由于糕点成分复杂，氧化串味也是其品质劣变的主要原因。因此，包装主要是防止生霉和水分散失，其次是防氧化串味等，故应选用具有较好阻湿阻气性能的包装材料，如 PET/PE、BOPP/PE 等薄膜，也可采用塑料片材热成型盒盛装此类食品；档次较高的糕点可选用高性能复合薄膜配以真空或充气包装技术，或同时封入脱氧剂等，可有效地防止氧化、酸败、霉变和水分的散失，显著延长货架期。

3. 油炸糕点包装 此类食品油脂含量极高，极易发生氧化酸败而导致色、香、味劣变，甚至产生哈喇味，包装的关键是防止氧化酸败，其次是防止油脂渗出包装材料造成污染而影响外观，其内包装常用 PE、PP、PET 等防潮、耐油的薄膜材料进行裹包或袋装。对要求较高的油炸风味小食品，可采用隔氧保香性较好的高性能复合膜，如 K 涂 BOPP/PE、K 涂 PET/PE、BOPP/Al/PE 等包装，也可同时采用真空或充氮气包装或者在包装中封入脱氧剂等方法。

第五节 畜禽肉类食品的包装

畜禽肉类食品是人们获取动物性蛋白质的主要来源，在日常饮食结构中占有相当大的比例，目前市售的畜禽肉类食品主要有生鲜肉和各类加工熟肉制品。随着人们生活消费水平的日益提高，生鲜肉的消费也逐渐由传统的热鲜肉发展为工业化生产的冷却肉分切保鲜包装产品，加工熟肉制品也由原来的罐头制品发展成为采用软塑复合包装材料为主体的西式低温肉制品和地方特色浓郁的高温肉制品，三者共同构成我国中西结合的肉类制品产品结构体系。

一、生鲜肉保鲜包装机制

刚宰杀不经冷却排酸过程而直接销售的称为热鲜肉。冷鲜肉是指宰后胴体迅速经冷却处理、在 24 小时内降低到 0 ~ 4℃，并在低温下加工、流通和零售的生鲜肉，该方法能有效抑制微生物的生长繁殖，确保肉品安全卫生；同时，冷却肉经历了较为充分的解僵成熟过程，质地柔软，富有弹性，持水性及鲜嫩度好，提高了肉品的营养风味，因而近年在我国发展很快，已成为生鲜肉品流通销售的主流品种。

（一）生鲜肉的变色机制及控制

生鲜肉的色泽是影响销售的重要外观因素，取决于肌肉中的肌红蛋白和残留的血红蛋白的状态。肌肉缺氧时，肌红蛋白与氧气结合的位置被水取代，使肌肉呈暗红色或紫红色；当与空气接触后，形成氧合肌红蛋白而使色泽变成鲜红色；如长时间放置或在低氧分压下存放，肌肉会因高铁肌红蛋白的形成而变成褐色。影响肉色变化的主要因素有以下几个。

1. 氧气分压 鲜肉表层以氧合肌红蛋白为主，呈鲜红色；中间层以高铁肌红蛋白为主，呈褐红色；下层以还原态肌红蛋白为主，呈紫红色。这是由于氧气在肌肉深层渗透过程中氧气分压逐渐下降而造成的。环境中的氧气高时，有利于形成较稳定的氧合肌红蛋白，表明生鲜肉高氧气调保鲜效果显著。

2. 温度 贮藏温度高会促进肌红蛋白氧化，微生物生长加快，脂肪迅速氧化，从而降低肉色货架保鲜期；相反，低温能促进氧气透过肉的表面，组织中的溶氧量也增加，有利于维持肌红蛋白的氧合形式。因此，包装生鲜肉应尽可能贮存在低的温度下。

3. 微生物 微生物繁殖是导致鲜肉在销售过程中褪色的主要原因。在微生物的对数生长期，好氧菌如假单胞菌等迅速繁殖，消耗大量氧气，使肉表面氧气分压下降，促进高铁肌红蛋白大量形成而使肉色变为褐色。因此，从提高生鲜肉的卫生安全性和延长肉色货架保鲜期两方面考虑，都需要严格控制从屠宰到分割加工和包装过程中的微生物污染。

（二）生鲜肉的微生物变化及控制

生鲜肉中微生物的存在不可避免。肉品上生长的微生物除一般杂菌外，主要是一些致病菌和腐败菌，主要致病菌如肉毒梭菌 E 型、沙门菌和金黄色葡萄球菌，在 3℃ 时都已停止生长繁殖，不分泌毒素。冷却就是要将环境温度降到微生物生长繁殖最适温度范围以下，使肌肉组织在完成僵直、解僵、成熟的过程中避免因微生物的生长繁殖而腐败变质。为保证生鲜肉品质，避免病原菌生长的危险，最好将肉冷却到 0～3℃，并在此温度下流通贮藏；冷却到 4℃ 并保持该温度也可抑制病原菌生长，超过 7℃，病原菌将成倍增长而无法保证产品质量。但是冷却不能抑制所有的腐败菌，在 0℃ 左右腐败菌仍能继续繁殖，贮存时间稍长就会造成肉表面腐败，产生黏液和难闻的气味。

包装内气氛环境对生鲜肉微生物也会产生明显影响，高浓度 CO_2 可明显抑制假单胞菌、大肠埃希菌的生长，从而保证鲜肉的安全性。

二、生鲜肉类包装

（一）生鲜肉真空保鲜包装

生鲜肉真空收缩包装作为保鲜包装的一种基本方式，在欧美国家得到普遍应用，在亚洲国家也开始用于生鲜肉的保鲜包装。据国际食品包装品牌公司 Cryovac® 的经验，真空收缩包装生鲜牛肉和猪肉可分别获得 3 个月和 45 天的保存期限。

真空收缩包装生鲜肉能获得较长时间的保鲜期，能有效抑制好氧微生物的生长繁殖，却不能抑制厌氧细菌的生长，但低于 4℃ 的低温贮存流通条件可使厌氧细菌停止生长。所以，对生鲜肉采用真空收缩包装必须严格控制原料肉的初始细菌。

生鲜肉真空包装时，因缺氧而使肌红蛋白呈现淡紫红色，销售时会使消费者误认为不新鲜；若在零售时打开包装，使肉充分接触空气或再进行高氧 MAP 包装，可在短时间内使肌红蛋白转变为氧合肌红蛋白，恢复生鲜肉的鲜红色。

（二）生鲜肉气调保鲜包装

气调包装可保持较高氧气分压，有利于形成氧合肌红蛋白而使肌肉色泽鲜艳，并抑制厌氧菌的生长。因此，根据鲜肉保持色泽的要求，氧的混合比例应超过 30%。CO_2 具有抑制细菌生长的作用，考虑到 CO_2 易溶于肉中的水分和脂肪，以及复合薄膜材料的透气率，一般混合气体中的 CO_2 的混合比例应超过 30% 才能起到明显的抑菌效果。图 6-21 为不同气氛条件下包装鲜羊肉在 4℃ 贮存时羊肉的挥发性盐基氮（TVB-N）值变化：空气包装的羊肉保鲜期不到 2 周，75% CO_2/25% O_2 混合气体包装羊肉的保鲜期为 24 天，而高浓度 CO_2 气调包装的保鲜期可达 28 天。

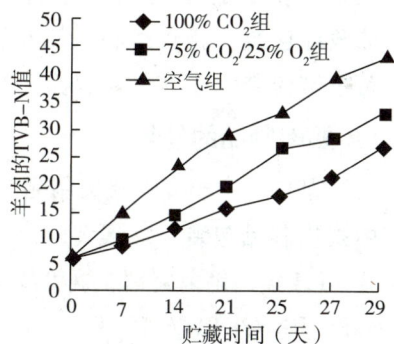

图 6-21 气调贮藏羊肉的 TVB-N 值变化

（三）现代冷鲜肉零售包装

1. Case-Ready 零售包装的概念　冷鲜肉零售包装在美国等国被称为"Case-Ready 零售包装"，Case-Ready 冷鲜肉包装的观念是将目前超市销售平台的分割包装操作移至食品物流（配送）中心或专业肉品屠宰加工厂进行统一生产包装，以保证 Case-Ready 零售包装产品的高品质和卫生安全；超市销售平台只进行冷藏、上架、展示销售，可减少原料中无商品价值部分的损耗，增加超市冷藏库供货上架的弹性，减少因供货不及时造成的销售损失。在美国，Case-Ready 已完全成形，有效提高了生鲜肉的卫生安全性，延长了肉色货架保鲜期。

2. Case-Ready 零售包装的形式　包括非气调包装和气调包装。非气调包装利用一般透气包装材料来减少外界对冷鲜肉，以及冷鲜肉外渗汁液对销售平台或消费者造成的污染。气调包装又可分成高氧包装和低氧包装。高氧包装用于生鲜红肌肉包装，通过高氧维持生鲜红肌肉的鲜红肉色。Case-Ready 包装充气比例见表 6 – 1。

表 6 – 1　冷鲜肉与肉制品气调包装常用的气体混合比例

种类	混合比例	采用国家
冷鲜肉（5 ~ 12 天）	$80\% O_2 + 20\% CO_2$	欧洲国家
冷鲜肉（5 ~ 8 天）	$75\% O_2 + 25\% CO_2$	欧洲国家
鲜碎肉制品和香肠	$33.3\% O_2 + 33.3\% CO_2 + 33.3\% N_2$	瑞士
新鲜斩拌肉馅	$70\% O_2 + 30\% CO_2$	英国
熏制香肠	$75\% CO_2 + 25\% N_2$	德国及欧洲国家
香肠及熟肉（4 ~ 8 周）	$75\% CO_2 + 25\% N_2$	德国及欧洲国家
家禽（6 ~ 10 天）	$50\% O_2 + 25\% CO_2 + 25\% N_2$	德国及欧洲国家

气调包装常用材料主要有 OPP/PE、PET/PE、PVDC/PE、PA/PE、EVAL/PE 等。

三、肉制品包装

（一）肉制品包装的分类

肉制品主要有香肠、火腿、腊肉、肉松、肉脯、培根、罐头等，一般采用真空包装、充气包装、加脱氧剂包装和拉伸包装等技术。肉制品包装种类很多，因分类角度的不同，形成了多样化的分类方法。常见的形式如下。

1. 贴体包装　是将产品封合在用透明塑料片制成的，与产品形状相似的型材和盖材之间的一种包装形式。

2. 泡罩包装　是将产品封合在用透明塑料片材制成的泡罩与盖材之间的一种包装形式。

3. 热收缩包装　是将肉制品装入肠衣后，在开口处直接插入真空泵的管嘴，把空气排除的方法。

4. 可携带包装　是在包装容器上制有提手或类似装置，以便于携带的包装形式。

（二）熟肉制品的包装

加工熟肉制品主要有中式肉制品、西式肉制品和灌肠类制品。

1. 中式肉制品包装　除罐装外，中式肉制品常用真空充气包装和热收缩包装等。许多中式产品包装后需高温（121℃）杀菌处理，这就要求包装材料能耐 121℃ 以上的高温杀菌，常用的有 PA（PET）/CPP、EVAL/CPP、PA（PET）/Al/CPP。一般采用真空包装，经高温杀菌，产品货架期可达 6 个月，常常被称为软罐头。

中式干肉制品的主要变质原因有吸潮霉变、脂肪氧化和风味变化等，因此，包装的主要要求为隔氧防潮，可用 BOPP/PA（PET）/PE、BOPP/PVA/PE、PET/PE 等，为了防止光线对干肉制品产生严重影响，常用镀铝 PA（BOPP）/PE、BOPP/Al/PE 等包装，并可采用充 N_2 包装或脱氧包装。

2. 西式肉制品包装　有些西式肉制品在充填包装后，还要在约 90℃ 下进行加热处理，为了使产品组织紧密，一般要求包装材料有热收缩性能，可用 PA、PET、PVDC 收缩膜。有些西式肉制品制成产品后不再进行高温杀菌，可采用 PE、PS 片材热成型制成的不透明或透明的浅盘，表面覆盖一层透明的塑料薄膜拉伸裹包，或用 PA、PVC 等收缩膜进行热收缩包装，这类产品的货架期短较，并且需在 4 ~ 6℃ 的低温条件下贮藏。

3. 灌肠类制品包装　灌肠类制品是用肠衣作包装材料来充填包装定型的一类熟肉制品。灌肠类制品的商品形态、卫生质量、保藏流通和商品价值等都与肠衣的类型及质量直接相关。每一种肠衣都有它特有的性能，在选用时，应根据产品的要求考虑其可食安全性、透过收缩性、密封开口性、耐油耐水性、耐热耐寒耐老化性以及强度等性能。

（1）天然肠衣 用牛、猪、羊、马等动物的消化器官或泌尿系统的脏器，经自然发酵除去黏膜后腌制或干制而成，具有良好的韧性、弹性、坚实性、可食安全性、水汽透过和烟熏渗入性、热收缩性和对肉馅的黏着性，是一种非常好的天然包装材料。

肠衣一般以口径为标准，种类繁多且规格不一，但同一批次产品的肠衣大小、粗细规格应一致。干肠衣、腌渍肠衣使用前，需用温水清洗除去内、外两面杂质。灌肠制品经烘烤、煮制、烟熏后，其长度一般会缩短10%～20%，灌制时每根肠衣的长度应适当放长。用猪、牛、羊小肠灌制的制品大多呈弯形，一般整根制成并扭转分段，为保证外观整齐，应把多余的结扎肠衣剪掉。

（2）人造肠衣 外形美观、使用方便，可适应各种内装产品的特性要求，特别是其机械适应性好、规格统一，便于标准化操作，应用非常广泛。人造肠衣根据其原料的不同可分为以下几类。

1）纤维素肠衣 一般由自然纤维如棉绒、木屑、亚麻或其他植物纤维制成，能承受高温快速加工，充填方便，抗裂性强，在湿润情况下也能进行熏烤；但是该类肠衣不能食用，不能随肉馅收缩，在制成成品后必须剥离。根据纤维素加工技术的不同，有小直径肠衣、大直径肠衣等。小直径肠衣主要用于制作熏烤成串的无衣灌肠制品和小灌肠制品。大直径肠衣有普通、高收缩性和轻质肠衣三种。普通肠衣比较坚实，直径为5～12cm，有透明琥珀色、淡黄色等多种颜色，加工时不易破裂，可制成各种不同规格的灌肠制品，常用于腌肉和熏肉的固定成型用包装；高收缩性肠衣在制作时要经过特殊处理，其收缩性、柔韧性良好，特别适用于制作大型蒸煮肠和火腿，充填直径可达7.6～20cm，成品外观非常好；轻质肠衣皮薄、透明、有色，充填直径在8～24cm，一般应用于包装火腿及面包式肉制品，但不适宜蒸煮。

2）胶原肠衣 由动物皮胶质制成，分为可食胶原肠衣和不可食胶原肠衣两种。①可食胶原肠衣：本身可以吸收少量的水分，因而比较柔嫩，其规格一致、使用方便，适合制作鲜肉灌肠以及其他小灌肠。②不可食胶原肠衣：较厚，且大小规格不一，形状也各不相同，主要用于灌制干肠。胶原肠衣使用时应注意避免干燥破裂，以及避免因湿度过大而潮解化为凝胶使产品软坠，因此相对湿度应保持在40%～50%；胶原肠衣易生霉变质，应置于10℃以下贮存或在肠衣箱中冷却。使用后的肠衣要用塑料袋密封。

3）塑料肠衣 主要用PVDC、PE、Ny等制成，种类很多，肠衣口径一般在4～12cm，各类灌肠制品都可使用，只能蒸煮，不能熏制。其优点是肠壁柔韧坚实、强度高、使用方便、色泽多样、光洁美观，缺点是伸缩性差、不耐火、不能打孔排气。塑料肠衣能一次完成制品的充填定型、封口或扎口等工作，机械适应性优良、生产控制简便易行，选择不同的材料又可以满足多种内装产品的要求，生产上应用非常广泛。

4）玻璃纸肠衣 是一种纤维素薄膜，其质地柔软且伸缩性好，吸水性大，潮湿时吸湿产生皱纹，干燥时脱湿张紧，在干燥时透气性极小，不透过油脂，强度高，印刷性好，其性能优于天然肠衣而成本低于天然肠衣，是一种良好的肠衣包装材料。

第六节　果蔬的包装

果蔬是易腐食品，为克服季节性生产和均衡供应的矛盾，贮藏保鲜很有必要。过去的研究多集中在冷藏和气调等方面，近20年来随着研究的不断深入，包装所具有的良好保鲜作用已引起人们的重视，无论是保鲜包装还是保鲜包装技术与方法，都取得了很大的进展，并已成功应用于生产实践。

一、果蔬保鲜包装的基本原理和要求

(一)果蔬保鲜包装的基本原理

1. 气调保鲜效果 包装所具有的气调保鲜效果是果蔬保鲜包装的基础。在如图6-22所示的包装体系内,包装内、外的环境气体成分可通过包装材料互换,包装材料具有一定的气体阻隔性,使包装内环境气体组成因果蔬呼吸作用的进行而达到低O_2高CO_2状态,该状态反过来又抑制了呼吸作用的进行,使果蔬生命活动降低,延缓衰老,从而具有保鲜作用。

但CO_2浓度过高、O_2浓度过低又会引起无氧呼吸并积累生理毒性物质,导致果蔬生理病害发生,尤其是对CO_2耐性差的果蔬。如柑橘属果品对CO_2非常敏感,包装内浓度一般不允许超过1%;因此,在保鲜包装中应使用具有一定透气性的包装材料,以保证包装内外可发生一定程度的气体交换,使包装内O_2和CO_2浓度达到果蔬保鲜所需要的最适浓度。不同种类、不同厚度的包装材料,其气体透过性不同。采用单一薄膜往往难以满足不同水果蔬菜的生理特性要求,因此在生产中常用薄膜打孔和使用复合膜的方法来满足其要求。

2. 抑制蒸发 包装可使新鲜果蔬散失的水分留在包装内部而形成高湿微环境,从而降低水分散失的速度,保持果蔬饱满、鲜嫩的外观。但包装材料的透气性太差则易造成包装内部的过湿状态,导致腐败发生。因此,对果蔬进行包装时应选用透湿性适当的材料,或使用功能性材料调整湿度,也可采用穿孔膜包装,使包装内环境湿度维持在适宜状态。

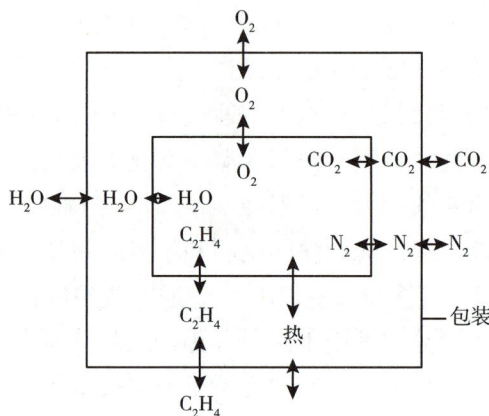

图6-22 果蔬包装内、外环境气体互换示意图

多数水果、蔬菜在收获时已有一定的成熟度,其生理活动较稳定,因而适宜密封包装;但也有部分蔬菜(尤其是茎叶蔬菜)在收获时其生理活动不太稳定,用穿孔膜包装往往能获得良好的效果,在适宜的低温下效果则更好。果蔬的蒸发作用与温度也有很大关系,但不同果蔬的反应不同。柿子、柑橘、苹果、梨、西瓜、马铃薯、洋葱、南瓜、卷心菜、胡萝卜等果蔬对温度比较敏感,随着温度的下降,其蒸发作用会显著降低;栗子、桃、李子、无花果、甜瓜、萝卜、番茄、菜花、豌豆等果蔬对温度有一定反应,随着温度的降低,其蒸发作用会有所下降。而草莓、樱桃、芹菜、黄瓜、菠菜、蘑菇则具有强烈的蒸发作用,且与温度无关。

3. 保冷保鲜 温度对微生物的繁殖和果蔬中各种酶类的催化反应有着直接的影响,包装的气调和保湿作用必须与低温结合起来,其保鲜作用才能充分发挥,否则其保鲜效果就会受到很大影响,或导致各种生理病害。表6-2列出了几种蔬菜在不同温度下包装和不包装贮存时可供食用的贮存时间,可以看出,常温包装的保鲜效果远比低温包装的差。

表6-2 几种蔬菜在不同贮藏条件下的可供食用的贮存时间

种类	贮存时间(天)			冷藏(0~3℃)时间(天)		
	不包装	开孔	密封	不包装	开孔	密封
菠菜	3	7	14	6	20	30
甜菜	9	9	11	18	31	43
四季豆	5	7	7	7	21	25
豌豆	5	—	10	—	—	25

续表

种类	贮存时间（天）			冷藏（0~3℃）时间（天）		
	不包装	开孔	密封	不包装	开孔	密封
小豌豆	4	4	5	11	—	14
莴苣	3	2	2	10	11	13
芦笋	5	—	6	—		18

包装前的预冷对延长保鲜包装有效期非常有利，可迅速有效地散发果蔬的田间热，抑制果蔬呼吸，防止水分蒸发，使果蔬在包装时能尽可能保持其采收时的良好品质。包装时选用隔热容器和冰等蓄冷材料一起使用，可将果蔬包装内的温度维持在较低水平；这种简易方法在果蔬流通时可达到与冰箱和冷藏运输车同样的保鲜效果，但果蔬保鲜仍以包装后在冷库贮藏为主要措施，以此来保证果蔬处于适宜的低温条件下。需要注意的是采用低温贮藏有一定限度，当低温超过某一界限时，果蔬会发生冷害而出现软化、腐败等代谢异常现象，并导致品质迅速恶化而无法继续保存。不同果蔬产生冷害的温度不同，保鲜包装的温度必须保持在冷害点温度以上。

4. 抑制后熟　乙烯是一种植物激素，在果蔬生长后期随成熟而产生，在一定浓度下会促进果蔬呼吸，加速叶绿素分解、淀粉水解及花青素的合成，促进果蔬成熟并导致老化的迅速发生。包装中使用功能性包装材料和去乙烯保鲜剂，可有效去除果蔬贮藏过程中产生的乙烯或抑制内源性乙烯的生成，抑制果蔬后熟而达到保鲜目的。

5. 调湿、防雾、防结露　如果包装材料的透湿性太差，包装内部会逐渐变成高湿状态而易在包装内侧面形成水雾。当外部温度低于包装内部空气露点温度时，水汽就会在包装内壁结露，这些露水会因包装内的高 CO_2 而形成碳酸水，滴落在果蔬表面易导致湿蚀发生，使外观变差、商品价值降低，严重者会发生微生物侵染而导致腐败变质。若采用功能性包装材料，由于其中添加了防雾、防结露物质，包装后可有效防止水雾和结露现象。

在包装内部封入具有吸湿和放湿功能的功能性包装材料，利用其在低湿度下放湿、高湿度下吸湿的作用，可使包装内部湿度简易地维持恒定，避免因包装材料透湿性太差而产生过湿状态。这也是包装中常用的辅助包装保鲜措施之一。

（二）果蔬保鲜的包装要求

为保证果蔬的良好品质与新鲜度，在保鲜包装时要求能充分利用各种包装材料所具有的阻气、阻湿、隔热、保冷、防震、缓冲、抗菌、抑菌、吸收乙烯等特性，设计适宜的容器结构，采用相应的包装方法对果蔬进行内、外包装，在包装内创造一个良好的微环境条件，把果蔬呼吸作用降低至能维持其生命活动所需的最低限度，并尽量减少蒸发、防止微生物侵染与危害；同时，也应避免果蔬受到机械损伤。不同种类的果蔬对包装的要求不尽相同。

1. 软性水果　草莓、葡萄、李子、水蜜桃等软性水果，含水量大，果肉组织极软，是最不易保鲜的一类。这类水果要求包装应具有防压、防震、防冲击性能，包装材料应具有适宜的水蒸气、氧气透过率，避免包装内部产生水雾、结露和缺氧性败坏；可采用半刚性容器覆盖以玻璃纸、醋酸纤维素或聚苯乙烯等薄膜包装。

2. 硬质果蔬　苹果、香蕉、李子、柑橘、桃、甘薯、胡萝卜、马铃薯、洋葱、山药、甜菜、萝卜等硬性果蔬，肉质较硬，呼吸作用和蒸发也较软质水果缓慢，不易腐败，可较长时间保鲜。这类果蔬的保鲜要求是创造最适温湿度和环境气氛条件，可采用 PE 等薄膜包装或用浅盘盛放、用拉伸或收缩裹包等方式包装。

3. 茎叶类蔬菜 这类蔬菜组织脆嫩，脱水速度快，易萎蔫，其呼吸速度也较快，对缺氧条件很敏感。包装时，应主要考虑其防潮性和抗损伤作用以及对环境气体的调节能力。

二、新鲜果蔬保鲜包装

（一）果蔬保鲜用包装材料

用于果蔬保鲜包装的材料种类很多，目前应用的功能性包装材料主要有塑料薄膜、塑料片材、蓄冷材料、瓦楞纸箱、保鲜剂等几大类（图6-23、图6-24）。

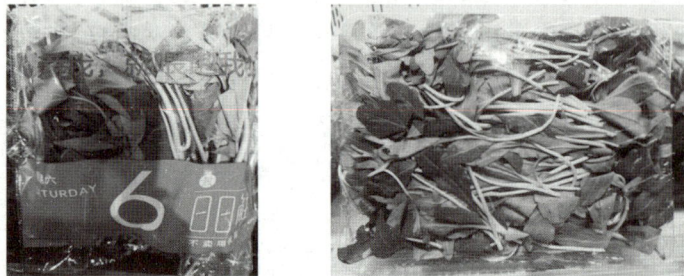

图6-23 新鲜蔬菜包装

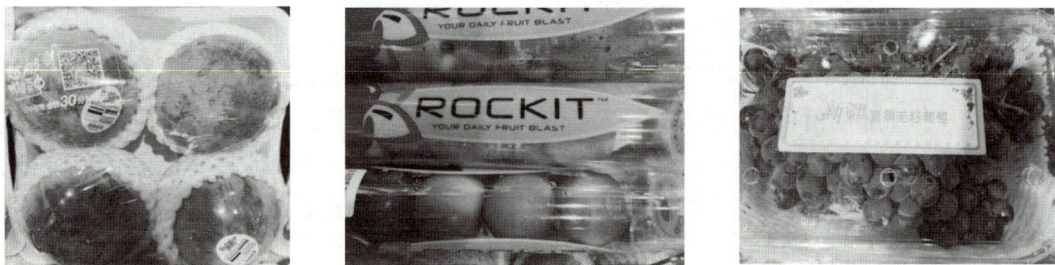

图6-24 新鲜水果包装

1. 薄膜包装材料 常用的薄膜保鲜材料主要有：PE、PVC、PP、BOPP、PS、PVDC、PET/PE、KNy/PE等薄膜，以及PVC、PP、PS、辐射交联PE等的热收缩膜和拉伸膜。这些薄膜常制成袋、套、管状，可根据不同需要来选用。近年来开发出许多功能性保鲜膜，除了能改善透气透湿性外，涂布脂肪酸或掺入界面活性剂使薄膜具有防雾、防结露作用；此外还有混入以泡沸石为母体的无机系抗菌剂的抗菌性薄膜，混入陶瓷、泡沸石、活性炭等可吸收乙烯等有害气体的薄膜，混入远红外线放射体的保鲜膜等。

2. 保鲜包装用片材 大多以高吸水性的树脂为基材，种类很多，如吸水能力数百倍于自重的高吸水性片材，在这种片材中混入活性炭后，除具有吸湿、放湿功能外，还具有吸收乙烯、乙醇等有害气体的能力；混入抗菌剂可制成抗菌性片材，可作为瓦楞纸箱和薄膜小袋中的调湿材料、凝结水吸收材料，但改善吸水性的片材在吸湿后容易构成微生物繁殖场所。目前开发出的许多功能性片材已应用于蘑菇、脐橙、涩柿子、青梅、桃、花椰菜、草莓、葡萄和樱桃的保鲜包装。

3. 瓦楞纸箱 普通瓦楞纸箱是由全纤维制成的瓦楞纸板构成。近年来，功能性瓦楞纸箱也开始应用，如在纸板表面包裹发泡聚乙烯、聚丙烯等薄膜的瓦楞纸箱，在纸板中加入聚苯乙烯等隔热材料的瓦楞纸箱，还有聚乙烯、远红外线放射体（陶瓷）及箱纸构成的瓦楞纸箱等。这些功能性瓦楞纸箱可以作为具有简易调湿、抗菌作用的果蔬保鲜包装容器来使用。

4. 蓄冷材料和隔热容器 二者并用可起到简易保冷效果，保证果蔬在流通中处于低温状态，因而可显著提高保鲜效果。蓄冷材料在使用时，要根据整个包装所需的制冷量来计算所需的蓄冷剂量，并将它们均匀地排放于整个容器中，以保证能均匀保冷。发泡聚苯乙烯箱是常用的隔热容器，其隔热性能优良并且具有耐水性，在苹果、龙须菜、生菜、硬花甘蓝等果蔬的包装中已有应用，但是其废弃物难以处理，可使用前述的功能性瓦楞纸箱和以硬发泡聚氨酯、发泡聚乙烯制成的隔热性板材式覆盖材料作为其替代品。

5. 保鲜剂 为进一步提高保鲜效果，可将保鲜剂与其他包装材料一起应用于保鲜包装，常见的保鲜剂主要如下。

（1）气体调节剂 有脱氧剂、去乙烯剂、CO_2发生剂等。脱氧剂多用于耐低氧环境的水果，如巨峰葡萄等；CO_2发生剂多用于柿子、草莓等；去乙烯剂（包括去乙醇剂），如多孔质凝灰石、吸附高锰酸钾的泡沸石、溴酸钠处理的活性炭等。

（2）涂布保鲜剂 天然多糖类、石蜡、脂肪酸盐等。

（3）抗菌抑菌剂 日柏醇等。

（4）植物激素 有赤霉素、细胞激动素、维生素 B_9 等，均可抑制呼吸、延缓衰老、推迟变色，保持果蔬的脆度和硬度等。

这些保鲜剂有些是涂布于包装材料中，有些是单独隔开放入包装袋，有些则被制成涂被膜剂直接包覆于果蔬表面，这些方法均能起到保鲜作用。

目前，果蔬保鲜包装主要是利用包装材料与容器所具有的简易气调效果，结合防雾、防结露、抗震、抗压等特性来进行包装。

（二）果蔬保鲜内包装

1. 塑料袋包装 选择具有适当透气性、透湿性的薄膜，可以起到简易气调效果；与真空充气包装结合进行，可提高包装的保鲜效果。这种包装方法要求薄膜材料具有良好的透明度，对水蒸气、O_2、CO_2透过性适宜，并具有良好的封口性能，安全无毒。

2. 浅盘包装 将果蔬放入纸浆模塑盘、瓦楞纸板盘、塑料热成型浅盘等，再采用热收缩包装或拉伸包装来固定产品。这种包装具有可视性，有利于产品的展示销售。芒果、白兰瓜、香蕉、番茄、嫩玉米穗、苹果等都可以采用这种包装方法。

3. 穿孔膜包装 某些保鲜包装果蔬易出现厌氧腐败、过湿状态和微生物侵染，因此，需用穿孔膜包装以避免袋内 CO_2 的过度积累和过湿现象。许多绿叶蔬菜和果蔬适合采用此法。在实施穿孔膜包装时，穿孔程度应通过试验确定，一般以包装内不出现过湿所允许的最少开孔量为准。这种方法也称为有限气调包装。

4. 硅窗气调包装 是以聚甲基硅氧烷为基料涂覆于织物上而制成的硅酸膜，对各种气体具有不同的透过性，可自动排除包装内的 CO_2 和乙烯及其他有害气体，同时透入适量 O_2，抑制和调节果蔬呼吸强度，防止发生生理病害，保持果蔬的新鲜度。一般根据不同果蔬的生理特性和包装数量选择适当面积的硅胶膜，在薄膜袋上开设气窗粘结起来，因而称为硅窗气调包装。

（三）果蔬保鲜外包装

果蔬外包装是对小包装果蔬进行二次包装，以增加耐贮运性并有利于创造合适的保鲜环境。目前，外包装常采用瓦楞纸箱、塑料箱等。从包装保鲜角度考虑，外包装可同时封入保鲜剂以及各种衬垫缓冲材料，如脱氧剂、杀菌剂、去乙烯剂、蓄冷剂、CO_2发生剂、吸湿性片材等。

三、鲜切蔬菜包装

在超级市场和连锁餐厅出现之前，蔬菜都是直接运至传统市场贩卖，不需要冷藏保存和进一步的加工处理。随着社会进步、生活节奏加快，消费者对蔬菜食用的消费方便性和安全性要求越来越高。在欧美，一种洗净分切的包装蔬菜产品应运而生，最初只限于餐厅、旅馆等餐饮业的应用；近几年，超市货架零售的分切包装蔬菜也愈趋普遍，成为蔬菜食用消费的发展趋势（图6-25）。

（一）鲜切蔬菜（pre-cut vegetable）保鲜包装机制

生鲜蔬菜采收后，其呼吸、蒸腾失水及生理变化都在继续进行，影响其后熟和货架保鲜期的因素比其他食品更复杂，其中除了物理性的和病菌侵染外，蔬菜采收后的呼吸作用及生理变化反应都是酶活动的结果，酶的活力对于温度的变化极为敏感，温度越低，蔬菜衰老劣变的速度越慢，运销寿命越长；而温度越高，呼吸速率越大，呼吸产生热能越多，使蔬菜鲜度迅速衰减。

图6-25　鲜切蔬菜包装

如果蔬菜进一步分切处理，其呼吸、蒸腾失水及生理变化会更显著。包装会改变蔬菜的呼吸速率、生理生化变化、乙烯作用，尤其是切口部位的失水和病理性衰败，进而影响蔬菜生鲜品质和货架保鲜期限。因此，鲜切蔬菜的温度控制对延长包装后的货架保鲜期起着极重要的作用。同时，鲜切蔬菜的微生物和包装内气氛控制对货架保鲜期限具有关键影响。

鲜切蔬菜的呼吸速率除受温度影响外，还受到蔬菜品种、种植采收、运输贮存、加工条件、产品规格等因素的影响；包装内环境气氛也是重要的变化因素。包装内的气氛变化除取决定于包装材料本身的透气率外，包装材料面积和产品重量比例也有关键性影响，包装袋越大，透气面积越大，每分钟进入袋中的气体越多；包装中蔬菜越多，总呼吸量越大。在多重因素的影响下，一个合适的包装，其透气率需符合包装中产品的呼吸速率，使蔬菜有足够的氧气用于呼吸，从而抑制因无氧呼吸而产生发酵异味，并控制使 O_2 不致过量造成氧化而使蔬菜变色。

若包装能适当地控制 O_2 和 CO_2 的进出，保持包装内一定的气氛比例，即可在包装蔬菜贮存过程中达到减缓蔬菜呼吸氧化速率的效果。根据以往的经验，若包装内气体比例在包装后3~5天能达到平衡点，即 O_2 小于2%、CO_2 大于10%，则最多可有7~9天的保鲜期限，不然蔬菜会在3~5天内变色衰败。

（二）鲜切蔬菜保鲜包装材料和方法

在一些国家，鲜切蔬菜之所以广泛流通销售，是因为蔬菜处理包装厂能大批量稳定运作采收、预冷、运送、加工、包装、冷藏流通，通过操作程序的标准化来控制鲜切蔬菜的安全和生鲜品质。鲜切蔬菜包装必须慎选原料，配合适当的采收时间、条件以及采收后的预冷运送、控温管理，避免物理性损伤和外来污染，在加工前保持原料的最佳生鲜状态，并且工厂加工处理时需注意卫生和温度控制，以减少蔬菜品质劣变和微生物污染，然后包装并进入冷链流通。

1. 包装材料　包装材料的透气率应与鲜切蔬菜的呼吸速率相当，鲜切蔬菜的呼吸作用一般会大于完整蔬菜，也会产生更多的呼吸热。因此，选择的包装材料必须能让足够的 O_2 进入，并排出呼吸后产生的多余 CO_2，使包装内气体比例达到动态平衡，直到蔬菜在冷藏温度（1~5℃）下进入呼吸缓慢的睡眠状态，延缓衰老。美国希悦尔公司（Sealed Air Corporation）Cryovac® 食品包装部根据各种蔬果的呼吸强度将其分成几个等级（表6-3），并配合不同等级的呼吸速率范围，研究开发出相应的限制性气调保鲜包装袋（表6-4）。

表 6 – 3   5℃贮存温度下蔬果的呼吸强度等级及主要蔬果品种

呼吸强度等级	呼吸速率范围（5℃）[mg CO$_2$/（kg·h）]	主要果蔬品种
极低	<5	花生、枣、剥皮马铃薯
低	5 ~ 10	苹果、柑橘、洋葱、马铃薯
中	10 ~ 20	杏、梨、包心菜、胡萝卜、莴苣、番茄
高	20 ~ 40	草莓、花椰菜
极高	40 ~ 60	洋蓟、豆芽
超高	>60	芦笋、青花菜

表 6 – 4   Cryovac® 蔬果限制性气调保鲜包装袋

呼吸强度等级	透气率（23℃）[cm^{3}CO$_2$/（m^2·24h·0.1MPa）]	Cryovac® 蔬果气调保鲜包装袋型号
极低	200	B – 900
低	9800	PD – 900
中	20500	PD – 961；PD – 951
高	36000	PD – 941
极高、超高		PY 系列微孔包装膜

2. 包装形式和方法   鲜切蔬菜的包装形式有袋装、盒装和托盘包装。块茎类鲜切蔬菜可采用真空袋装，叶菜类鲜切蔬菜可采用盒装和托盘包装。根据蔬菜品种的呼吸强度等级可选择充气包装或限制性气调保鲜包装，如欧美等国超级市场零售分切蔬菜沙拉采用充气包装，其充入的理想气体比例则通过试验确定。

3. 包装尺寸   包装尺寸和包装总透气率有密切关系，包装袋的总面积乘透气率即得到包装袋的总透气率，必须配合包装内蔬菜的总呼吸速率才能达到所需的效果。即使是一个合适的包装材料，若选择的尺寸过大，会造成相对过高的透气率，多余的氧气亦会引起蔬菜氧化反应，反之则会出现无氧呼吸情况。

4. 温度控制   鲜切蔬菜加工过程可能对蔬菜造成的污染和伤害都会影响蔬菜的呼吸速率和保存期限，分切越细，呼吸速率越高；处理过程越繁复，污染机会越大；预冷不足，呼吸速率偏高。因此，加工过程的温度控制对鲜切蔬菜的生鲜品质至关重要。同样，保持稳定合适的贮存流通温度也能有效延长蔬菜的保鲜期限，但过低的温度会造成蔬菜冻伤。

四、果蔬制品包装

（一）干制果蔬类食品的包装

干制果蔬是果蔬制品的主要形式，其包装应在低温、干燥、通风良好、环境清洁的条件下进行，一般环境温度在25℃以下，相对湿度在60％以下。另外，由于温度对干制果蔬的保质期影响较大，一般生产厂家的贮存库温控制在15℃以下。

1. 脱水蔬菜包装   主要目的是防潮和防光照变色，包装材料应选用能避光和对水蒸气有较好阻隔性的材料，一般采用 PE 薄膜封装（图 6 – 26）或可用 PET（Ny）真空涂铝膜/PE 或 BOPP/Al/PE 等复合膜包装（图 6 – 27）。脱水蔬菜的包装首先应考虑防潮，如在包装内封入干燥剂；其次是防止紫外线照射变色，如采用避光的镀铝材料。

2. 干果包装   对核桃、板栗、花生、葵花籽等富含脂肪和蛋白质的果品，在包装时应考虑防潮、防虫蛀、防油脂氧化，故可采用真空包装。未经炒熟的板栗、花生等还具有生理活性，在贮藏包装时除了密封防潮外，还应注意抑制其呼吸作用，降低贮存温度以免大量呼吸造成发霉变质。炒熟干果的包装主要应考虑其防潮、防氧化性能。可采用对水蒸气和氧气有良好阻隔性的包装材料，如金属罐、玻璃罐、复合多层硬盒等；若要求采用真空或充气包装，则可以选用 PET/PE/Al/PE、BOPP/Al/PE、KPET/PE 等高性能复合膜包装（图6-28）。

（二）速冻果蔬的包装

速冻果蔬的包装主要是防止风干，同时给搬运提供方便，避免果蔬受到物理机械损伤，除个别品种外，对遮光和隔氧要求不高。适用于速冻包装的材料应能在 -40~-50℃ 的环境中保持柔软，常用的有 PE、EVA 等薄膜；对耐破度和阻气性要求较高的场合，如包装笋、蘑菇等，也可用以 PA 为主体的复合薄膜包装，如 Ny/PE 复合膜（图6-29）。国外采用 PET/PE 膜包装对配好佐料的混合蔬菜进行速冻保藏，食用时可直接将包装放入锅中煮熟食用，非常方便。速冻果蔬的外包装常用涂塑或涂蜡的防潮纸盒及以发泡聚苯乙烯作保温层的纸箱包装。

图6-26　PE复合膜包装

图6-27　内铝箔袋外铁罐包装

图6-28　干果包装

图6-29　速冻蔬菜包装

（三）果蔬的罐装

传统果蔬类罐藏制品都采用金属罐和玻璃瓶包装，近来纸质罐也有应用。金属罐中使用最多的是马口铁罐和涂料马口铁罐（图6-30），铝罐等应用较少；纸质罐可用于罐藏某些干制食品及果汁等。目前，果蔬采用蒸煮袋包装，即软罐头，已基本取代金属罐和玻璃罐。蒸煮袋能经受高温蒸煮杀菌，且能缩短杀菌时间，对内

图6-30　水果罐头

装产品的破坏性小，食用时可以连袋蒸煮加热，非常方便。

第七节　糖果、巧克力的包装

一、概述

目前，全球巧克力市场容量已超过 500 亿美元，其中欧美和日韩等国占 60% 以上；人均巧克力的消费量达到 3kg 以上，个别国家达到 11kg 以上。而我国巧克力市场的容量刚超过 10 亿美元，人均巧克力消费量约为 50g。国内巧克力市场正进入导入期末期或者发展期初期阶段，正以高于 15% 的速度快速增长，可以预测，在未来的几十年内，我国巧克力市场将处于令人兴奋的高速增长期。随着市场的发展、产品的延伸、技术的进步和竞争的加剧，国内巧克力的包装发展也在吸收原有欧美产品特点的基础上不断平衡产品特性和消费需求，呈现出多样性的特点。

糖果、巧克力的包装主要有三个作用：①保护产品应有的光泽、香味、形态且可延长货架寿命；②防止微生物和灰尘污染，提高产品卫生安全性；③精美的产品包装可以提高消费者的购买欲望和商品价值。

二、糖果和巧克力的品质变化机制及包装要求

糖果是以多种糖类（碳水化合物）为基本组成，添加不同营养素和添加剂，具有不同物态、质构和香味，精美、耐保藏、有甜味的固体食品。其包装的作用是通过密封来防止和延缓糖果产品吸湿后发生发烊和返砂。因此，糖果包装要求有较好的阻隔性，能够防止阳光、空气水分的侵蚀，同时也可保持糖果应有的光泽、风味、形态；其次，糖果包装的广告效应在糖果销售过程中起着不可小觑的作用，新颖独特的包装能够吸引消费者的眼球，刺激目标消费者的购买欲望，提高糖果制品的可感知价值；再次，包装可保证糖果从生产、运输、货架到最终消费者手中这一系列环节的卫生安全性。

巧克力是由可可液、可可粉、可可脂、白糖、乳品和食品添加剂等原料经混合、精磨、精炼、调温、浇模、冷冻成型等工序加工而成，是一类特殊含糖食品。巧克力的分散体系是以油脂作为分散介质的，所有固体成分分散在油脂之间，油脂的连续相成为体质的骨架，巧克力的主要成分可可脂的熔点在 33℃ 左右，因此，巧克力在温度达到 28℃ 以上后渐渐软化，超过 35℃ 则渐渐融化成浆体。巧克力表面质量受环境温度和湿度的影响也很大，当温度由 25℃ 逐步上升到 30℃ 以上时，巧克力表面的光泽开始暗淡并消失；相对湿度相当高时，巧克力表面的光泽也会暗淡并消失。同时，巧克力包装或者储藏不当时，还会出现发花、发白、渗油等现象；另外，巧克力还具有易于吸收其他物品气味的特性，部分巧克力制品会出现哈喇味、保质期不同步等现象。巧克力所具有的特殊性质和较高要求的售卖条件，对巧克力的包装提出了比较高的要求，特别是要求包装不但具备良好的阻水阻气、耐温耐融、避光、防酸败、防渗析、防霉防虫和防污染等基本性能，而且能长时间保持巧克力制品的色、香、味和型。另外，随着市场竞争的需要，包装要求具备独特的表现形式（包括材料、造型和设计等）、丰富多彩的表现内容（展示产品形态、特点和内涵等）以及为产品增值的功能，从而促进产品销售，提升产品附加值。

总之，糖果发烊、巧克力表面起霜和光泽消失、干缩变形、巧克力脂肪氧化酸败和香气的逸散是糖果、巧克力主要的品质变化，环境湿度和温度的变化是影响其产生的重要因素。因此，糖果、巧克力包装必须隔绝周围环境温度、湿度和氧对产品的影响，采用防潮、隔氧、阻气包装材料。

三、糖果、巧克力的常用包装材料

传统的糖果包装采用蜡纸裹包、玻璃纸裹包，现在多用复合膜包装。纸和纸板是糖果、巧克力包装中最常用的材料，硫酸纸、玻璃纸等常用作内包装材料，铜版纸和纸板常用作外包装材料。铝箔具有良好的防潮保湿性、保香性、防异味性、耐油性等，经涂塑后机械适应性和密封性也非常好，因此在糖果包装特别是巧克力及其制品包装中应用广泛。

常用巧克力包装材料有纸制品、锡箔包装、塑料软包装、复合材料、容器包装等。

1. 纸制品包装　是世界公认的无污染环保材料，但受本身特性的限制，一般用来制作外包装、陈列包装、展示包装和运输包装，除了对表面处理要求较高和对污染有特殊要求外，其他要求并不太高，行业利润不高。巧克力纸包装涉及铜版纸、白卡纸、灰板纸、箱板纸和瓦楞纸等，一些具耐水、耐油、耐酸、除臭功能的纸以及威化纸等高附加值的功能性纸的使用比例正逐渐上升，这将成为纸品包装企业额外关注的一个亮点。

2. 锡箔包装　是一类传统的包装材料，由于其良好的阻隔性和延展性，在目前的巧克力包装中一直占有一席之地；但受生产工艺、生产效率、应用局限性和价格等因素的影响，受到塑料等包装的极大冲击。

3. 塑料软包装　因具有功能丰富、展示形式多样等特点，逐渐成为巧克力最主要的包装物之一。随着技术的成熟，冷封软包装因其较高的包装速度、低异味、无污染、易撕开性等优点，以及能满足在巧克力包装过程中避免高温的影响这一要求，逐渐成为巧克力最主要的内包装材料。后期塑料包装发展方向的重点在于改善已有的塑料性能、开发新品种、提高强度和阻隔性、减少用量（厚壁）、重复使用、分类回收保护环境。

4. 复合材料　因具有多种材料复合特性和明显的防护展示能力，取材容易，加工简便，复合层牢固，耗用量低，逐渐成为巧克力和糖果包装中常用的一种包装材料。大部分的复合材料是以软包装为基材的，目前常用的材料有纸塑复合、铝塑复合和纸铝复合等。

5. 容器包装　是巧克力包装中最常见的包装方式之一，主要有防护性能优良、制作精良、陈列效果独特和二次利用的优点。目前市场上常见的容器包装不外乎塑料（注塑、吹塑、吸塑成型）、金属（马口铁罐、铝罐）、玻璃与纸（裱盒）四大类，为追求产品陈列的差异化，皮盒、木盒和复合材料容器等不常装食品的容器也出现在市面上。另外，陶瓷材料可以把文化和艺术表现得淋漓尽致，市面上也曾出现过用陶瓷制作的高档巧克力包装容器。

总之，糖果、巧克力及其制品对包装材料的要求为高阻氧、阻气和水蒸气阻隔性，较强的耐油性、隔热性以及良好的印刷成型特性等可装饰性能。可用的包装材料有：玻璃纸、铜版纸、铝箔、PE、OPP、BOPP 以及各种复合薄膜材料如透明纸/PP、牛皮纸/透明纸、牛皮纸/PE/Al/PE、Al/PP、Al/PE、PP/PE 等。一些可食性淀粉膜常作为内衬包装。

四、糖果、巧克力的包装方法

目前，国内糖果、巧克力的包装形式主要有扭结式包装、枕式包装、折叠式包装。扭结式包装是最古老的包装形式，多用于糖果，不仅可以通过高速、自动化的包装机来完成，也可以通过手工操作完成；枕式包装在国际上流行于 20 世纪 70 年代，在国内从 20 世纪 80 年代开始流行。由于枕式包装机比较普及，目前多数糖果、巧克力生产企业均采用枕式包装。而折叠式包装多用于巧克力产品，糖果适宜做成卷包、条包、合装，这种包装形式对包装设备和包装材料有较高要求。

近年来，国内糖果技术专家在引进合作、自主独创方面取得了可喜成绩。在糖果设备方面，我国先后推出了充气奶糖生产线、胶体软糖自动线、超薄膜真空瞬时熬煮机组、棉花糖生产线等，包装机械有单扭结包装机、折叠式包装机、高速枕包机等。糖果的组合包装可采用桶装、袋装、盒装、金属罐、塑料罐和纸塑组合罐等包装。巧克力设备方面，有多功能花色巧克力浇注线、巧克力复合制品自动线、巧克力挤出成型线、巧克力快速精磨机等。

知识链接

谁发明了咖啡挂耳包？

你一般用什么方式喝咖啡？

在咖啡馆里点一杯现磨，坐着读书；在从家到公司的路上买一杯咖啡来醒神；在茶水间聊天的时间，往机器里塞一颗"胶囊"；或是从磨豆到手冲都一力完成，享受有格调的生活；又或者胡乱抓起一包速溶，只为了不在下一秒睡着。

其实还有一种方式：热衷于把市场细分做到极致的日本人在便捷和品质之间找了个平衡点，设计了一款产品——挂耳包咖啡。

2001 年，日本 UCC 上岛咖啡发明了挂耳包咖啡并注册了专利，随后推向市场。在日语里，它被称为"一杯抽出型咖啡"。这是因为，它的原理是将咖啡粉装在无纺布或棉纸滤包里，外侧是两片纸质的夹板，打开便可以挂在窄口的杯子上，冲泡后直接抽出就能喝到香浓的黑咖啡了。

而那两片架在杯口像"耳朵"一样的纸片，就是"挂耳包"这个名字的由来。由于操作简单又便携，冲泡出来的咖啡口感也比速溶咖啡纯正香浓许多。

图 6－31　挂耳咖啡

实训五　调查分析食品包装要求、工艺技术及包装特点

一、实训目的

1. 了解当前市场上各类食品包装的特点及其包装性能特性。
2. 熟悉包装材料和包装技术在包装食品中的应用。
3. 了解食品包装常用塑料薄膜的火焰鉴别方法。

二、实训材料

市场中的各类包装食品，以及食品包装塑料薄膜和塑料袋、盒等。

三、实训原理

食品是一种品质最易受环境因素影响而腐败变质的商品。食品包装是通过采用适当的包装材料、容器和包装技术，把食品包裹起来，以使食品在运输和贮藏过程中保持其价值和原有状态。

几乎所有的加工食品都需经过包装才能成为商品进行销售，每一种包装食品在其保质期内都应有相应的质量和卫生标准。食品对包装的要求会随着食品的种类、特性等自身性能的不同而有所不同；另外，运输环境、存储环境、销售渠道、销售方式、期望货架寿命、消费群体等因素反过来也会影响食品包装。

不同塑料薄膜（袋、盒等）燃烧时会呈现不同的颜色，据此可以判断出塑料的大致种类（表6-5）。

表6-5　食品包装常用塑料薄膜的燃烧特点

名称	感官鉴别	燃烧鉴别			
		火焰特性	塑料变化	燃烧情况	气味
LDPE	手感柔软，白色透明，但透明度一般	火焰上黄下蓝	熔融滴落，易拉丝	容易燃烧，无烟	石蜡气味
PP	白色，透明度较高，揉搓时有声响	火焰上黄下蓝	熔融滴落	容易燃烧，无黑烟	石油味
PVC	柔软，伸拉韧性强于LDPE，白色，透明度高，有弹性	火焰黄色，下端绿色	燃烧表面黑色，无熔融滴落	难以燃烧，冒黑烟，离火即灭	刺激性酸味
PVDC	透明度、光泽性良好	火焰黄色，上、下端部绿色	软化	很难燃烧，离火即灭	特殊气味
EVA	感观和手感与PVC膜很相似	火焰上黄下蓝	熔融滴落，易拉丝	容易燃烧，无烟	石蜡气味略带酸味
PET	白色透明，手感较硬，揉搓时有声响，外观似PP	火焰黄色，有跳火现象	燃烧后炭化，呈黑色粉末状	少量黑烟，离火慢慢熄灭	酸味
PA	与LDPE极为相似	火焰上黄下蓝	起泡，熔融滴落，燃后呈淡黄色	缓慢燃烧，无烟，离火慢慢熄灭	毛发燃烧的气味
PS	透明度高，有光泽	火焰橙黄色	软化起泡	易燃，浓黑烟碳束	特殊苯乙烯单体味
PC	韧性高，透明性好	火焰黄色	熔融	慢慢燃烧，黑烟碳束	特殊味，花果臭

四、实训步骤

1. 准备工作　预先查阅食品包装技术相关的应用情况及技术、标准，制订调查方案，设计现场调查的记录表格或需要记录的内容。

分小组完成各种食品包装塑料材料的感性认识：纸及纸板的质量指标；包装纸盒与纸箱；金属罐；铝箔及软包装；其他金属包装容器；玻璃瓶罐的制造与质量检测；陶瓷容器的主要原料及常见陶瓷容器。

2. 市场调研和观察

（1）分小组完成纸质材料、塑料包装材料、金属材料、玻璃容器、陶瓷容器等在市场上的具体应用形式及产品的保质期、贮藏条件等。

（2）每组选择确定市场上一款或一类产品，结合产品特点、特性，包装要求，市场定位，消费群体和流通区域条件等因素，对其包装材料、包装特性、包装技术等开展调研。

（3）按食品类型调查市场现有食品包装技术方法，找出3~5种采用先进专用包装技术（如活性包装、智能包装、抗菌包装等）、其他功能性包装（可食性包装、纳米包装、绿色包装、防伪包装与防盗包装等）的产品，对照所学知识进行分析，解析技术原理。

（4）火焰鉴别塑料特性：收集塑料薄膜包装材料，在感官鉴别（手感、色泽、透明度、光泽等）的基础上，点燃几种塑料试样，观察火焰特性，对照表6-5，初步判别塑料种类。

3. 总结和报告

（1）组内讨论，谈心得体会并总结；根据调查结果撰写并提交一份调研报告（主要内容包括包装要求、形式、工艺技术和食品包装特点，以及先进专用包装技术和其他功能性包装的应用效果）。

（2）组内改进，制作 PPT，汇报调查过程及结果。每组进行 PPT 演讲、答辩，其他组听取并提问或质疑；教师和企业专家共同提问评价。

五、实训注意事项

1. 调查小组以 3~5 人为宜，确定 1 人为组长，每人各有任务侧重点，相互协作。

2. 产品选择可为果蔬、畜肉、水产品、乳、蛋、饮料类、粮谷、巧克力等包装食品中任意一种或一类食品。各组尽可能选择不同类型的食品或品种。

3. 汇报中可展示实物，或提供视频、动画等；火焰鉴别塑料可以现场操作，并应注意操作规范，以免发生烫伤事件。

六、思考题

1. 简要说明果蔬保鲜包装的基本原理。用于果蔬保鲜包装的材料应有哪些特性？
2. 生鲜肉和加工熟肉制品的包装要求有哪些区别？
3. 预制菜包装材料及常用容器有哪些？功能性包装技术的应用情况如何？
4. 传统食品包装技术与现代新型包装材料及包装技术分别主要有哪些特点？
5. 根据市场调研结果，简要分析食品包装存在的问题。

练 习 题

答案解析

1. 简要说明乳类食品及饮料常用的包装材料。
2. 试述水产品的包装对策。
3. 如何根据粮油类食品特性选择合适的包装？
4. 鲜肉和加工熟肉制品的包装要求有哪些区别？
5. 灌肠类食品使用的肠衣有哪些种类？各有什么特点？
6. 简要说明如何设计鲜切蔬菜的保鲜包装。
7. 简述糖果和巧克力的包装特点及要求。

书网融合……

本章小结　　　　微课

第七章

食品包装设计

学习目标

知识目标

1. **掌握** 食品包装设计原则、基本思路及设计元素；食品包装质量水平要素。
2. **熟悉** 食品包装设计策略与方法、程序；食品包装综合评价要素。
3. **了解** 包装造型与结构设计、装潢设计在食品包装中的应用。

能力目标

1. 能够根据食品产品定位来分析目标消费者及其需求，通过市场竞争品牌包装分析来了解销售渠道，对食品进行创意包装设计。
2. 能够运用各类包装技术规范和标准，做到食品包装设计的适用、安全与美观的兼顾统一。
3. 能够根据国家法规标准对食品包装质量水平进行综合评价。

素质目标

1. 通过对极简、生态、绿色食品包装设计的学习和包装人性化、个性化设计分析，培养环保意识，在食品包装的创意设计中坚持生态、绿色和可持续发展，坚持以人为本，尊重和关怀消费者。
2. 通过将民族元素应用于食品包装设计以及传统包装创新设计，增强民族自豪感。
3. 通过对食品包装质量水平的综合评价，树立法规意识、安全意识，培养诚实守信、团队协作的职业道德素养，增强社会责任感。

情境导入

情境 HIPPEAS 是全球首款有机膨化鹰嘴豆零食品牌，做了完整的品牌建设，包括包装、形象、定位等。

品牌名"HIPPEAS"谐音为"嬉皮士"，让人一听就联想到20世纪60年代嬉皮士时期丰富的视觉语言。但该品牌避免了使用那些人们所熟知的嬉皮士年代的元素，而是捕捉时代精神，针对"现代嬉皮士"——具有社会意识和文化个性的消费者们，打造了一个大胆、现代、独具魅力的形象，呈现出一个能激发消费者想象力的时尚、主流的零食品牌。

包装设计巧妙地结合了鹰嘴豆，构成一个微笑的"HIPPEA脸"，配以明亮的阳光黄色，视觉识别包含了简单而醒目的设计元素，轻松使品牌在货架上脱颖而出。嘴部不同颜色的舌头代表不同的口味（图7-1）。

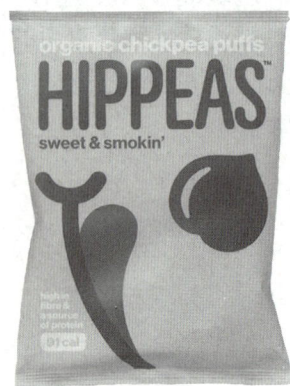

图7-1 HIPPEAS 包装

为此，HIPPEAS 还于 2017 年荣获 Dieline Awards 年度设计奖零食类第一名，最具创意包装设计。

该品牌自 2016 年 6 月上市至今，已进驻全球超过 18500 家商店。

思考 1. 你认为该包装设计最吸引你的是什么？

2. 这个设计给了你什么启示？

设计（design）是指拟订计划、制作草图的具体过程，也就是通过可视符号将各种各样的设想和构思表示出来。包装设计（packaging design）是指在正式生产包装制品之前，根据一定目的要求预先制订方案、图样或样品等的操作活动。在进行商品包装设计时，该商品的特性、用途、销售与使用对象、流通方式、材料、印刷和制造工艺，还有品牌、经济成本、环保等因素都是设计者需要考虑的问题。因此，包装设计是指包装的全盘策划。在整体概念下，包装设计可分成技术设计和形象设计两大方面。技术设计主要解决：①保护商品、方便贮运、节省资源与保护环境等问题，例如确定包装技术与方法，选用合适的包装材料、容器和辅助材料，设计合理的技术结构等，前述章节已做介绍；②美化商品、传递信息、促进销售等问题，包括商品包装的造型、结构、装潢设计三部分。此外，包装设计还涉及品牌与广告策划设计等知识。

尽管有关食品专业的技术和管理人员一般不需进行具体的包装设计，但必须很好地掌握这方面的知识，才能对食品包装提出具体的构思和要求，判别和选择科学合理的包装方案，提出包装设计的改进意见，使包装产品以其独特的商品形象展示其内在价值，在市场竞争中吸引更多的消费者。本章主要介绍销售包装设计及其相关知识。

第一节 食品包装设计基本思路

包装设计是一种创造性活动，其在诱导消费、提高商品竞争力、促进企业发展等方面起着重要作用。包装设计也是人类文化活动的重要组成部分。包装上视觉的愉悦，是包装装潢设计与包装工程相结合的综合形态的体现。因此，包装设计是结合技术学与艺术学，同时又融合人、物、环境等因素，利用包装材料、造型、插画的结合，体现出器物的造型、图案的组织形式、文字排列、色彩的构成关系而表现的综合文化形态。此外，由于包装外在的界面以直接的、艺术化的形象诉诸人的视觉，它能在商品营销活动中引导人们的消费选择，提高时尚消费品位。

广义的包装设计是对产品进行保护、位移，使其便于携带和使用，以及塑造一个美好外观形象，让消费者更容易接受其产品，从而达到销售的目的。

一、食品包装设计原则

食品包装的设计，应考虑食品对其包装在体量、结构、材料、外观等方面的要求，考虑食品在流通过程即包装、装卸、运输、储存、销售全过程中可能发生的意外，充分体现食品包装的保护功能、便利功能、促销功能等包装功能。食品包装设计的原则主要包括安全化、生态化、情感化。食品包装设计的安全性主要体现为功能设计的安全及材料印刷的安全。食品包装设计生态化还需考虑包装成本的限度及环保降解问题，注重环境、资源因素，减轻包装对环境产生的负荷与冲击；同时，食品包装除了满足包装基本功能外，还需考虑包装的审美与营销，注重对消费者情感的满足。

二、食品包装设计基本流程

（一）了解企业总体经营理念

经营理念即系统的、根本的管理思想，是企业管理者追求企业绩效的根据，是顾客、竞争者以及职工价值观与正确经营行为的确认，然后在此基础上形成企业基本设想与科技优势、发展方向、共同信念和企业追求的经营目标，这些可称为企业的"经营理念"（theory of business）。

一般说来，每一个企业都有一套明确的、始终如一的、精确的经营理念。因此，我们在进行包装设计时，首先必须对本企业的经营理念有深刻的理解，才能在总体上把握包装设计所要表现的企业形象和思想、文化内涵。

（二）掌握产品的特性及包装要求

包装设计之前，必须充分了解产品特性，从包装的保护功能、便利功能、促销功能和增加附加值等各个角度考察，综合分析各种因素，如市场因素、环保因素、包装标准化和工业化问题、陈列效果等，才能设计出符合产品要求的合理包装。

食品的类型很多。从形态上分，有固体的、流体的、膨松的、酥脆的；从包装上分，有气调包装、真空包装、无菌包装、防潮包装等；从使用的方式上分，有可直接食用的、需进行再加工的；从封装方式上分，有热封的、有旋盖的等。因此，食品的包装设计必须首先了解该食品的物理、化学特性，才能确定所选用合适的包装材料、封装方式、展示效果等，才能对产品进行有效的保护和营销宣传。

（三）确定包装产品定位和了解销售目标群体

定位设计（position design）的基本思想是站在销售角度，根据市场调研和研究得到的信息来考虑包装设计、确定设计因素和格局，强调把准确的信息传递给消费者。随着市场经济的发展，商品竞争越来越激烈，包装是与消费者接触最广泛、最频繁的视觉形象。不同的食品产品都有着其与众不同的独特价值，正是这些特有的价值对应着特定消费群体的特定需求。只有充分了解消费对象，包括不同的地域、各种年龄段、职业、社会阶层、收入状况、文化习俗等，才能设计出符合不同消费群体兴趣的食品包装，使消费者对你设计的包装"一见钟情"。因此，应根据产品所涉及的消费对象的喜好偏爱以及特定含义等，来考虑视觉形象的表现形式。

（四）控制包装产品的目标成本

企业财务管理的重要目标是控制成本，实现利润最大化。企业在讲求合理市场运作、公平交易、平等竞争的同时，更要讲求经济效益，讲求降本求利，这一切都与企业的目标成本管理工作是分不开的，包装产品也不例外。在满足产品包装所需功能的基础上，要合理、适当地选用材料和对材料模数分析，最大限度地利用材料，避免浪费。

第二节　食品包装设计的方法和程序

包装设计的程序与步骤，体现着现代设计的科学性、系统性的理性色彩，是掌握正确设计方法、取得有效设计结果的关键因素之一。包装设计的基本程序一般有以下几方面。

一、市场调研

由于科学技术的迅猛发展和进步，企业的生产规模不断扩大，使得社会分工越来越细。包装的设计人员一般都不直接面对消费者和销售市场，不能直接听到消费者的意见，因而在设计上很容易从自我出发、从概念出发，很容易导致设计的盲目性。因此，应对社会和市场进行调查，其内容主要包括：销售情况、竞争对手产品的包装及成败因素、典型的包装，等等。

二、调研内容与方法

市场调研可以委托专门社会调查公司，通过特定的程序、方法、模式获取销售市场和消费者的信息，也可以是设计人员亲自到销售现场进行调研。

包装设计中的市场调研是设计者对消费者的爱好、需求、趣味以及同类产品的销售情况、客户的意见等进行充分的了解，以研究市场的潜在消费群体购买力、购买动机，即对以往同类产品的优缺点的分析。如果是新上市的产品，则主要重视产品的消费需要，还有对消费者的心理需求、社会氛围等的分析。

市场调查一般可分为两个步骤：一是设计之前的调查，将企业产品与市场上其他同类产品或相近产品进行比对分析；二是产品上架后的销售调查。当该产品上市以后，要及时对消费者、销售人员以及商场管理人员对于该产品包装反映的信息进行收集、整理、分析，以便为下一次包装的改进做好准备。

市场调研中要采用各种手段收集有关文字、图片、实物等资料，获得大量的信息，特别是对数据、图像、资料等进行仔细分析，才能对产品市场有充分的了解。一种产品在不同地区的销售是不同的，这往往是因为当地社会风俗习惯以及年龄结构、男女比例等因素会影响对产品的好恶选择，从而导致产品的需求量不同。因此，包装设计人员需针对市场的区域范围、地区社会风俗、性别年龄、家庭文化等进行广泛的调研，设计出合适、合理、具有针对性的包装。

三、调研的结果分析

市场调研有助于规避风险，协助企业把重点放在能带来最大利润的市场。因为处在信息时代，调查研究可以帮助人们即时了解所发生的变化，以便通过优秀的包装设计去找到销售的各种途径。只要我们懂得了不同消费者购买不同包装商品的奥妙，就可以按照调研的结果去满足人们的各种需要，促进商品销售。

通过市场调研，设计者可以多方面地搜集到产品包装设计所涉及的市场、消费者等方面的信息，并对此进行加工整理和综合分析，对产品条件、环境条件、市场条件、生产工艺条件、目标消费者状况、经济成本进行分析论证与设定，将包装要求与条件及相关因素具体化，形成确定的目标、标准、范围、要求等，确定包装切入点和设计策略；写出调研报告，要求简明扼要，观点明确，调研所搜集的材料与提出的观点要保持一致，提出设计中所要解决的问题与解决方法。尤其对于一个新产品，在市场众多竞争对手的激烈角逐中，要战胜已被消费者认可品牌的同类产品，包装必须要有特点，要有与市场调研结果相符的创意，使包装具有鲜明的个性与新颖的感觉，能让消费者过目不忘，从而使产品具有延续性消费的可能。同时，应拟定包装设计制作计划及工作进度表。

四、包装设计

包装设计是面向社会和市场的工作，对市场信息进行全面研究是设计方案细致完善的基础。它是一种社会化协作活动，也是包装设计非常重要的一个环节。消费者在第一次选用新的产品时，都是在包装设计的引导下形成购买兴趣。其中包括产品品牌的知名度、色彩的搭配、图案的美观、造型的新颖、文字说明等。包装的设计分析是对整个包装的视觉部分进行综合分析，包括创意和构想，确定设计方案，确定包装形式及其组合关系，选择包装技术与方法，进行包装的结构、造型和装潢设计，制作样品包装，确定工艺，生产制作，包装评价等内容。

（一）造型设计

1. 包装容器造型与空间　包装设计空间由物体大小和距离确定。包装容器造型除了它本身应有的容量空间外，还有组合空间、环境空间。容量空间是依据它所包装的内容物来确定；组合空间是容器相互排列所产生的空间；环境空间则是容器本身的形体与其周围环境形成的空间，当容器在货柜上陈列时，环境空间尤为重要。现代包装设计已从三维空间（长、宽、高）发展为六维空间（即长、宽、高、时间、环境、人的感受）。

2. 包装容器与形体　容器形体的线型和比例是决定形体美的不可分离的重要因素，而容器形体的变化则是强化容器设计的个性。

（1）线型　线在包装容器造型上只表现为面与面之间的转折线和界限轮廓线，故许多容器从不同角度观察，便会有不同的线型。容器的形体离不了方、圆，体现在线型上就成为直线与曲线的结合，设计时要使之成为既有对比又协调的整体。

（2）比例　指容器各部分之间的尺寸关系，包括上下、左右、主体与附件、整体与局部之间的尺寸关系。容器的各个组成部分（如瓶的口、颈、肩、腰、腹、底）比例的恰当安排，直接体现出容器的形体美。确定比例的依据为：体积容量、功能效用（如饮料瓶瓶口小，罐头瓶口大）和视觉效果。

（3）变化　容器的形体有球体、圆柱体、圆锥体、立方体、方柱体、方锥体六种基本几何形体，形体的"变化"就是相对于这几种基本形体而言，以基本形体为基础块，用切制、组合、模拟（如仿动植物等自然形体或人工产品的造型）等方法构成富于变化、充满生机的形体。

3. 包装造型与材料　材料对食品包装的造型也同样起着重要作用。不同材料有着不同的功能和肌理质感，有的透明（如玻璃和某些塑料），有的圆浑古雅（如陶瓷），有的质朴（如木材），有的光洁富丽（如金属），有的华贵（如丝绸、皮革等）。即使是同一种材料，施加不同工艺，便有不同的功能、肌理，如玻璃既可制成单面透明的镜面玻璃，也可制成哑光效果的磨砂玻璃等。因此，设计时要注意及时采用新材料、新技术，充分利用材料特点和科学原理进行设计。

选用何种材料包装食品，要综合考虑科学（卫生、阻气、防潮、遮光、耐挤压等）、美观、经济、适销等多种因素。

4. 包装造型与人体工程学　手直接接触容器就会产生触觉，如何在使用时让手觉得舒服就涉及人体工程学的问题。关于手与容器的动作有很多，归结起来有以下四种：把握动作——取、移动、摇动；支持动作——支托；加压动作——挤压；触摸动作——探摸、抚摸。比如考虑容器直径，当直径超过9cm时，拿取过程中容器很容易从手中滑落，但最小不应小于2.5cm，否则会失去盛装东西的作用；如果容器直径超过手所能承受的范围，就要考虑在容器适当部位留有手握的地方，以方便拿取及开启旋拧盖。再如对于盖的直径，需要考虑手掌及指尖的抓握运动以及年龄层次的差别。

（二）包装结构设计

包装结构设计是从包装的保护性、方便性等基本功能和生产实际条件出发，科学地对包装内、外结构进行设计，因而更加侧重技术性、物理性的使用效应。它伴随着新材料和新技术的进步而变化、发展，目的是达到更加合理、适用、美观的效果。结构设计与装潢设计、造型设计一样，是包装设计的一部分，三者有机组合才形成一个完整的包装。

所选用材料的质地不同，容器结构造型不同，给人的感觉也是不同的。不管是哪一类商品的包装结构和造型设计，都必须符合产品自身的属性，符合产品的特色，使包装和产品融合在一起。

商品包装结构设计在设计的目的上主要解决科学性与技术性问题，在设计的功能上主要体现容装性、保护性与方便性；同时，辅佐包装造型与装潢设计体现显示性与陈列性。结构设计所需达到的要求与装潢设计、造型设计是不同的，主要有以下几条。

1. 容装性 产品依靠包装进行容装。产品有固态、液态等形态，体积、数量各有不同。在进行结构设计时，应充分考虑包装的容装功能，必须能够可靠地容装所规定的内装物数量，如大瓶装的糖果应能容装所规定的数量。这种容装功能既要考虑能容装下规定数量的产品，又要预留适当的空间，如瓶装可乐等饮料，其包装应有一定的空间，以免流通时因瓶子压力增大而破裂。

2. 保护性 食品包装的首要功能是保护商品，这主要是由结构设计来完成的。食品生产出来后，要经过一系列流通渠道（装卸、运输、储存等）才能到达消费者手中，由于气候条件、虫鼠、仓储等因素以及流通中各种外力的作用等影响，都会给产品带来不同程度的危害。结构设计的目的正是针对这些不利因素采取技术措施加以保护，既包括对内装商品的保护，也包括对包装自身的保护。一般来说，结构设计主要考虑其载重量以及抗压力、震动、跌落的性能等多方面的力学情况，考虑是否符合保护食品的科学性，如防潮、防锈、防霉、防污染、防盗窃等，即用何种结构，配合何种材料使所包装的产品能安全地到达消费者手中。由于商品种类繁多、品性不一，对不同食品所采用的包装结构可能差异很大，如对盛装酒类的玻璃瓶等易碎品主要考虑防冲击，对膨化食品主要考虑防潮，对可乐等碳酸饮料则主要考虑阻气等。

3. 方便性 优良的包装应具有广泛的方便性，这也需要通过结构设计来实现。方便功能一般包括方便包装、方便运输、方便装卸、方便堆码、方便储存、方便销售、方便携带、方便开启使用、方便处理等。在进行结构设计时，要考虑消费者的实际需要。包装的方便功能对产品销售会产生巨大影响，设计时应认真考虑。如罐头食品若罐盖难以开启，则会使消费者望而却步；瓶装液体若瓶口太小，就不方便灌装和使用等。

4. 显示性 食品包装必须具有明显的辨别性，可以在琳琅满目的货架陈列中以自身显著的特点对消费者产生强烈的视觉冲击。

5. 陈列性 包装必须在充分显示商品的前提下具有良好的展示效果，或者说具有理想的吸引力，以诱导消费者当场决策购买，或留有深刻印象，以便下次购买。

（三）色彩、文字、图形设计

在包装设计中，色彩、文字、图案是视觉形象的三大要素。这些要素又是与消费者的属性紧密结合的，二者必须联系在一起综合考虑。

1. 色彩 色彩是视觉传达力最活跃的因素。色彩的识别性、象征性、传达力都能影响商品包装的最终传达效果。因此，色彩的应用既要美化商品，又要科学准确。色彩的象征性是商品包装色彩设计中最有影响力的因素。包装的色彩要能使消费者对包装中的商品产生联想，一般说来，食品包装大都以暖色调或绿色为主。此外，不同的地域、不同的民族对色彩的认识和喜好都不一样，其象征意义也各自不同，所以在色彩的运用上应当灵活，并要注意象征的准确性。

2. 文字 包装设计中的文字是向消费者传达商品信息最主要的途径和手段，其包含的内容有商品名称文字、广告宣传性文字、功能性说明文字、资料文字等。文字是包装装潢设计中最主要的视觉表现要素之一。

字体设计可以在其结构上进行加工变化或者修饰，以加强文字的内在含义和审美表现力。如商品名称文字就可以根据商品的不同特点进行设计，如具有中国传统食品属性的包装设计可以采用中国传统书法艺术来表现，现代食品中具有西方食品特点的可采用现代字体的变形处理等。字体设计要特别注意的是，商品对于消费者来说应容易识别，变形太过或者采用已被禁止的繁体字或容易引起歧义的文字都会给消费者带来识别上的困惑。文字编排设计也应注意科学性，合理的位置、合理的大小都是文字设计中应该考虑的问题。

3. 图形 图形图案设计在包装面上占据十分重要的位置。出色的图形图案往往会吸引人们的视线，成为传达商品信息、刺激消费的重要媒介。因此，图形图案设计应典型、鲜明、集中且构思独特。图形图案设计的重要作用在于它以艺术的形式将包装内容主题形象化，人们单凭视觉即可直观地从图形图案中直接或间接地感受到商品内容及所带来的需求欲望。

现代企业越来越懂得，好的产品不仅是指产品的功能及其内在质量，还包括产品外观及其包装，富有美感的包装和装潢往往是吸引顾客购买的重要因素。具有独特造型的外观形状是设计分析中不可忽略的一个重要方面。

第三节　包装造型设计

包装造型设计是将具有包装功能且外观美的包装容器造型以视觉形式加以表现的一种活动，产品包装容器的造型设计决定和影响着产品的包装整体设计，必须从生产、销售以及消费者使用等多方面进行考虑。在进行产品包装设计时，应遵循科学性、实用性、经济性、便利性、审美性、创意性、环保性等原则。其中，创意在整个运作过程中占有极其重要的地位，包装设计的创造性成分主要体现在设计策略性创意上。所谓创意，它最基本的含义是指创造性的主意，一个好的点子，一个别人没有过的东西。当然这个东西不是无中生有的，而是在已有经验材料的基础上加以重新组合。创意是一种具有战略眼光的设计策略，具有前瞻性、目的性、针对性、功利性的特点。创意定位策略是成功包装设计最核心、最本质的因素。以下几种包装创意定位策略在包装设计中起着举足轻重的作用。

一、造型创意

造型创意包装外形设计就是寻找产品在包装外观造型上的差异化，包装结构设计等方面的差异性，从而突出自身产品的特色。例如纸盒的包装结构设计多至上百种，应选用何种结构来突出产品的特色以及强烈的视觉冲击力？是选用三角形为基本平面，还是选用四角形或五角形，或者梯形、圆柱形、弧形或异形等为基本平面。在选择产品外观造型时，一是要考虑产品的保护功能，二是要考虑其便利功能，当然还包括外观造型的美化功能。造型创意要注意其实用性、审美性、经济性、独创性。

二、造型创意设计的策略与方法

（一）切割与组合

1. 切割 首先根据构思确定基本几何形态，然后进行平面、曲面、平曲结合切割。由于切时的切点、角度、大小、深度、数量等差异，会获得不同形态的造型。这样，可以切制出无数种新的形态。为了增强立体形态的艺术感染力，进一步在几何体边线上做削减或在棱角上做切除修饰，这样，抽象的立体形态就有了一定的表情和动感。对不同部位的面加以切割，所得到的面就有不同的情感体现。平面有平整、光滑、简洁之感，曲面有柔软、温和、富有弹性之感，圆的流美、丰满，方的严格、庄重。不同的切割、组合方式千变万化，所得到的造型也随之变化。

2. 组合 两种或两种以上的基本型体，依照造型的形式美法则，在形状、体量、方向、位置等方面变化，从而组合成不同的立体形态。在设计时要注意组合的整体协调。许多容器造型是由基本型切割或组合而成。基本型一般包括球体、圆柱体、圆锥体、立方体、长方体、方锥体六大基本几何形体。

（二）形体线与装饰线

线是立体造型的最基本设计要素之一，是最富有表现力的一种手段。线的对比能强调造型形态的主次及丰富形态的情感。在包装容器造型设计中，线分为两种，一种是形体线，一种是装饰线。形体线决定包装容器的主体形态和立体结构，是表示主视图、侧视图、俯视图的线。装饰线是指依附于形体的线，不影响整体造型，属于辅助线。

1. 形体线　是构成外形轮廓的基本元素，决定了容器造型的基本外轮廓形态。在设计时，要确定容器造型以直线为主还是以曲线为主，或曲直结合。直线所构成的形面和棱角往往给人以庄严简洁之感，曲线所构成的形面给人以柔软活泼和运动之感。形体线的复杂多变，决定了容器造型的多姿多彩和千变万化。一般把容器造型分为三部分：头颈、胸腹、足底。通过长短与角度及曲直线型的变化，可以产生很多造型，而且性格各异。

2. 装饰线　能起到加强瓶体装饰效果的作用。装饰线既能丰富形态结构，又能制造不同的质感、肌理效果。我们设计时要注意装饰线的方向、长短、疏密、曲直等对比效果的运用。通过凹凸的装饰线进行分割，以加强形态的立体感和层次感。

（三）模拟与概括

在大自然中，任何美好的事物都能引起人们的丰富联想，是我们进行艺术创作的源泉。在包装容器造型设计方面，人们运用模拟与概括的表现手法可以创造出无数形态各异、熠熠生辉的作品。

模拟与概括就是以自然界中自然形态和人工形态为设计依据进行创作，具有生动自然的特点，能够增加作品的情感个性。在数字化信息化时代，人们的物质生活极大丰富，要求设计作品不仅要实用美观，而且要在设计中赋予更多的精神、文化、情感含义；对自然物体进行加工提炼，概括出最富感染力的部分，使其符合容器造型的设计规律；使商品变得生动活泼，具有情趣和生命，在满足现代人追求轻松、幽默、愉悦的消费心理的同时，也可体现人们"回归自然"的美好愿望。

（四）符合人体工程学

人体工程学是根据人的解剖学、生理学和心理学等特性，了解并掌握人的活动能力及其极限，使生产器具、生活用具、工作环境、起居条件和人体功能相适应的科学。因此，人们提出现代设计的任务就是造型与人的相关功能的最优化，设计是针对人的行为方式与造型环境的相互作用，它的内容既包含理性因素，又包含大量直觉和情感因素。这些体现在包装容器设计上，就是适合实用和审美要求，触觉舒适，使用方便，符合生理与心理要求等。

三、包装造型设计的创意思维方法

包装造型设计是兼含科技、艺术、人文等内容整体规划的系统设计。运用创意思维，可以新角度、新材料、新形式、新方法进行设计，也可以将普通形象进行重新编排与组合，使之意义更新，形成一种全新的语言效果。造型设计是创造性思维的过程，以设计者的吸收、记忆、理解能力为基础，运用创造性构思和一定的设计制作方法，通过造型形态体现出来。

（一）仿生造型法

自然界充满多样性与复杂性，蕴含着丰富的形态，不断从变化万千的自然中汲取灵感已成为许多设计师丰富自身设计语言的手段。设计师以自然形态为基本元素，通过分析、归纳、抽象等手段，把握自然物的内在本质与形态特征，将其传达为特定的造型语言。包装造型设计中仿动植物形态的包装容型设计等都是模拟某些生物形态，并经过科学计算或艺术加工而设计的，通过对自然界中各种生命形态的分析，形成丰富的造型设计语言。

仿生造型法的灵感源于自然，但设计中却不是简单模仿自然物的外形，而是使容器设计既具有自然形态的视觉感受，又具有实用价值和艺术性。这种造型设计方法在现代造型设计中越来越受到重视。

（二）象形模仿法

象形手法与仿生手法有所相似，但也有所不同。仿生手法注重"神似"，是对形象造型的概括和抽象提取；象形手法则更注重"形似"，通过一些夸张、抽象或变形意识使这种表现手法更加丰富，与产品个性更加协调一致。

（三）加减造型法

加减造型法是在基本包装形态的基础上，进行添加或者削减体块，而形成新的造型的方法。这种方法可避免产生繁琐多余的结构或装饰，降低生产成本；也可从现有的包装上去除某些多余的附属物，在保持基本功能的前提下，尽量简化形态的创造方法。设计时，应注意造型结构准确、材料选择适当、外观造型美观，具有一定的空间节奏感和整体统一性。

（四）造型要素交合法

使用造型要素交合法要善于运用产品特点和造型的特征，通过巧妙结合，形成新的构思，概括和综合大量现有材料，形成有科学条理性的概念，从诸事物的个性中概括出事物的规律性。在创造思维的指导下，加大思维的前进跨度，即加大联想和转换的跨度，使设计思维加快进行。造型要素交合法可避免设计中先入为主的印象，避免单凭主观因素进行造型设计。

（五）分析列举法

分析列举法是针对产品的包装容器造型做调查研究，列举出各方面的情况，探索现有包装造型改进或创新的方法，以创造出新的包装造型形态。分析列举出包装造型的缺点和不足之处，找到克服和弥补缺点的措施；列举出包装造型的全部优点，进行系统的研究和综合，以便扩展，创造出新的包装造型；以不同的观点创造性地提出新的希望，激发设计者的创造灵感。

（六）虚实空间法

包装造型设计中常常把形体所占有的实际空间称为实空间，把形体以外的空间称为虚空间。造型中虚实空间的对比主要体现在两个方面，一是实体在一定空间内所占有空间的大小、位置及构成的整体虚空间和形态实体的对比关系，二是整体和局部虚空间之间形状大小的对比关系，这些对比关系营造了虚实空间形式美的变化。

（七）系列造型法

系列化包装设计能够使同一品牌下不同种类或同一种类不同系列的商品成为具有整体性视觉化的商品体系，具有内涵意象的连贯性，可建立起商品统一而强烈的视觉阵容。因此，系列化这种技术措施近年来逐渐被引入包装设计领域，成为一个国际化的新潮流。

案例1：Bossa Nova 饮料（图7-2）由一种从亚马逊热带雨林中收购的果子精制而成，新的包装十分特别且出色，尤其是瓶盖部分，精致且充满了热情，与瓶身的结合也非常协调。

案例2：葡萄牙设计师 Pedrita 利用产品的化学模型元素设计了一种水包装 LH_2O（图7-3），它是 Água de Luso（Luso water）与 Pedrita studio 及 Luso 品牌合作的一个科研项目。包装由一个瓶盖与瓶颈构成的正方体及一个由17面构成的多面体（5个正方形和13个六边形）组成，该产品在运输及节约包装用料方面有着很好的效果。

图 7 - 2　Bossa Nova 饮料包装

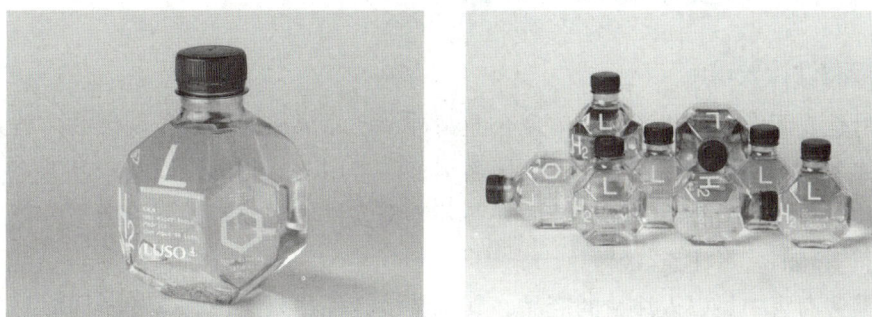

图 7 - 3　水包装 LH$_2$O

　　案例 3： 巴西 Roberta Zanette 的包装作品（图 7 -4）采用可回收材料 - 玻璃制作，回收后，可用作花盆或再次利用；标签设计部分采用较为简洁的表现手法，主题颜色为浅（白）色调；有 3 种规格，分别是 600g、450g 和 300g 装。另外，该包装的一个特点是可采用嵌套的方式运输，相对节约物流成本。

图 7 - 4　Roberta Zanette 的包装作品

第四节　包装装潢设计

装潢（upholster）的含义是商品或器物外表的装饰和美化。包装装潢设计就是通过艺术手法将商品名称、商标、用途、性能及企业形象等要素传达给消费者，对消费者产生视觉冲击效果，引起购买欲望，也就是借包装来提高商品在消费者心目中的价值感。

一件形式精美的商品包装，能把该商品与其他同类商品相区别，使其很快进入顾客的眼帘，具有"鹤立鸡群"的效果；还可以使人感到质量高、信誉可靠。所以，包装装潢是销售成功的秘诀。传统包装与现代包装的差别在于，传统包装除保护商品外，着重于对包装的外表进行美化装饰；而现代包装着重于促进销售，从属于商品的竞争。现代包装设计以功能设计为主，力求实用，去掉多余的装饰，力求在短暂瞬间发挥极大的吸引作用。

一、包装装潢设计要求和表现形式

（一）包装装潢设计要求

包装设计不单是表面虚浮的装饰，应体现企业精神及产品风格而形成长期性的广告效果。包装上的表现要素有：品牌名称、商标、标准字体、公司名称、广告用语、图形，以及产品特点、使用说明、生产日期、保质期、成分、容量等。装潢设计的任务是均衡安排表现要素并配以适当的色彩形式，使其产生视觉冲击效果而引起消费者注意。

超市市场或零售商店中最引人注目的产品，其包装设计往往是简单利落的；同时，包装的每一个面都是独立的，都能传达商品本身的信息，具有广告媒介功能和视觉流程效果，因而能不断地强化展示商品信息从而刺激消费者的购买欲望。因此，包装装潢设计要注意以下几点。

（1）估测包装本身的牢固程度，充分认识运输及贮藏条件的限制。在设计上要充分表现商品的内容及性质，达到包装与商品同一化，令人产生里外一致的印象。

（2）注意科学、艺术地处理商品的名称，其字体的形状要易读、易辨、易记。包装造型上要有独特的风格，令购物者有新鲜的观感。色彩处理要与商品的品质、类别、分量相互配合，达到协调统一的效能。

（3）与同类商品竞争，要有鲜明的识别能力，具有在货架橱窗上陈列和展示的效能，与产品广告宣传计划协调统一。

（二）包装装潢的表现形式

包装装潢的表现形式可归纳为写实、抽象及两者结合三类形式。具体表达手段又可分为摄影法、绘画法、简化或夸张法、抽象法、抽象与具象结合法、装饰法等几种。构成要素包括文学、摄影、插图、图案等。在包装设计时，要结合实际情况灵活运用以上表现手法和形式。

1. 摄影　具有画面逼真的效果，能直观、快速、高度准确地传递信息，最大限度地表达物体的质感、空间感，唤起消费者浓厚的兴趣和信任，以促进产生强烈的购买欲望。在超级市场，消费者往往看不到商品本身，只能依靠包装来判断商品的优劣，摄影画面可突出商品形象、一目了然，给人以真实可靠与高质量的感觉。

2. 插图　是通过设计师手工绘制的画面，在创造艺术形象的随意性和艺术的取舍与强调上具有独特优势，既可精细地写实描绘，又可夸张、概括地写意描绘和装饰，也可用抽象的表现手法，还可运用幽默漫画的手法来表现某种商品。插图有助于表达商品的特定主题和追求包装的个性特色，具有多样变通性，这是摄影手法所不能替代的。插图既能表达生活中不可能见到或很少见到的情景，如海市蜃楼、太空、科学幻想、古代风情、神话故事等，还适合表现一些商品形象不很美观或不好表现的内容。无论是抽象插图、具象插图，还是装饰、漫画，都具有构思自由、构图独特、发挥想象、强调个性的表现能力，可获得千差万别的视觉效果。

二、包装装潢构图

构图就是将设计诸要素进行合理、巧妙的组合，力求获得符合理想的表现格式，是构思的进一步具体化。

构图是体现设计意图的，因此，整个构图过程必须以设计意图为依据，围绕这一中心，不断地把构图上的要求与设计意图紧密联系起来，才有可能充分发挥构图的效用。例如，儿童食品包装就要根据儿童的年龄特点、爱好来考虑构图的格式，以生动、活泼、自由为好；高档酒包装由于常作为贵重礼品馈赠，又常是宴会上的珍品，应以较严谨的格式取胜。

（一）构图的基本要求

包装设计自始至终都要注意整体感，要将品牌名称、商标、图形、用途说明、广告用语、公司名称、净含量等都安排得当，在构图时则应注意布局，可用点、线、面代表具体的形象、文字和商标来进行构图。

在画面诸要素中有一个或一组担当着展现主题的作用，即称为主体形象。包装的主要展示面是主体形象和商品名、商标、净含量、公司名称的所在位置，主体形象和文字一般应放在画面的最佳视域。在画面诸要素的整体安排中，主要部分必须突出，次要部分则应充分起到衬托主题的作用，给画面制造气氛。次要形象和文字既应衬托主体形象，又具有相对的独立性；既要与主体相呼应和协调，又要保持对比关系。

（二）形式美规律的应用

1. 对比　是指设计形象元素（图形、文字、商标等）的形状、位置、数量、色彩的差别，诸如大小、曲直、长短、多少、高低、强弱、动静、疏密、虚实、明暗等。

2. 比例构图　应有合适的比例。一般来讲，比例越小越稳定（变化小，统一感强）；比例越大，变化越强（变化大，统一感弱）。在装潢设计中，需根据商品的规格用途决定比例关系。

3. 对称　具有静态的秩序美，在装潢上常用来表现恬静、庄重美的风格，但应用不好易使人感到刻板；若能很好地与感觉、表现内容相配合，在对称中求得稍有不对称的灵活变化，就可增加构图的变化和动态，达到破格的效果。

4. 平衡　是指画面的重心是否合适。无论是以数量求平衡，还是以距离求平衡，都要把形象要素和色彩的视觉平衡加以统一考虑，把对比统一关系处理得当。

5. 韵律　节奏感是韵律感的基础。构图中的节奏感是指图像、色彩合乎一定规律的大小、曲直、长短、多少、高低、强明等的渐变、增减和起伏变化，律感则是指有节奏的交替变化。

6. 空间　空间越大，主体越能清晰地突显出来，视觉效果越强。形象越重要，越需精心安排恰到好处的空间，构图中的空间正是起着烘托与加强主题的作用，也烘托文字的清晰度。设计时须充分发挥空间给予人感情上的作用。

7. 调和　调和的美就是"多样的统一，变化的统一"。调和的美还可体现在同质要素或相近要素之间的关系上，广义上讲，包装装潢构图中的对比、平衡、比例、空间等各种形式法则的结合运用最终都必须以调和进行整体协调。创新要靠点子，而发挥整体协调的调和美才真正体现了设计者的艺术修养和水平。

三、构图形式

现代设计中，可将构图归纳为点、线、面等形象元素不同编排和组合的结果。点、线、面既可作为形象元素直接构成设计，也可像代数中的字母一样，代替一切具有点、线、面性格的具体形象。线的分割可形成各种不同的构图骨骼，由此编排成不同的形象和文字。骨骼就是决定设计中形象位置和设计秩序的编排格式，最常见的例子就是网络。

线、面的关系从本质上反映了大自然中普遍存在的对比统一的关系。一般在一个构图中点、线、面的成分兼而有之，才能获得视觉上的满足。在特定的场合，有以点为主、以线为主或以面为主的构图格局，处理得当则具有良好的视觉传达效果。

(一) 点的构图

点的形态能使视线相当集中，其形态最为自由活泼，被称为兴趣中心。以点为主的构图较活泼，常用在食品包装上。点的构图有两种方式。

1. 自由式格局　常用多个点构图，在点的布局上要注意主次、大小、疏密及位置等的变化关系。对一个点的构图，则点常放在中心处。

2. 规律式格局　常采用对称式、向心式、离心式、向线式、离线式、旋转式、渐变式、重复式等，并以按一定骨骼线排列的点来构图。

(二) 线的构图

线有各种形态及不同的性格特征。曲线、波浪线组成的构图活泼、轻柔、自由，具有动态感；直线组成的构图具有挺拔、庄重感；横线（水平线）组成的构图比较稳定、平稳，表现静态美；倾斜线组成的构图动势强，具有运动感。各种形态的线也可以一种为主，交叉运用。各种线形的不同组合可作为编排的骨骼，由此可产生形式多样的构图。线的构图也可分为自由线的构图格局和规律线的构图格局。

(三) 面的构图

形象元素中最大的是面，面的形象可分为抽象形和具象形，任何具象形都可经抽象化而变为抽象形。面的构图也可分为自由式和规律式两种格局，主要采用分割设计。分割是为了合理地布局，以达到理想的视觉效果；美的分割应按比例地进行，常用的比例包括如下。①相等分割：有安定感，但较平板，缺少趣味。②黄金比分割：变化而协调。③数学级数分割：运用等差、等比级数关系来分割画面，具有精确变化的韵律感。④自由分割：具有个性，但易造成混乱。

以上各种构图形式各有特点。但每种形式并非是单项的，有时几种形式相互套用，相互辅助而完成，机械地套用会流入死沉的俗套。具体构图形式是以商品内容、特点为出发点进行设计，商品包装的效果在一定程度上取决于包装设计的构图。总之，构图的变化极其丰富，需根据包装内容要求的不同来加以千变万化，在设计中大胆创新。

四、包装装潢的色彩设计

一件包装设计作品的成败在很大程度上取决于色彩运用的水平，因此，了解有关色彩设计的知识十分重要。

(一) 色的三要素

色分为"有彩色系"（如红、黄、蓝、绿等）和"无彩色系"（如黑、白、灰、金、银）。无彩色系未包括在可见光谱中，有时又称为中性色。色的三要素是指色相、明度和彩度。有彩色系同时具备三要素，无彩色系则只有明度要素。

1. 色相　即色彩的相貌，通常以色彩的名称来体现，如红、黄、蓝、绿等色别，又如在红色中又有朱红、大红、土红、深红等区别。

2. 明度　指色彩的明暗深浅程度。无彩色系中，白色明度最高，黑色最低；有彩色系中，黄色明度较高，蓝、紫色明度较低，红、绿色居中。

3. 彩度　又称纯度或饱和度，指每种颜色色素的饱和程度。如大红的纯度高于粉红和深红。

红（品红）、黄、蓝（青或品蓝）被称为色料的三原色，三色相加成黑色。由三原色可调配出各种颜色，因此，彩色包装印刷可由三个印版（品红、黄、青）或四个印版（品红、黄、青、黑）经三色或四色叠印完成。

（二）色的对比与调和

1. 色彩对比　指两种或多种颜色并置时，因性质等的不同而呈现出的一种色彩差别现象。色彩差别的大小决定着对比的强弱程度，所以差别是对比的关键。

2. 色彩调和　指两种或多种颜色有秩序而协调地组合在一起，并能使人产生愉悦、舒适感觉的色彩搭配关系。

如果说色彩对比是寻求色与色的差别，那么，色彩调和则是为了达到色与色的关联。

3. 色的心理效应

（1）冷暖感　人们因生活经验而形成各种条件反射，如看到红、橙、黄会联想到火和光明、温暖，看到青、蓝会想到清冷的海水和星空，故色彩学上把红、橙、黄等色称为暖色，青、蓝等色称为冷色。包装装潢上冷暖色的运用应根据食品的特性加以选择。

（2）轻重、软硬感　这种心理感觉主要来自色彩的鲜明度和对比度，一般明亮色让人感觉松而软（故蛋糕、面包常用明亮色以表现松软、新鲜），明度低的暗色让人感觉就比较重和硬。

（3）厚薄感　高透明度的浅红、浅蓝、浅黄、浅紫等让人产生薄的感觉，深褐、赭红、橄榄绿等深色则给人以厚重的感觉。

（4）味觉感　色彩在表现食品的卫生新鲜感上有重要意义。乳白色的奶油和冰淇淋、黄色的蛋糕、橙色的鲜橙汁等，这些色彩给人以芳香可口的美味感；而某些晦暗、陈旧的色彩则会给人以食物的变质、腐臭感。人们往往喜欢习惯色，看到不同色彩的包装有时会产生不同的感觉，如红的甜、绿的酸、咖啡色的苦、橙黄色可促进食欲等。

（5）距离感　大面积、高明度、清晰、暖色和图形色给人以近距离感，有前进、膨胀感；反之，小面积、明度低、模糊、冷色和衬底色则给人以远距离感和收缩后退感。

（6）华丽质朴感　鲜艳明亮的色彩及金银色显得华丽辉煌，常用于礼品包装；沉着的色彩显得质朴素雅。

色彩的感情作用因人而异。由于区域传统、文化信仰等方面的不同，同一种色彩的象征含义也有所不同，这是设计者在用色时应考虑的问题，尤其要注意各国和地区对色彩的爱好和忌讳。

4. 色彩的应用

（1）配色方法

1）同种色配合　指色相同而明度不同的色的配合，如绿、深绿、粉绿的配合，其特点是：在不同场合分别表现为调和与单调。

2）类似色配合　指含有同一色相的色的配合，如蓝、蓝紫的配合。

3）对比色配合　指与该色没有共同色相的色的配合，以补色（色环中相对的色）配合的对比效果最强烈，如红与绿、橙与青的配合。一种色与其补色以外的对比色配合，称次对比色配合。

设计用色要注意对比与调和的统一，一般包装色彩有一个统一的色调，就好比音乐要有一个主旋律，这样整体感才会强。

（2）设计用色的基本法则　在于色彩的选择与组合是否适当。由于包装在展示上讲求一定距离的"视觉冲击"，用色过多反而相互抵消，抓不住观众的视线；单纯明确的色彩比复杂琐碎的色彩更易使人加深印象和记忆，给人以强烈而深刻的印象。

（3）重视形象色的运用　色彩是构成商品形象的重要因素，这种体现商品内在本质的色彩称为形象色，它是人们长期感性的积累，成为一种传统习惯视觉心理。人们见到形象色便会迅速联想到商品的基本面目。所以，食品包装常用鲜明丰富的色彩，如用红、黄、绿等色调强调味觉，突出食品的芳香新鲜、营养可口；用蓝、白色突出食品的冷冻和清洁卫生；滋补保健品常用兴奋的红色来表现健康和营养，烟酒包装常用典雅古朴的色调，丰富的复色给人以味美醇正之感，以表明其历史性名牌地位。

（4）注意国内外流行色的研究　随着时代的发展，社会和个人的喜好都在发生变化。过去用色淡雅、层次多，如今趋于用色少、简洁明快，追求简中寓繁的色彩美。不同时期流行不同的色调及色彩组合，要注意跟上潮流。流行色对包装产品起很大的促销作用。

色彩运用应新颖独创，注意形象色的运用。根据设计主题要求，认真调研，设计出不落俗套、个性鲜明、新颖独特的色彩格调，会给人以深刻印象，在竞争激烈的市场上能出奇制胜。

五、包装装潢的文字设计

（一）文字设计的原则

要与包装设计风格一致，体现包装商品的属性特点；强调易读性、识别性、生动性；应体现一定的风格和时代特征。

（二）包装文字的两个类别

1. 主体文字　如品牌名、产品名的标题字。要求醒目突出，清晰端庄。

2. 说明文字　如规格、数量、成分、产地、用途、使用方法、保质期等。要求清晰易认，不会造成误解。一般选用印刷体，常用宋体和单线体。

（三）常用字体类型

1. 书写体　汉字中有古朴、自由的甲骨文，古拙、高雅的大篆，圆润、富丽的小篆，端庄而有变化的隶书，严谨大方的楷（真）书，气韵生动的草书及介于真草之间、潇洒流畅的行书等。对表现富有中国传统和民族特色食品的包装，常采用中国书法。拉丁字母也有自由、活泼的手写草书体。

2. 印刷体　汉字中常用的有端庄大方的宋体、活泼秀丽的仿宋体、粗壮醒目的黑体以及接近书写体的楷体等。拉丁字母中常用的有典雅理性的现代罗马体、明快流畅的意大利斜体、庄重变化的歌德体、简洁醒目的无饰线体等。

3. 设计字体　一般包括略有装饰的设计字体和夸张变形的设计字体。设计字体的变化有字形、笔画、结构、装饰、象形和寓意以及肌理、色彩的变化。变体设计字是在宋体和黑体的基础上进行装饰、变化、加工而成的，虽有自由发挥的一面，但须遵循易于识别和体现商品属性的要求。例如，某种花生油的包装装潢便是一个大的"油"字，该字的三点水旁是由三颗花生构成的，一个字便体现了商品的属性。

4. 文字排列 文字设计一是字体设计，其二便是编排设计，完美的排列使文字更具表现力，能增加画面的诗情画意。编排设计要体现商品特色，注意处理好文字与文字、文字与图形、文字与空间的关系。

（1）有主有次，讲究节奏 文字应按内容主次排列，如标题文字和说明文字，安排的位置、字体、大小都应不同。越是重要的文字部分，空间越大，通过调整位置、角度、大小、轻重、空间等各种手段来分清主次，并讲究节奏韵律美。

（2）清晰醒目 要注意字距、词距、行距的关系，要求清晰易读，并在视觉上有舒适美感。

（3）符合视觉流程规律 文字排列要符合人们的阅读习惯（如从左至右、从上到下等），才能迅速传递信息。文字排列有横排、竖排、斜排、圆排、跳动排列、渐变排列、重复排列、阶梯排列、轴心排列等多种形式，包装上应以一种为主，其他形式只可局部稍有穿插，以免产生视觉上的混乱。

（4）要有整体感 主体字体必须统一，设计文字周围的正负空间应整体考虑。

5. 文字在包装中的应用 不管是中文还是拉丁字母，文字都具有种独特的美感，尤其是汉字。在包装中应用文字既是不可缺少的主题和信息传达手段，同时也起到装饰构图的作用。用草书装饰包装，用木刻版文字、石列文字以及各种古文字装饰包装，用拉丁字母的局部曲线装饰包装，都会取得很好的设计效果。

> ### 🔗 知识链接
>
> #### 国潮文化与包装
>
> 近年来，"国潮风"强势崛起，国潮产品已成为现代社会传承传播中华优秀传统文化最重要的载体之一。"国"代表了中国文化不断走向自信的身份认同，"潮"代表了年轻一代彰显态度与个性的符号标志。以"国"为"潮"是当下年轻消费群体进行消费选择的一个新动向。
>
> 潘虎设计实验室与良品铺子、敦煌博物馆共同策划设计的"良辰月·舞金樽"和"良辰月·弄清影"是在中秋佳节推出的礼盒包装，在包装结构上以国潮设计传承中式美学，采用敦煌莫高窟壁画当中符合中秋寓意的符号元素，如代表吉祥的凤凰、象征美好的九色鹿、绕月而奔的三耳兔、翼马、飞天奔月、灵动多变的植物纹样等，多种敦煌元素相互环绕、前后重叠围绕成中心的圆月，营造"月圆人团圆"的中秋氛围。两套包装的色彩都强化了敦煌壁画原有的浓郁配色，展示出岩彩画的独特肌理（图7-5）。
>
>
>
> 图7-5 良品铺子－良辰月系列礼盒包装

🔗 **知识链接**

AR 技术在食品包装上的应用

增强现实（AR）的优势在于能将真实世界与数字虚拟世界融入一个界面，在增强展示效果的同时，能提升信息获取的效率和趣味性，并能够进行功能拓展，从而使用户获得超越现实的新奇体验。AR 技术与传统包装不同，是以动态的形式传递包装信息，通过三维立体展示、动画演示等形式或结合音频、视频等多种方式展示包装及产品，从而达到增强包装展示效果和提升信息传递效率的目的。其次，AR 技术包装更是将二维的图像转化为视频、三维动画或立体模型等形式，以取得更加生动形象的产品展示效果，达到吸引消费者的目的，从而实现促销功能。如喜力啤酒推出的一款 AR 技术包装，消费者在下载专用 APP 后，通过 APP 扫描瓶身的喜力商标即可打开播放喜力啤酒宣传视频的 AR 播放器。可见，AR 技术包装不仅能够打破静态包装信息传递的局限性，还能通过动态趣味展示来提升消费者对品牌的认知度。

目前，AR 游戏和基于 AR 技术的娱乐服务是 AR 技术包装娱乐功能的主要探索方向。如在2016 年，可口可乐公司与音乐流媒体服务提供商 Spotify 在加拿大联合推出了一款个性化的可口可乐 AR 包装，包装上印有"Make a Splash"（引起轰动）等 185 个共享时刻的代名词，以每个代名词作为一个主题，每个主题都有一个含 20 余首曲目的播放列表。消费者用手机识别瓶身二维码，就可获取免费的"Play a Coca"（玩可乐）应用，之后使用该应用扫描瓶子，即可进入预设的 AR 播放器界面（图7-6）。

图7-6 喜力啤酒和可口可乐的 AR 包装

因此，AR 技术包装将成为未来包装非物质化展示的重要形式及包装智能化、绿色化的一种重要手段，同时也将为创新未来商品的销售模式提供技术支持。

实训六 食品包装个性化创意设计

一、实训目的

1. 掌握食品包装的基本包装功能、包装的结构设计和装潢设计，能够根据食品的特性和包装技术要求选择合适的包装材料，结合食品包装技术进行食品包装设计。

2. 熟悉食品包装设计整体流程，结合细分情境、智能科技和生态环保时代背景，对食品进行创意包装设计。

3. 了解国内外预包装食品生态型、文化型和功能型食品包装设计案例，结合产品定位和消费者群体需求，思考如何提升食品包装的生态性、文化性和功能性。

二、实训原理

食品是日常生活中的快销品，随着移动互联网、物联网和共享经济的发展，市场物质品类趋于饱和，食品功能趋同，食品包装的合理化、生态化设计越来越被社会所重视。生态食品包装应着重关注包装生命周期，在过程中进行合理干预，强调包装前期合理化设计，材料选择应考虑可重复利用、可再生、可降解、可食性，利用系统、全面、科学的思维方法开展设计，如减量设计、重用设计、拆解设计。因食品品类同质化，需要在设计策略和架构上进行升级。如何传递产品与品牌所承载的文化精神内涵，渗透中国文化因子，探索和发掘传统文化精华，这些都是食品包装设计所要考虑的。

三、实训内容及操作步骤

1. 考察与调研 通过资料查阅、网络搜索等方式，了解食品包装设计、食品包装开发、包装创意等；通过市场实地调查，考察和了解食品及其包装现状。形成食品包装及其设计调研报告。

2. 食品包装设计分析 对现有一款或一系列食品包装设计进行评价分析。结合产品特性、品牌及市场定位，从产品包装设计中的色彩、图案、结构或系列化等多角度对产品的包装及其设计进行剖析。形成食品包装设计分析报告。

3. 食品产品创意包装设计 自主选择一款食品或者拟开发应用的一种或一类食品，结合细分市场情境、产品定位和消费者定位来分析食品包装要求，融合生态性、文化性和功能性等多角度进行食品包装结构和装潢设计，提升食品包装设计的创意性。

可利用计算机软件，模拟完成设计作品。

4. 总结和作品展示

（1）组内讨论，谈心得体会并总结。根据调研考察和分析，撰写一份调研分析报告（主要内容：食品包装、包装设计、包装创意等的现状、趋势，拟开发设计食品包装的建议或思路等）。

（2）组内改进。改进食品包装创意设计（模拟作品），并制作 PPT 和（或）动画，汇报调研分析过程及结果。

（3）每组进行 PPT 演讲、作品展示，并进行答辩。

四、实训注意事项

1. 实训开展前，需认真了解食品包装及设计市场情况，理解相关法律、法规、标准内容。

2. 调查分析及设计以小组为单位开展。每小组以 3~5 人为宜，确定 1 人为组长，每人各有任务侧重点，相互协作。

3. 汇报过程中尽可能展示实物或作品，可提供视频或动画。本小组汇报时，其他组学习聆听并提问或质疑，教师和企业专家共同提问、评价。

实训七 食品包装质量水平综合评价

一、实训目的

1. 了解食品包装材料选择、设计的基本技术要求和质量要求。

2. 能依照规定程序，运用有效的方法，对食品包装材料选择、设计等进行审查与辨别。

3. 能根据总体水平评价数据，对包装效果和影响进行判断，得出评价结果。

二、实训原理

应符合中华人民共和国国家标准《食品包装评价技术通则》（GB/T 40001 – 2021）规定。食品包装的安全性、保护性、节约性、环保性和便利性等为评价的一级要素，根据相应的二级要素及其说明进行综合评价，并将其量化评分，计算得出平均分，确定被评价对象（包装）的总体水平，形成评价结论。

三、实训内容及操作步骤

（一）实训内容

1. 组成评价小组　评价小组至少由7名成员组成，其中每位成员模拟充当相关领域技术专家，包括食品、包装、环保等领域的技术和管理专家。

2. 拟定活动方案　讨论拟定开展食品包装评价活动的方案，考察调研市场现有的食品包装，选择一款适合的食品包装，进行食品包装质量水平综合评价。

（二）操作步骤

1. 评价方案设计　预先查阅与食品及食品包装材料、设计等相关的技术规范、管理制度等，并了解食品包装技术对食品质量和食品流通、消费的影响情况。确定评价方案，设计记录表格或需要记录的内容。

2. 学习标准规定　重点查阅《包装与环境 第1部分：通则》（GB/T 16716.1—2018）和《限制商品过度包装要求 食品和化妆品》（GB 23350—2021）。

下载并打印中华人民共和国国家标准《食品包装评价技术通则》（GB/T 40001—2021）。结合实际包装，学习掌握"食品包装评价技术要素及权重表"中的"要素"内容及其说明，领会理解"评价要点"。

食品包装评价技术要素及权重表如下。

一级要素	二级要素	二级要素说明	评价要点	打分	要素权重
安全性	1. 使用安全	食品包装对相关人员造成物理伤害的可能性	食品包装由于设计存在的在开启、使用等过程中对人身造成的物理伤害情况以及潜在的人身物理伤害情况		30%
保护性	1. 材料应用	食品包装材料在食品生产、贮藏、流通等过程中的应用程度	同类产品包装材料应用情况		4%
	2. 材料特性	材料特性对内装物的保护程度	强度、透气性、防油性、阻氧性、阻湿性、阻光性、耐酸碱性、耐温性等性能指标的检测情况；符合其他标准情况		4%
	3. 材料适应	食品包装材料在不同环境中对内装物的保护程度	气候、温度、湿度等适应情况；内装物受外界污染情况		4%
	4. 结构特性	包装设计对食品的生产、贮藏、流通等过程中保护程度	耐压强度、耐冲击、耐跌落强度等性能指标的检测情况；符合其他标准情况		4%
	5. 结构适应	包装设计与食品生产、贮藏、流通等活动的适应性	内装物形态变化情况		4%

续表

一级要素	二级要素	二级要素说明	评价要点	打分	要素权重
节约性	1. 材料应用	食品包装材料是否有利于防止食品在生产、贮藏、流通等过程中的损失	破损率；损失率；粘黏量		10%
	2. 材料特性	食品包装材料是否有利于产品的长期保存	保质期长短		2%
	3. 开启设计	结构设计所采用的分装、反复开启等方式是否便于食品保存	开启方式		2%
	4. 设计保护	包装结构设计是否有利于产品的长期保存	保质期长短		2%
	5. 结构大小	结构设计是否考虑人均食用分量、保质期等因素	结合消费速率情况		2%
	6. 包装展示	结构设计是否考虑到包括消费人群、年龄、性别、场所等因素	促进食品消费情况		2%
环保性	1. 材料类别	可再生资源的使用及生产的环保性	可再生资源		4%
	2. 材料特性	材料是否属于可食用、可降解、可回收等环境友好的食品包装材料和容器	可食用情况；可降解情况；可回收情况；符合 GB/T 16716.1 情况		6%
	3. 材料用量	单件包装所耗费的食品包装材料	同类产品包装材料使用的量		2%
	4. 结构适量	包装的空隙率、包装层数是否过度	符合 GB 23350 情况		2%
	5. 占有空间	结构设计与食品的装卸、运输和贮存的适应性	占用空间程度		2%
	6. 材料复合	包装材料是单一材料还是复合材料，以及是否可拆分	回收便利性		2%
	7. 重复利用	包装是否可以用作其他用途	重复利用情况		2%

3. 数据分析　每位成员在评价过程中须事实求是，客观、公正、独立地发表意见，收集包括安全性、保护性、节约性、环保性和便利性等在内的一级要素以及二级要素所需要的数据，并进行数据分析。

4. 评价、打分　按照"食品包装评价技术要素及权重表"的要素及评价要点，对食品包装各要素进行评价、打分（每项要素满分为100分）。

（三）评价结果

评价小组根据每位成员的量化评分计算得出平均分，经过讨论，确定被评价对象的总体水平，形成评价结论。

对评价结果进行分级：90 分及以上评价结论为优秀，90 分以下至 80 分及以上评价结论为良好，80 分以下至 70 分及以上评价结论为合格，70 分及以下评价结论为需考虑重新设计包装。

四、问题和讨论

1. 请思考本实训设立的评价要素的科学性、合理性。除了本实训所要评价的要素外，还有哪些要素可评价？或者可以省去哪些要素？为什么？

2. 讨论食品包装对食品质量和消费的影响，分析本实训中影响食品包装设计和效果的因素。

练 习 题

答案解析

一、选择题

（一）单选题

1. 关于包装造型设计，描述不正确的是 （ ）

　　A. 包装设计空间由物体大小和距离来确定

　　B. 包装容器造型除了它本身应有的容量空间外，还有组合空间、环境空间

　　C. 容量空间是依据所包装的内容物来确定

　　D. 环境空间是容器相互排列所产生的空间

2. 关于包装设计中的文字要素，表述不正确的是 （ ）

　　A. 是向消费者传达商品信息最主要的途径和手段

　　B. 是视觉传达力最活跃的因素

　　C. 作为包装装潢设计中最主要的视觉表现要素之一

　　D. 包括商品名称文字、广告宣传性文字、功能性说明文字

3. 关于食品包装设计的原则，描述不正确的是 （ ）

　　A. 食品包装设计的原则主要包括安全化、生态化、情感化

　　B. 进行食品包装设计时主要考虑设计美观性、促销性，增加包装价值，可适当忽略包装的基本功能

　　C. 食品包装设计还需考虑包装成本的限度及环保降解问题，注重环境、资源问题因素

　　D. 包装设计之前必须充分了解产品特性，从包装的保护功能、便利功能、促销功能和增加附加值等各个角度考察

（二）多选题

4. 包装结构设计中需考虑的因素有 （ ）

　　A. 容装性　　　　　　　　B. 保护性　　　　　　　　C. 方便性

　　D. 显示性　　　　　　　　E. 陈列性

5. 下列属于包装造型设计常见的创意思维方法的有 （ ）

　　A. 仿生造型法　　　　　　　　　　　　　　B. 象形模仿法

　　C. 加减造型法　　　　　　　　　　　　　　D. 虚实空间法

二、简答题

1. 简述包装中常见的图形元素形象。

2. 什么是包装造型设计？有什么要求？

3. 简述现代包装设计的作用。

4. 针对一款运用中国传统元素进行设计的包装，试从包装定位和视觉表现（图形、色彩、文字、结构、材料等）两方面进行分析。

书网融合……

本章小结

第八章

食品包装安全与法规标准

PPT

学习目标

知识目标

1. **掌握** 食品包装安全与质量的重要知识。
2. **熟悉** 我国食品包装相关的法规及标准。
3. **了解** 食品包装材料的基本检测指标和方法。

能力目标

1. 熟练制作预包装食品标签的技术要求。

2. 学会识别预包装食品标签强制标示内容及食品包装上的常见标识。

3. 能够根据食品包装材料的材质与形态，选取适当指标对食品包装进行安全及质量性能评价，并掌握部分指标测定方法，提高食品包装检测相关能力。

素质目标

1. 通过对食品安全标准的学习，树立食品安全意识，理解食品包装安全合规的重要性和基本管理思路，提高确保广大人民群众"舌尖上的安全"的意识。

2. 通过对食品标签相关标准及标识的学习，树立大食物观，提高食品开发的营养健康相关意识，提升对食品营养在推进"健康中国"建设中作用的理解。

3. 通过对食品包装检测技术的学习，培养求真务实、开拓创新的职业态度。

情境导入

情境 双酚A（BPA，二酚基丙烷）是很多品种塑料加工中的催化剂。BPA过去被大量应用于生活塑料制品中，包括饮用水瓶、婴儿奶瓶等，每年全世界会生产2700万吨含有BPA的塑料。但经研究发现，BPA能导致内分泌失调，威胁胎儿和儿童的健康。癌症和新陈代谢紊乱导致的肥胖也被认为与此有关。欧盟认为使用含BPA的奶瓶会诱发性早熟，因此从2011年3月2日起禁止生产含化学物质BPA的婴儿奶瓶。2011年5月30日，我国卫生部等6部门对外发布公告称，鉴于婴幼儿属于敏感人群，为防范食品安全风险，保护婴幼儿健康，禁止BPA用于婴幼儿奶瓶。

思考 近年来，由塑料包装材料中的添加剂引发的食品安全问题还有哪些？请举例并详细阐述其危害性。

第一节　食品包装的安全性问题

随着经济的发展与技术的进步，食品包装技术越来越发达，食品包装材料也越来越丰富。在生活水平不断提高的同时，人们对于身体健康也越来越重视，食品包装（又称"食品接触材料"）直接或间接地接触食品，直接影响着食品的卫生与安全。食品包装的卫生安全通常根据食品容器及包装材料能否防止食品污染和有害因素对人体的危害进行界定。目前，各国均以模拟溶剂测定食品的污染程度，并且根据污染程度来限制容器及包装材料的使用。对于食品包装可能污染食品有害因素的消除，可采取两种措施：①设法不使用带有危害因素的包装材料；②通过一定的检验方法检测其中危险物质的量，采用安全性评价以确定是否适宜用作食品包装材料。包装材料中的溶出物，除镀锡罐中溶出的锡和从纸、玻璃纸中溶出的水溶性物质外，其余物质溶出量均约为百万分之几或更少。采用的安全性评价方法是指取一天中食用食品包装上的污染量与从毒性角度得出的每日允许摄取量（ADI）之比，按照比例做出相应的安全性评价。本节将对常见食品包装材料的安全性能进行介绍。

一、纸质包装材料的安全性能

纸质包装主要以纸浆为原料，然后加入施胶剂（防渗）、填料（模糊处理）、漂白剂（增白）、染色剂等添加剂。施胶剂主要采用松香皂，填料主要使用高岭土、碳酸钙、二氧化钛、硫化锌、硫酸钡及硅酸镁等，漂白剂主要采用次氯酸钙、液态氯、次氯酸、过氧化钠及过氧化氢等，染色剂主要使用水溶性染料（如酸性染料、碱性染料、直接染料等）、着色颜料（有机颜料和无机颜料）等。纸的溶出物大多来自纸浆和施胶剂等物质。漂白剂水洗时可完全洗去。染色剂不得有颜色溶出，或溶出的染色剂可作为食品添加剂但不能超出限量。无机颜料大多使用各种金属，如赤色的多用镉系金属，黄色的多用铅系金属，这些金属有时在 10^{-6}（ppm）级以下即能溶出。纸制品中还能溶出保存纸浆用的防霉剂或加工树脂时使用的甲醛。

二、塑料包装材料的安全性能

塑料大致分为热固性和热塑性两种，前者有尿素树脂、酚醛树脂、三聚氰胺树脂等，后者有氯乙烯树脂、偏氯乙烯树脂、聚乙烯、聚丙烯、聚苯乙烯、聚酯及尼龙等。添加剂有稳定剂、润滑剂、着色剂、抗静电剂、增塑剂等，增塑剂添加量在 5%～10%，其他添加量都在 3% 以下。

1. 尿素树脂（VF） 由尿素和甲醛制成。树脂本身光高透明，可随意着色，但成型条件不足时，会出现甲醛溶出。

2. 酚醛树脂（PF） 主要由酚醛和甲醛制成，可用来制作箱或盒，盛装蒸煮的鱼、贝类。由于树脂本身为深褐色，可使用的着色剂受到了一定的限制。其溶出物主要是甲醛、酚及着色颜料，置于 100℃ 水中 30 分钟，溶出酚在 0.3×10^{-6}（体积分数）以下。酚醛树脂还具有较强的耐热性，使用该材质容器进行热填充时不会出现甲醛溶出。

3. 三聚氰胺树脂（MF） 主要由三聚氰胺和甲醛制成，在其中掺填充料及纤维等成型。成型温度比尿素树脂高，甲醛的溶出也少，多用来制作带盖容器。

4. 氯乙烯树脂（PVC） 与其他塑料不同，多使用重金属化合物作为稳定剂，通称为软质氯乙烯塑料。含有 30%～40% 的增塑剂，透明性好，多用来制造托盘和瓶子。用作食品包装材料的氯乙烯树脂，禁止使用铅、氯化镉及二丁基锡化合物等稳定剂。

5. 偏氯乙烯树脂（PVDC） 是在偏氯乙烯和氯乙烯共聚物中添加 5%～10% 的增塑剂、稳定剂及抗氧化剂等制作而成，常用作折叠薄膜或套管，还可作为涂敷剂。其溶出物主要是小于 1×10^{-6}（体积分数）的偏氯乙烯单体、稳定剂及增塑剂等。

6. 聚乙烯（PE） 常使用润滑剂、抗氧化剂，有时添加抗静电剂、紫外线吸收剂等。抗氧化剂主要采用酚系化合物和硫化戊酮氧化物，酚系低分子化合物主要在成型时用于防止热劣化，高分子化合物可提高容器的耐用性，润滑剂一般使用高级乙醇和脂肪酸高级酯。

7. 聚丙烯（PP） 含有抗氧化剂和润滑剂，用20%的乙醇模拟物进行迁移试验时，溶出量少于聚乙烯（PE），表明其安全性高于聚乙烯。

8. 聚苯乙烯（PS） 同聚乙烯和聚丙烯一样含有抗氧化剂。苯乙烯原料中含有非聚合性甲苯、乙苯、丙苯等化合物，掺混在聚合体中，称总挥发性成分。总挥发性成分一般在PS材质中含量为（2000～3000）$\times 10^{-6}$（体积分数），比较容易从PS容器中挥发出来，即使是干燥的包装食品，也能将其吸收。如经过油炸的方便面是多孔性的，被吸附的挥发性成分易被油脂吸收，难以散逸，所以方便面很可能会被浓度为（1～2）$\times 10^{-6}$（体积分数）的挥发性物质所污染。

9. 聚酯（PET） 即聚对苯二甲酸乙二醇酯，主要由聚对苯甲酸或其甲酯和乙二醇缩聚而成，透明性较好，阻气性高，代替氯乙烯塑料瓶广泛用于液体食品包装。PET的溶出物可能来自乙二醇与对苯二甲酸的三聚物聚合时的锑和锗等金属催化剂，但溶出量较少。对锑的毒性试验表明，PET放置6个月，其溶出量在0.05×10^{-6}（体积分数）以下；在32℃以下放置6个月，乙二醇的溶出量小于0.1×10^{-6}（体积分数）。因此，PET溶出物的总量很小，表明材质较为安全。

10. 复合材料 在实际操作中，采用两种以上材质的复合材料，可大大降低塑料对人体的危害性。制作复合材料常用涂层和黏合两种方法，黏合又可分为加热黏合和黏合剂黏合。常用的黏合剂主要是氨基甲酸乙酯系，其中有的以甲苯二异氰酸酯（TDI）作原料，其加水分解生成物能产生2,4-甲苯二胺（2,4-TDA）。2,4-TDA具有致癌作用，因此人们对于复合材料内层造成的食品污染十分关注。

三、金属包装材料的安全性能

金属包装材料一般有金属箔和金属罐，前者使用铝和少量的锡，后者多用镀锡罐和铝罐。使用铝时，对材质的纯度要求达到99.99%，几乎没有任何杂质，铝箔因为存在小气孔，多与塑料薄膜黏合在一起使用，很少单独使用。金属罐的表面大部分用塑料涂覆，对于镀锡罐，溶出的锡会形成有机酸盐，毒性较大。

四、玻璃容器的安全性能

玻璃是一种无机物质的熔融物，无水硅酸占65%～72%，烧成温度为1000～1500℃。因玻璃的种类不同，加上存在来自原料的溶出物，应检验玻璃中碱、铅及砷的溶出量。玻璃的着色需要用金属盐和金属氧化物等，如酒青色需用氧化钴，茶色需用石墨，竹青色、淡白色及深绿色需用氧化铜和重铬酸钾，无色需用硒。

五、陶瓷及搪瓷制品的安全性能

陶瓷及搪瓷制品虽在质地上有所差异，但其表面均经过上釉，釉是硅酸钠和铅等其他金属盐，着色颜料中也有金属盐。将上述釉涂在坯料表面，置于800～1000℃下烧成成品；若烧制温度低，就不能形成不溶性的硅酸盐，通过4%的醋酸溶出试验可见到金属溶出。

第二节 食品包装安全法律法规及管理体系

当食品包装（或食品安全国家标准所称的"食品接触材料"）与食品直接或间接接触时，有毒或有害物质可迁移至食品中或与食品中的成分发生反应，易污染食品，甚至影响人身健康。因此，食品包装不仅要符合一般商品包装标准与法规，还要符合食品安全标准与法规。

《中华人民共和国食品安全法》（以下简称《食品安全法》）是我国食品安全法律体系中效力层次最高的，是制定从属性的食品安全法规、规章以及其他规范性文件的依据。《食品安全法》是食品包装安全性方面的基本法，本节将以《食品安全法》相关法条为线索，介绍我国食品包装的法律法规、管理体系以及主要食品安全标准，其中重点介绍 2016 年以来我国不断完善的食品接触材料相关食品安全标准。

一、我国食品包装安全相关法律法规

我国第一部涉及食品包装安全性的法律为 1995 年颁布的《食品卫生法》。然而随着食品接触材料行业的发展，旧版法规已不足以解决近年来出现的安全问题。因此，2015 年"史上最严"《食品安全法》经多次审议后正式实施，并于 2018 年、2021 年分别进行再次修订，不断完善我国食品接触材料及制品的相关法律。目前，我国食品安全法律法规体系以 2021 年修订的《食品安全法》为主，规定了食品包装安全性相关的质量要求、管理架构及食品安全标准体系等内容，并根据 2019 年修订的《中华人民共和国食品安全法实施条例》（以下简称《食品安全法实施条例》）进行具体实施。下面将《食品安全法》中与食品包装相关的条款列举如下。

1. 管理范围 《食品安全法》第二条第三款规定，在中华人民共和国境内从事用于食品的包装材料、容器、洗涤剂、消毒剂和用于食品生产经营的工具、设备（以下称食品相关产品）的生产经营，应当遵守本法。

2. 职责分工 《食品安全法》第五条及第十四条规定，国务院食品安全监督管理部门负责对食品生产经营活动实施监督管理；国务院卫生行政部门负责组织开展食品安全风险监测和风险评估，会同国务院食品安全监督管理部门制定并公布食品安全国家标准，制定、实施国家食品安全风险监测计划。

3. 食品安全标准 《食品安全法》第二十四条规定，制定食品安全标准，应当以保障公众身体健康为宗旨，做到科学合理、安全可靠。

第二十五条规定：食品安全标准是强制执行的标准。除食品安全标准外，不得制定其他食品强制性标准。

第二十六条规定：食品安全标准应当包括下列内容：①食品、食品添加剂、食品相关产品中的致病性微生物，农药残留、兽药残留、生物毒素、重金属等污染物质以及其他危害人体健康物质的限量规定；②食品添加剂的品种、使用范围、用量；③专供婴幼儿和其他特定人群的主辅食品的营养成分要求；④对与卫生、营养等食品安全要求有关的标签、标志、说明书的要求；⑤食品生产经营过程的卫生要求；⑥与食品安全有关的质量要求；⑦与食品安全有关的食品检验方法与规程；⑧其他需要制定为食品安全标准的内容。

4. 生产经营要求 《食品安全法》第三十三条第七项规定：直接入口的食品应当使用无毒、清洁的包装材料、餐具、饮具和容器。第三十四条第九项至第十一项规定：禁止生产经营被包装材料、容器、运输工具等污染的食品、食品添加剂；禁止生产经营标注虚假生产日期、保质期或者超过保质期的食品、食品添加剂；禁止生产经营无标签的预包装食品、食品添加剂。

第四十一条规定：生产食品相关产品应当符合法律、法规和食品安全国家标准。对直接接触食品的包装材料等具有较高风险的食品相关产品，按照国家有关工业产品生产许可证管理的规定实施生产许可。食品安全监督管理部门应当加强对食品相关产品生产活动的监督管理。

第四十六条第二项规定：食品生产企业应当就"生产工序、设备、贮存、包装等生产关键环节控制"制定并实施控制要求，保证所生产的食品符合食品安全标准。

5. 标签标识管理 《食品安全法》第六十七条规定：预包装食品的包装上应当有标签。标签应当标明下列事项：①名称、规格、净含量、生产日期；②成分或者配料表；③生产者的名称、地址、联系方式；④保质期；⑤产品标准代号；⑥贮存条件；⑦所使用的食品添加剂在国家标准中的通用名称；⑧生产许可证编号；⑨法律、法规或者食品安全标准规定应当标明的其他事项。专供婴幼儿和其他特定人群的主辅食品，其标签还应当标明主要营养成分及其含量。食品安全国家标准对标签标注事项另有规定的，从其规定。

第六十九条规定：生产经营转基因食品应当按照规定显著标示。

第七十条规定：食品添加剂应当有标签、说明书和包装。标签、说明书应当载明本法第六十七条第一款第一项至第六项、第八项、第九项规定的事项，以及食品添加剂的使用范围、用量、使用方法，并在标签上载明"食品添加剂"字样。

第七十一条规定：食品和食品添加剂的标签、说明书，不得含有虚假内容，不得涉及疾病预防、治疗功能。生产经营者对其提供的标签、说明书的内容负责。食品和食品添加剂的标签、说明书应当清楚、明显，生产日期、保质期等事项应当显著标注，容易辨识。食品和食品添加剂与其标签、说明书的内容不符的，不得上市销售。

第七十二条规定：食品经营者应当按照食品标签标示的警示标志、警示说明或者注意事项的要求销售食品。

二、我国食品包装安全管理架构

根据我国《食品安全法》的法定机构职能，我国的监管机构在食品包装安全风险评估和食品包装安全管理方面具有"各司其职、相互配合"的特征，对食品接触材料及制品的监管涉及立法部门和执法部门两类职能部门。立法部门主要包括中华人民共和国国家卫生健康委员会（以下简称卫健委）及卫健委直属单位国家食品安全风险评估中心，执法部门主要包括国家市场监督管理总局、中华人民共和国海关总署及地方各级市场监督管理局、海关等。两类部门独立运作，前者依托科学性研究建立食品包装材料安全法规及标准体系，为后者的食品安全监管和执法提供科学依据。

在立法端，自2015年"史上最严"《食品安全法》正式实施后，我国开始对食品安全国家标准和行业标准进行全面清理、修订、整合工作，至今食品包装安全性标准体系已基本建立完善，覆盖塑料、橡胶、涂料、陶瓷、搪瓷、金属、纸等我国市场常用食品相关产品品种，对食品直接接触材料及制品的生产、加工和使用进行严格规范，以保障食品安全。

在执法端，《食品安全法》明确了对直接接触食品的包装材料等具有较高风险的食品相关产品，应按照国家有关工业产品生产许可证管理的规定实施生产许可的制度。近年来，国家市场监督管理部门陆续发布塑料、纸、金属等一系列食品包装生产许可审查细则，通过加强对食品包装及其原辅料的监管，达到保障消费者人身安全的目的。2022年，国家市场监督管理总局颁布的《食品相关产品质量安全监督管理暂行办法》使食品包装行业秩序更加规范，并且对生产许可证的审批程序进行了简化，即生产许可实行告知承诺审批制，实施分级分类监管等。

三、我国食品包装安全标准体系

根据《食品安全法》第三章"食品安全标准"相关条款及《食品安全法实施条例》规定，国家卫生行政部门（国家卫健委）组织修订了食品包装相关的食品安全国家标准。早期的食品安全国家标准较为分散，且不能适应快速发展的食品包装产业。因此，在2015年《食品安全法》发布和实施后，我国开始对食品安全国家标准和行业标准进行全面清理、修订、整合工作，标准体系架构至今已基本建立完善。自 2015 年 GB 31604.1—2015 发布实施以来（该标准现已被 GB 31604.1—2023 更新代替），2016 年又发布了含 GB 4806.1—2016 在内的几十项食品安全国家标准，并于近年来持续更新标准体系。我国食品包装安全标准按通用、产品、检验方法和生产规范等可分为四类，对产品、添加剂、原辅料、测试方法和通用准则等进行全方位覆盖（图 8-1，表 8-1）。

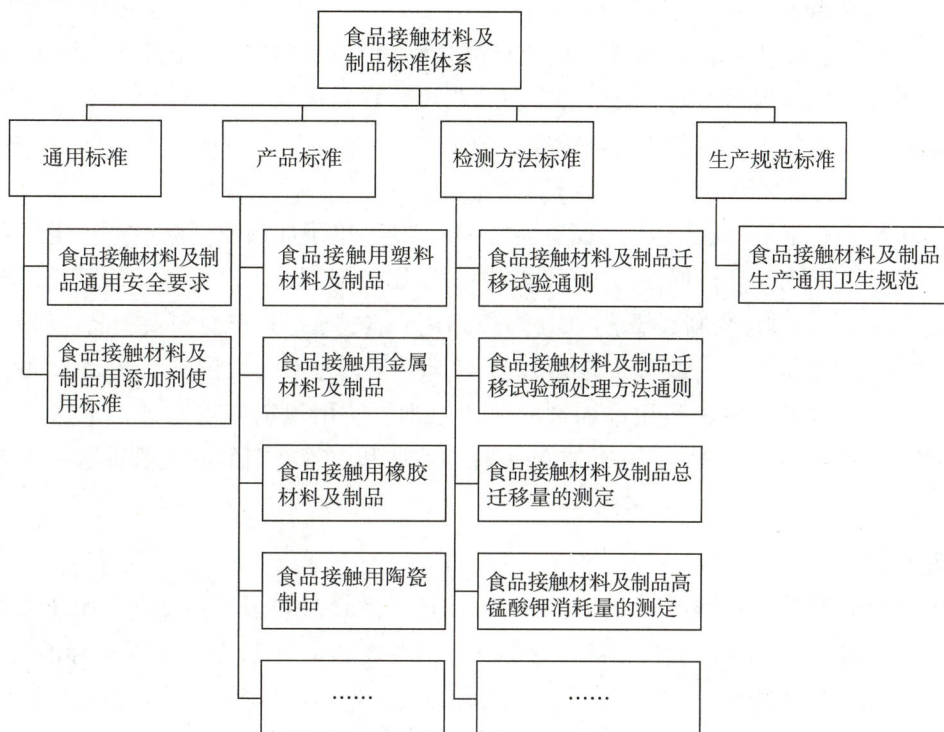

图 8-1 我国食品接触材料安全标准体系

表 8-1 我国现行食品包装类产品安全标准示例

标准类别	标准名称
通用标准	GB 4806.1—2016《食品安全国家标准 食品接触材料及制品通用安全要求》
	GB 9685—2016《食品安全国家标准 食品接触材料及制品用添加剂使用标准》
产品标准	GB 4806.2—2015《食品安全国家标准 奶嘴》
	GB 4806.3—2016《食品安全国家标准 搪瓷制品》
	GB 4806.4—2016《食品安全国家标准 陶瓷制品》
	GB 4806.5—2016《食品安全国家标准 玻璃制品》
	GB 4806.7—2023《食品安全国家标准 食品接触用塑料材料及制品》
	GB 4806.13—2023《食品安全国家标准 食品接触用复合材料及制品》
	GB 4806 系列其他具体产品标准
检验方法	GB 31604.1—2023《食品安全国家标准 食品接触材料及制品迁移试验通则》
	GB 5009.156—2016《食品安全国家标准 食品接触材料及制品迁移试验预处理方法通则》
	GB 31604 系列具体指标的检验方法标准
生产规范	GB 31603—2015《食品安全国家标准 食品接触材料及制品生产通用卫生规范》

（一）通用标准

通用标准是适用于所有种类食品接触材料的标准，是食品接触材料标准体系的根基，在整个体系中发挥指导性和支撑性作用。我国食品接触材料标准体系的通用标准包括 GB 4806.1—2016《食品安全国

家标准 食品接触材料及制品通用安全要求》和 GB 9685—2016《食品安全国家标准 食品接触材料及制品用添加剂使用标准》两项标准。

GB 4806.1—2016《食品安全国家标准 食品接触材料及制品通用安全要求》规定了食品接触材料的术语定义、基本要求、限量要求、产品标准和检验方法标准符合性原则、可追溯性和产品信息等内容，是食品接触材料标准体系中产品、检验方法和生产规范标准的基础。该标准是我国自 2010 年一系列食品接触材料卫生管理办法废止后出台的首个规定食品接触材料相关通用安全要求的强制性食品安全标准，填补了我国食品接触材料通用安全要求的空白，为现行食品接触材料安全标准在实际安全管理过程中亟待解决的通用问题提供了解决办法。该标准于 2023 年发布了新版标准征求意见稿，拟对"术语和定义""标签标识""符合性声明"等内容进行更新。

GB 9685—2016《食品安全国家标准 食品接触材料及制品用添加剂使用标准》规定了食品接触材料及制品用添加剂的使用原则、允许使用的添加剂品种、使用范围、最大使用量、特定迁移限量或最大残留量、特定迁移总量限量及其他限制性要求。GB 9685 适用于各类食品接触材料及制品。与 GB 9685—2008 相比，2016 版将添加剂的品种由 958 种扩充到 1294 种，并于近年来陆续扩充至近 1500 种，进一步满足了行业需要。该标准对食品接触材料用添加剂的使用原则、使用规定等内容进行了修订，使其更为科学，对于有效控制此类物质的安全、促进行业健康有序发展和监管部门的有效监管起到了更有利的推进作用。

(二) 产品标准

食品包装相关的产品安全标准主要规定了针对具体产品的食品安全相关要求，如迁移量、理化、微生物等指标。需要注意的是，产品质量标准（多数为推荐性标准）不属于食品安全标准（强制性标准）范畴，产品质量标准主要规定产品的相关质量要求，如物理机械性能等指标，与食品安全标准有所区分。

以往，我国食品接触材料原标准体系中的产品标准存在种类缺失、修订滞后、内容交叉、管理分散等问题，经过自 2015 年《食品安全法》发布以来的一系列清理整合工作，新整合的产品标准在很大程度上满足了行业需求。目前，现行的食品包装类食品安全产品标准已囊括行业常用的食品接触材料，包括 GB 4806.4—2016《食品安全国家标准 陶瓷制品》、GB 4806.7—2023《食品安全国家标准 食品接触用塑料材料及制品》等，且已有标准及新增产品标准仍在不断更新中，部分典型标准见表 8-1。

完善后的产品安全标准主要规定了各产品的理化指标、部分产品的微生物指标、产品的特殊迁移试验条件、使用要求、标签标识要求等。通过标准的清理整合，产品标准适用范围进一步扩大，管理模式更为科学，管理脉络更为清晰。通过对相关基础标准、检验方法标准的引用，产品标准进一步明确了各类产品应符合的所有相关标准，体现了标准体系的整体性、统一性。

(三) 检验方法

我国食品接触材料检验方法标准与通用标准、产品标准相配套，包括检验方法通则标准和具体指标检验方法标准。

1. 检验方法通则标准　适用于所有类型食品接触材料，包括 GB 31604.1—2023《食品安全国家标准 食品接触材料及制品迁移试验通则》和 GB 5009.156—2016《食品安全国家标准 食品接触材料及制品迁移试验预处理方法通则》等。所有食品接触材料在进行迁移试验时，应首先遵守这两项标准的规定，依据 GB 31604.1—2023 选择食品模拟物、温度、时间等迁移试验条件，并综合 GB 5009.156—2016 进行迁移试验的预处理与结果表述等。当一些产品标准对于迁移试验模拟物和条件、预处理方法有特殊要求时，实际检测时应依据产品标准的规定执行。

2. 具体指标检验方法标准　主要是具体产品安全标准中规定的技术指标及食品接触材料添加剂要

求规定的技术指标的配套检验方法标准，包括 GB 31604.7—2023《食品安全国家标准 食品接触材料及制品 脱色试验》、GB 31604.25—2016《食品安全国家标准 食品接触材料及制品 铬迁移量的测定》等。截至 2023 年底，我国已发布的具体指标的检验方法标准已达近 60 项，但目前现行食品接触材料体系中限量指标数量众多，现有检测方法标准仍远不能满足已规定指标的检测需求。考虑到针对每个限量指标制定配套的检验方法标准短期内难以实现的问题，GB 4806.1—2016 中的 6.2 规定"食品接触材料及制品相关项目的测定应采用国家标准检验方法，在尚无国家标准检验方法的情况下，可以采用经充分技术验证的其他检验方法"。上述条款明确规定，检测指标有对应检验方法标准的，应遵循标准规定执行；无对应标准的，可以采用其他国家法规、标准或企业自行制定的企业标准方法等，但所选用检验方法需经过充分技术验证。

（四）生产规范

我国食品接触材料生产规范标准为 GB 31603—2015《食品安全国家标准 食品接触材料及制品生产通用卫生规范》，适用于各类食品接触材料的生产。该标准规定了食品接触材料及制品的生产，从原料采购、加工到运输、贮存等各个环节的场所、设施、人员的基本卫生要求和管理准则。该标准亦是我国食品接触材料生产规范的通用标准，后续制定各类食品接触材料的专项卫生规范时均应以此标准为基础。值得一提的是，GB 31603—2015 也是食品相关产品合规生产所需生产许可审查的重要参考，食品接触材料生产厂房的车间规划、清洗消毒配置等一般需同时满足 GB 31603—2015 和对应食品相关产品审查细则要求。

第三节 食品标签相关标准与标识

食品标签是指包装上的文字、图形、符号及一切说明物。食品标签可以引导消费者购买食品、进行质量安全承诺、为消费者及监管者提供必要的信息、作为广告促进销售等。食品的特征和性能关系到消费者的健康，正确地标示食品标签不仅能够为消费者选择食品提供信息，还可以通过影响消费者的购物习惯，对公共健康和科普宣传起作用。

我国《食品安全法》和《食品安全法实施条例》对食品标签需要标示的内容具有明确规定，《中华人民共和国标准化法》同时要求食品标签必须标示产品标准号。食品标签由于具有广告特性，也受到《中华人民共和国广告法》的管理。为给予食品生产者、消费者和监管者以明确的标签规范，我国的技术标准体系制订了如 GB 7718—2011《食品安全国家标准 预包装食品标签通则》等一系列规范食品标签的标准，以明确满足食品安全要求的食品包装应标示内容。本节将介绍我国食品包装的标示要求以及食品包装上其他有意义的标签标识内容。

一、我国食品包装标识安全标准体系

食品标签是向消费者传递产品信息的载体，做好预包装食品标签管理既是维护消费者权益、保障行业健康发展的有效手段，也是实现食品安全科学管理的需求。根据《食品安全法》及其实施条例规定，国家卫生行政部门组织修订了预包装食品标签标准。

截至目前，我国已制定了一系列规范食品标签的标准：在食品安全标准体系中有 GB 7718—2011《食品安全国家标准 预包装食品标签通则》、GB 28050—2011《食品安全国家标准 预包装食品营养标签通则》、GB 13432—2013《食品安全国家标准 预包装特殊膳食用食品标签》和 GB 29924—2013《食品安全国家标准 食品添加剂标识通则》以及具体产品的食品安全标准中规定的标签要求等。

以上四个标准相互间存在联系，GB 7718—2011《食品安全国家标准 预包装食品标签通则》规定了预包装食品标签的通用要求，是预包装食品标签的基础标准，其中食品的营养标签标示要求及方法由GB 28050—2011《食品安全国家标准 预包装食品营养标签通则》进行规范，因此，预包装食品标签应同时符合 GB 7718—2011 及 GB 28050—2011 的规定。对于特殊膳食用食品，应该在符合 GB 7718—2011《食品安全国家标准 预包装食品标签通则》的基础上，同时符合 GB 13432—2013《食品安全国家标准 预包装特殊膳食用食品标签》。食品添加剂标签标示单独执行 GB 29924—2013《食品安全国家标准 食品添加剂标识通则》。

（一）GB 7718—2011《食品安全国家标准 预包装食品标签通则》

该标准规定了预包装食品标签的通用性要求，适用于直接和非直接提供给消费者的预包装食品标签，但不适用于为预包装食品在储藏运输过程中提供保护的食品储运包装标签、散装食品和现制现售食品的标识。GB 7718—2011 明确了直接向消费者提供的预包装食品标签标识应包括食品名称，配料表，净含量和规格，生产者和（或）经销者的名称、地址和联系方式，生产日期和保质期，贮存条件，食品生产许可证编号，产品标准代号及其他需要标示的内容；同时也明确了非直接提供给消费者的预包装食品标签标示内容要求、标示内容的豁免和推荐标示内容要求。值得一提的是，GB 7718 – 2011 标准于近年来多次发布标准征求意见稿，逐步更新致敏物质标示、电子化标签等新内容，反映了行业发展与消费者需求的升级。

（二）GB 28050—2011《食品安全国家标准 预包装食品营养标签通则》

该标准是我国第一个食品营养标签国家标准，也是食品安全国家标准，用于指导和规范营养标签标示。GB 28050—2011 规定，预包装食品营养标签应向消费者提供食品营养信息和特性的说明。预包装食品营养标签标示的任何营养信息应真实、客观，不得标示虚假信息，不得夸大产品的营养作用或其他作用。营养标签应标在向消费者提供的最小销售单元的包装上。GB 28050—2011 规范的内容包括营养成分表、营养声称和营养成分功能声称。其中，营养成分表是指标有食品营养成分名称、含量和占营养素参考值（NRV）百分比的规范性表格，强制标示内容包括能量以及蛋白质、脂肪、碳水化合物和钠四种核心营养素的含量值，及其占 NRV 的百分比。GB 28050—2011 进一步规定，食品配料含有或生产过程中使用了氢化和（或）部分氢化油脂的，在营养成分表中应强制性标示出反式脂肪（酸）的含量。此外，该标准对于能量和营养成分的高低、有无、增减等描述，都规定了具体的含量要求和限制条件。与 GB 7718—2011 一样，GB 28050—2011 标准也于近年来多次发布标准征求意见稿，逐步更新强制标示营养素、可选分量标识等新内容，体现了市场及行业对食品营养认知的进一步深入（图 8 – 2）。

（三）GB 13432—2013《食品安全国家标准 预包装特殊膳食用食品标签》

该标准将"特殊膳食用食品"定义为"为满足特殊的身体或生理状况和（或）满足疾病、紊乱等状态下的特殊膳食需求，专门加工或配方的食品"，主要包括婴幼儿配方食品、婴幼儿辅助食品、特殊医学用途配方食品以及其他特殊膳食用食品。这类食品的营养素和（或）其他营养成分的含量与可类比的普通食品有显著不同，因此，其食品标签应在满足 GB 7718 的基础上，对标签内容如能量和营养成分、食用方法、适宜人群的标示进一步明确。特别地，特殊膳食用标签不应涉及疾病预防、治疗功能；应符合预包装特殊膳食用食品相应产品标准中标签、说明书的有关规定；不应对 0 ~ 6 月龄婴儿配方食品中的必需成分进行含量声称和功能声称等。此外，不同于普通食品的标签，特殊膳食用食品标签上还应额外标示食用方法、每日或每餐食用量，必要时应标示调配方法或复水再制方法，以指导消费者合理使用。该标准于近年来多次发布修订标准征求意见稿，对与 GB 7718 衔接部分内容、适合特定人群食品声称内容等进行了更新，以便更好地与配套标准进行衔接，服务有特殊营养需求的人群。

名称：**牌饮料A
配料表：水、白砂糖、柠檬汁、食用香精
净含量：500ml
生产者：****饮料有限公司
地址：浙江省杭州市建德市新安江街道***
生产许可证编号：SC************
产品标准号：Q/NFS ****
生产日期：见瓶体或瓶盖
保质期：12个月
贮存条件：避免阳光直晒、高温和冷冻

营养成分表

项目	每100毫升（mL）	营养素参考值%
能量	110千焦（kJ）	7%
蛋白质	0克（g）	0%
脂肪	0克（g）	0%
碳水化合物	4.5克（g）	8%
钠	49毫克（mg）	2%

图 8-2 符合 GB7718 及 GB28050 的食品标签示例

（四）GB 29924—2013《食品安全国家标准 食品添加剂标识通则》

该标准适用于食品添加剂（包括食品用香料、香精）的标识，食品营养强化剂的标识也可参照该标准使用。食品添加剂指为改善食品品质和色、香、味以及因防腐、保鲜和加工工艺的需要而加至食品中的人工合成或者天然物质，是现代食品工业中的一个重要组成部分。我国对食品添加剂的生产、经营、使用和标示都有明确规定。GB 29924—2013 规定了食品添加剂应标示的内容，对食品添加剂的名称、成分或配料表、使用范围、用量和使用方法、日期标示、贮存条件、净含量和规格、制造者或经销者的名称和地址、产品标准代号、生产许可证编号、警示标识、辐照食品添加剂、标签和说明书内容进行了规定。

二、食品包装上的其他标识

除了食品安全国家标准中规定食品应当具备的标签内容之外，在一些食品包装上往往会有颜色各异、形状不同的"标识"，起到标明食品属性、提示生产信息、辅助消费决策等作用。本节将展示我国食品包装上常见的各类标识，包括特殊食品标识、绿色食品标识、食品营养标识和其他包装相关的标识等。

（一）保健食品标识

保健食品是声称并具有特定保健功能或者以补充维生素、矿物质为目的的食品，即适用于特定人群食用，具有调节机体功能，不以治疗疾病为目的，并且对人体不产生任何急性、亚急性或慢性危害的食品。保健食品属于按国家相关规定需要特殊审批的食品，其标签标识按照相关规定执行，其标签应符合《保健食品标识规定》《保健食品标注警示用语指南》等要求。此外，《食品安全国家标准 预包装食品标签通则》（GB 7718—2011）中与上述法规不冲突的有关要求可参照执行。当前，保健食品可通过注册或备案取得上市批准资格。1996 年《保健食品管理办法》（原卫生部令第 46 号）规定：获得《保健食品批准证书》的食品准许使用卫生部规定的保健食品标识，即业界俗称的"蓝帽子"，也叫"小蓝帽"（图 8-3）。"蓝帽子"下方会标注出该保健食品的批准文号，或是"国食健字【年号】××××号"，或是"卫食健字【年号】××××号"。其中"国""卫"表示由国家市场监督管理总局（原国家食品药品监督管理总局）或由原卫生部批准。

（二）特殊医学用途配方食品标识

特殊医学用途配方食品，简称特医食品，是指为满足进食受限、消化吸收障碍、代谢紊乱或者特定疾病状态人群对营养素或者膳食的特殊需要，专门加工配制而成的配方食品。该类产品必须在医生或临床营养师的指导下，单独使用或与其他食物配合使用。标签除符合普通食品及《食品安全国家标准 预包装特殊膳食用食品标签》（GB 13432—2013）的要求外，同时应符合《食品安全国家标准 特殊医学用途配方食品通则》（GB 29922—2013）中关于标签、使用说明等的要求。当前，特医食品上市审批实行注册制，上市审批监管较为严格，一些市场中的"固体饮料"等产品常在宣传中与特医食品混淆。基于此现状，2022年国家市场监督管理总局发布《特殊医学用途配方食品标识指南》，首次要求经过注册审批上市的特殊医学用途配方食品在其包装上须标示特医食品标志，即"小蓝花"。"小蓝花"由四叶草和两片手托叶组成（图8-4），应在产品最小销售包装的标签主要展示版面左上角或右上角标注。专属标志"小蓝花"的使用，为特医食品的定位、使用、认识提供了"身份标识"，便于消费者识别。

图8-3　保健食品的"蓝帽子"标识　　图8-4　特殊医学用途配方食品的"小蓝花"标识

（三）无公害农产品、绿色食品、有机产品标识

根据我国食品安全认证等级划分，食品等级由低到高主要分为普通食品、无公害食品、绿色食品、有机食品，下图展示了上述几种产品之间的食品安全等级关系（图8-5）。

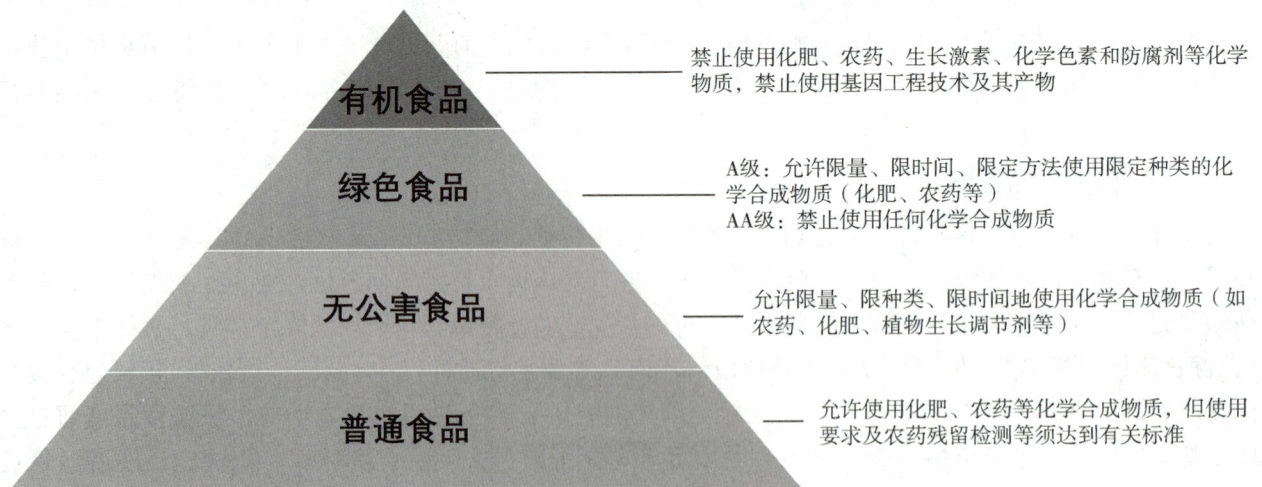

图8-5　普通食品、无公害食品、绿色食品和有机食品的层级关系

无公害农产品是指产地环境、生产过程和产品质量符合国家有关标准和规范的要求，经认证合格获得认证证书并允许使用无公害农产品标识的未经加工或者初加工的食用农产品。绿色食品是指产自优良

生态环境、按照绿色食品标准生产、实行全程质量控制并获得绿色食品标识使用权的安全、优质食用农产品及相关产品。有机产品是指以有机农业方式生产、加工，符合有关有机标准的要求，并通过专门的认证机构认证和监管的农副产品及其加工品。三者的主要区别在于在生产过程中对于化肥、农药等合成化学物质的使用要求不同，生产要求控制标准不同，且均有专门表征产品等级的标识，如图 8-6 所示。

图 8-6 无公害农产品、绿色食品和有机产品标识

（四）地理标志专用标志和农产品地理标志

目前，我国"地理标志"类产品认证有两类，分别为国家知识产权局颁发的"地理标志专用标志"和农业农村部颁发的"农产品地理标志"。"地理标志专用标志"适用于产自特定地域，所具有的质量、声誉或其他特性本质上取决于该产地的自然因素和人文因素，经审核批准以地理名称进行命名的产品。该标志的名称一般由具有地理指示功能的名称（地域名称、山川、海洋、湖泊、河流等）和反映产品真实属性的名称构成，也可以是约定俗成的名称。"农产品地理标志"是指标示农产品来源于特定地域，产品品质特征主要取决于该特定地域的自然生态环境、历史人文因素及特定生产方式，并以地域名称冠名的特有农产品标志（图 8-7）。

图 8-7 地理标志专用标志和农产品地理标志产品标识

（五）包装回收标志

大多数包装都是可回收的资源，对包装废弃物进行合理的分类、回收和再利用是治理环境污染的有效措施。包装回收标志旨在方便包装在使用、废弃之后可以得到明确的分类和正确的处理，又可以提示有关各方采取措施回收利用，有效节约能源、节省资源、减少环境污染。2022 年发布的 GB/T 18455—2022《包装回收标志》国家标准对包装回收标志的规范性进行了指导，主要涵盖包装常见的纸、塑料、金属、玻璃、复合材料等（图 8-8）。

在实际使用中，要根据包装材质的具体类别进行代号和缩略语标注。如塑料聚乙烯包装回收标志中，应标注其材质高密度聚乙烯的代号（02）和缩略语（PE-HD）；玻璃包装回收标志应在其图形中标注代表玻璃的"GL"代号；纸塑复合包装回收标志图形底部应为主要材料成分名称，如"纸+PE"

等（图 8 - 9）。

图 8 - 8　常见材质类别的回收标志

PE-HD　　　铝　　　　　　　　纸+PE

图 8 - 9　常见材质类别的回收标志（标注实际材质信息）

（六）食品包装正面标识

食品包装正面标识（front of package，简称 FOP 标签）通常位于包装正面的主视野中，通常以图标、符号、文字等更简化的形式展现食品的营养信息，以简化说明其背面或侧面更详细的营养成分表。食品包装正面标识体系是世界卫生组织的关键营养政策建议之一。目前全球有 50 多个国家实施了食品包装正面标识体系，可让消费者更方便地了解到他们购买的食品健康与否。目前，虽各国使用的食品包装正面标识体系各不相同，但通常采用"红绿灯"的颜色形式，辅以等级或评分来衡量食品的营养健康程度。一般来说，FOP 标签中绿色、A 类、高分数代表对营养健康有利的产品，过渡至红色、D（E）类、低分数则代表对营养健康不利的产品，便于消费者直观判断食品的营养健康价值（图 8 - 10）。

Nutri - Score 五色营养标签（欧盟）

"红绿灯"营养标签（英国）

"健康星级"营养标签（澳大利亚及新西兰）

饮料营养等级标签（新加坡）

图 8 - 10　国外食品包装正面标识示例

食品新增"电子身份证"，GB 7718 拟纳入数字标签要求

随着对食品安全和营养健康需求的提升，消费者比以往更加注重阅读食品标签、合理选择食品。而随着食品标签标示信息的增多，受传统标签版面限制，消费者难以获取更多营养健康信息，部分标签字号偏小等问题在一定程度上给消费者带来不便。

2023 年，GB 7718《食品安全国家标准 预包装食品标签通则》在新版征求意见稿中纳入了数字标签要求，通过数字标签提供的生产经营者的地址和联系方式、食品执行标准号、食品生产许可证编号以及其他推荐性的内容，可豁免在食品实体标签上标示。这一条款为食品生产经营和市场监管提供了规范依据。食品生产企业可在自有平台展示数字标签页面，中国物品编码中心也搭建了数字标签的统一平台，为食品生产企业使用数字标签提供了更多选择。

截至 2023 年底，已有 20 余家食品企业以二维码数字标签的形式升级改造了超过 40 款数字标签试点产品。据国家卫健委介绍，相较于传统食品标签，试点的数字标签没有标示版面的限制，消费者可以在手机上通过页面放大、语音识读、视频讲解多种功能了解食品信息。此外，作为食品的"电子身份证"，数字标签适应当前电子化、物联网的发展趋势，有助于增加供应链的透明度和区块链的延伸发展，特别是有利于网络平台渠道销售产品的标签识读，解决线上销售时食品标签信息展示不全或不准确的问题。

第四节　食品包装检测技术

食品包装检测技术是针对食品包装的安全指标和质量指标进行检测的技术，可为食品包装是否符合相关食品安全标准和产品质量标准提供依据。近年来，食品包装快速发展，食品包装检测技术水平也随之不断提高，建立和完善食品检验和测试系统，改进检验和检测技术，提高检测水平，是保障食品安全最基本的要求和对策。食品包装检测技术以提高检测技术的准确性、快速性及多样性能力为发展点，进一步加强食品安全和质量管理，保证人们的饮食健康。

我国《食品安全法》和《食品安全法实施条例》以及各类国家标准对食品包装的要求主要分为两类，分别是安全要求和质量要求。①安全要求：即为了满足食品接触材料与食物接触的安全性需要所设置的要求，包括包装的感官指标、理化指标、迁移量指标、重金属指标等。食品包装安全性指标由相应食品安全国家标准进行规范，相应的包装检测技术也受到食品安全国家标准的管理。②质量要求：即为了食品包装的实际使用的需求所设置的指标，主要包括包装的物理性能、阻隔性能、密封性能、运输稳定性等。食品包装质量要求指标主要由相应包装产品的质量标准进行规范，并发展出一系列相应的检测方法。本节将介绍我国食品包装主要的安全性和质量要求指标，以及相应的检测方法等。

一、我国食品包装安全性检测技术

食品包装对于食品安全有着双重意义：一是合适的包装方式和材料可以保护食品不受外界的污染，保持食品本身的水分、成分、品质等特性不发生改变；二是包装材料本身的化学成分会向食品迁移，如果迁移的量超过一定界限，就会影响食品的卫生与质量。因此，食品包装安全性指标要求和相应的检测技术便应运而生，应用食品包装检测技术确保食品包装本身的安全性，才能进一步保证包装中食物的食品安全。

截至目前，我国的技术标准体系制定了一系列规范食品包装检测技术的标准，行业中称之为以 GB 31604.1—2023《食品安全国家标准 食品接触材料及制品迁移试验通则》为代表的 GB 31604 标准系列。GB 31604 标准系列检测指标主要与 GB 4806 标准系列中具体产品安全性指标对应，为安全性指标提供广泛认可的检测方法。截至 2023 年底，食品包装检测技术领域已发布了近 60 项食品安全国家标准，主要包括迁移量指标、单体及添加剂指标、重金属指标、感官指标等类别，也包括高锰酸钾消耗量、甲醛迁移量等细化指标，并随着包装材料的发展而不断迭代更新。

（一）总迁移量指标检测方法

食品接触材料的迁移是指食品接触材料及制品的组分或成分通过扩散、渗透、挥发、释放等方式转移到与之接触的食品中的过程。如果迁移的量超过一定的界限，就会给食品安全带来影响。而迁移试验是研究食品接触材料迁移情况的一种重要手段。迁移试验即在规定条件下，为测定食品接触材料及制品的组分迁移到与之接触的食品或食品模拟物中的量而进行的试验。总迁移量试验是评价食品接触材料及制品安全性的一个重要指标，它不仅可以判断食品接触材料向食品中迁移的总体情况，而且可以定量计算出食品接触材料及制品中未反应的单体和添加剂向食品中的迁移量。总迁移量指标的检测方法主要有 GB 31604.1—2023《食品安全国家标准 食品接触材料及制品迁移试验通则》、GB 31604.8—2021《食品安全国家标准 食品接触材料及制品 总迁移量的测定》、GB 5009.156—2016《食品安全国家标准 食品接触材料及制品迁移试验预处理方法通则》等标准。

总迁移量指标检测主要方法是根据食品接触材料预期接触食物的类别，选取模拟物与食品接触材料在预期使用温度和时间下进行接触，并根据食品接触材料是否重复使用、食品接触面积与食品模拟物体积比（S/V）等因素确定相应的实验条件进行试验。以承装水基饮料的 PET 塑料瓶包装检测为例，首先根据 GB 31604.1—2023 中水性食品或酒精饮料所对应的模拟物，选取 4%（体积分数）乙酸溶液、10%（体积分数）乙醇溶液、20%（体积分数）乙醇溶液、50%（体积分数）乙醇溶液等进行配置，根据预期的时间和温度选择实验条件，并按 GB 5009.156—2016 操作取得浸泡液，将迁移试验所得浸泡液蒸发并干燥后，扣除相应空白得到试样向水基食品模拟物、化学替代溶剂迁移的所有非挥发性物质的总量，最终可进行总迁移量的判定。

（二）单体及添加剂检测方法

单体及添加剂是树脂、塑料、橡胶类食品接触材料常见的安全性检测项目，主要目的是检测上述高分子类食品接触材料中可能的单体及添加剂小分子的残留量和迁移量，避免在实际使用时存在小分子的残留或溶出，造成食品安全问题。代表性的单体及添加剂指标的检测方法主要有 GB 31604.17—2016《食品安全国家标准 食品接触材料及制品 丙烯腈的测定和迁移量的测定》、GB 31604.21—2016《食品安全国家标准 食品接触材料及制品 对苯二甲酸迁移量的测定》等标准。目前，由于高分子类食品接触材料的广泛应用，单体及添加剂检测方法标准是目前食品接触材料安全性检测方法中数量最多的，约占总标准数的六成以上。

单体及添加剂的主要检测指标分为食品包装中存在单体及添加剂的直接检测，以及单体及添加剂迁移量检测两种。食品包装中存在的单体及添加剂直接检测，其基本思路是通过溶剂（如二甲基乙酰胺）使小分子待检物质提取溶解后，通过色谱柱或其他分离方式分离待测物质，并根据物质特性使用气相色谱法、液相色谱法、紫外法、质谱法等定量方法对待测物质进行定量检测。单体及添加剂的迁移量检测的思路类似，一般对选取食品模拟物中的提取的迁移待测物质进行分离后，通过气相色谱法、紫外法、质谱法等定量方法对待测物质进行定量检测。

（三）重金属检测方法

重金属一般指密度大于 4.5g/cm³ 的金属，如铅（Pb）、镉（Cd）、铬（Cr）、汞（Hg）、铜（Cu）、金（Au）、银（Ag）等。重金属易危害人体健康，通常被称为有毒重金属，因而进行食品接触材料的重金属测试就尤为重要。一般来说，陶瓷、金属等食品接触材料在使用时可能会析出重金属，因此要对以上材料接触食品的安全性进行检测。代表性的重金属指标的检测方法主要有 GB 31604.33—2016《食品安全国家标准 食品接触材料及制品 镍迁移量的测定》、GB 31604.38—2016《食品安全国家标准 食品接触材料及制品 砷的测定和迁移量的测定》等标准。

重金属的检测方法根据食品包装材质而有所区别，一般对纸制品和软木塞等易直接粉碎的食品包装，可直接测定包装中重金属含量；对金属、陶瓷等不易粉碎、溶解的包装，一般测定重金属向模拟物中迁移量。重金属的检测通常使用如下几种检测方法。①比色法：迁移试验所得食品模拟物试液中的重金属与化合物作用，反应形成颜色指示物，将指示物与标准溶液的呈色相比，可大致判定重金属含量。②光谱法：如石墨炉原子吸收光谱、电感耦合等离子体发射光谱、火焰原子吸收光谱等光谱法，原理为采用包装材料消解液或食品模拟物浸泡液经石墨炉原子化或电感耦合等离子化或火焰原子化后，特定光谱范围的吸收值在一定浓度范围内与重金属含量成正比，可与标准系列比较定量。③质谱法：如电感耦合等离子体质谱法，原理为将包装材料消解液或食品模拟物浸泡液送入等离子体炬管，在高温和惰性氩气中经蒸发、解离、原子化及离子化后进入质谱仪，质谱仪根据质荷比进行分离和定性，对于一定的质荷比，其信号强度与试液中待测元素的浓度成正比，与标准系列比较定量。

（四）感官指标检测方法

食品包装的色泽、形状、气味等往往能直接反映食品包装的质量安全性能，因此，感官指标是食品包装的基础安全指标，可用于对食品包装安全性进行快速、初步的判定。食品包装的感官安全性指标主要分布于各类食品包装的产品标准中，根据材料特性而有所区别，如金属材料要求"接触食品的表面应清洁，镀层不应开裂、剥落，焊接部分应光洁，无气孔、裂缝、毛刺，迁移试验所得浸泡液不应有异臭"；塑料制品要求"色泽正常，无异臭、不洁物等；迁移实验所得浸泡液无浑浊、沉淀、异臭等感官性裂变"等。除此之外，对于部分材料脱色染色等问题，GB 31604.7—2023《食品安全国家标准 食品接触材料及制品 脱色试验》针对性地规定了试验方法。

由于感官评判一般采取人为的感官识别方式，对感官质量的评定具有一定的主观性。近年来已有一系列标准陆续出台，对感官评判的统一性进行了规范，如 GB 31604.7—2023《食品安全国家标准 食品接触材料及制品 脱色试验》引入标准比色卡对脱色程度进行标准化判定，GB/T 35773—2017《包装材料及制品气味的评价》对包装材料气味判定的评价人员、使用仪器、评定程序等进行了统一的规范。后续随着标准化体系的深入，感官评价也将愈加规范化、流程化。

二、我国食品包装质量检测技术

除了食品接触材料必须符合的安全性指标外，食品包装也需满足各自的质量技术指标以适应市场需求。食品包装应保护食品不受外界的污染，保持食品本身的水分、成分、品质等特性不发生改变；同时，自身应具备一定的物理强度，可在各种运输贮存条件下保持自身包装及内容物不被破坏；此外，在环境保护越来越重要的当下，包装材料能否便捷回收也是消费者和包装采购方考虑的重点。随着社会经济的发展和技术水平的提高，食品工业对食品包装材料的质量提出了越来越高的要求，相应的食品包装质量检测技术也随之发展，大量新技术、新手段应运而生。

由于食品包装材质不同、形态各异，对于食品包装质量技术要求没有统一的检测标准，具体检测指标往往分布在各食品包装产品标准的"技术要求"或"产品要求"章节，并注明相应指标的检测方法。不同包装产品往往需要检测适用于各自形态、材质的特征性技术指标，如衡量物理强度，对硬质的PET饮品瓶需要检测"垂直载压、跌落性能"等指标，而对于相对较软的纸铝塑复合膜需要考察"剥离力和粘结度、耐压性能"等指标，具体指标和检测方法各不相同。相对来说，"密封性能""抗拉伸强度"和"阻隔性能"是衡量食品包装质量较为通用的几个指标，接下来将以上述指标为例介绍包装质量检测相关技术。

（一）密封性能检测方法

密封性能是食品包装最重要的性能之一，是指包装防止其他物质进入或防止内装物逸出的特性。在产品运输、货架展示直至消费阶段，包装密封性是保持食品质量与风味一致的重要保护屏障。一旦发生包装密封性破坏，外界空气、湿气、细菌等会进入包装内并与食品接触，导致食品过早受潮、污染、变质等。因此，食品包装密封性检验通常是各生产企业必须开展的检验项目之一。针对包装密封性能的检测指标和检测方法有很多，大多标准会参考GB/T 15171—1994《软包装件密封性能试验方法》。

密封性能常用的检测方法通常包括负压测试法和正压测试法。负压测试法是通过对真空室抽真空，使浸在水中的试样产生内外压差，观测试样内气体外逸情况，以此判定试样的密封性能；或者通过对真空室抽真空，直接使试样产生内外压差，观测试样膨胀及释放真空后试样形状恢复情况，以此判定试样的密封性能。负压测试法适用于食品、制药、日化等行业软包装的密封试验。而正压测试法则是通过设定参数将一定压力的气体充入试样内部后，通过压力传感器来检测试样内部的气压变化，以此判断试样的整体密封性能。正压测试法使用范围更广泛，适用于食品、饮料、制药、日化等行业软包装、半硬包装、硬包装密封试验。

（二）抗拉伸强度检测方法

抗拉伸强度是指食品包装材料在拉断前承受的最大应力值，反映包装的物理强度。食品包装最基本的功能是作为承载食品的容器，这就要求其材料有一定的强度来防止意外的破裂。包装材料的抗拉伸强度是最基本的性能要求，如果此项不合格，在使用过程中食品包装就容易出现破裂、损坏现象。各类包装的抗拉伸强度主要参考GB/T 1040.1—2018《塑料 拉伸性能的测定 第1部分：总则》、GB/T 1040.3—2006《塑料 拉伸性能的测定 第3部分：薄塑和薄片的试验条件》进行。此外，对于硬质包装如PET塑料瓶、金属罐头等，物理性能往往以"耐压强度"指标体现，因为这类包装更注重多层堆叠存储所需的耐压性能，而非抗拉伸性能。

抗拉伸强度常用的检测方法通常包括拉伸试验和撕裂试验等，两者试验方法基本一致，原理是将裁切成特定形状（通常为长条形）的试样沿主轴方向恒速拉伸，直到试样断裂或者其应力（负荷）或应变（伸长）达到某一预定值，测量在这一过程中试样承受的负荷及其应变量。对于同一类型材料，断裂时的负荷越大，或者同一负荷时的形变越小，则抗拉伸强度越好。抗拉伸强度检测是包装材料实验室的常规检测项目，通常使用薄膜抗拉强度测试机或万能材料试验机进行。

（三）阻隔性能检测方法

阻隔性能是指包装材料对气体、液体等渗透物的阻隔作用。食品腐败变质的主要原因是微生物的生长和繁殖，环境中的氧气和水蒸气会透过包装材料来影响微生物的繁殖，进而影响食品品质。因此，阻隔性能是影响产品在货架期内质量的重要因素，也是分析货架期的重要参考，决定阻隔性能的主要是包装的材质。阻隔性能测试包括对氧气与水蒸气的透过性能测试，各类包装的氧气阻隔性能检测主要分为差压法（GB/T 1038.1—2022）和等压法（GB/T 1038.2—2022）等，水蒸气透过性能检测可使用杯式法（GB/T 1037—2021）、电解传感器法（GB/T 21529—2008）、湿度传感器法（GB/T 30412—2013）和红外检测器法（GB/T 26253—2010）进行检测。

1. 氧气阻隔性能检测方法　原理为装夹在渗透腔中的试样将渗透腔分为独立的两部分。差压法将两腔中的一个充入高压氧气，另一抽真空，观察试验气体经试样渗透进入低压腔的速度；等压法则保持两腔总压力相等，通过氧气在两腔的分压差异由一腔经试样渗透至另一腔。在氧气低压腔中，通过传感器或气相色谱仪检测透气量。

2. 水蒸气阻隔性能检测方法　与氧气的基本类似，使用试样将渗透腔分隔为干腔和湿腔，两者在特定的实验条件下构成湿度（水蒸气分压）差异，并通过渗透作用从湿腔透过试样到达干腔。水蒸气透过性能的各类检测方法即分别通过重量、电解传感器、湿度传感器、红外检测器等手段检测水蒸气透过量，得到试样的水蒸气透过率。

实训八　聚丙烯塑料吸管的高锰酸钾消耗量测定

一、实训目的

1. 能够以塑料吸管为例，了解食品接触用塑料材料及制品安全性指标的检验基本原理及操作要点。
2. 掌握高锰酸钾消耗量的测定方法和意义。

二、实训设备与材料

水浴锅、500ml 烧杯 1 个、250ml 锥形瓶 1 个、滴定管及铁架 1 套、10ml 移液管 1 个、100ml 量筒 1 个、玻璃珠若干、洗耳球 1 个、剪刀 1 把。

聚丙烯材质塑料吸管若干。

蒸馏水、0.04% 高锰酸钾溶液、高锰酸钾标准溶液 $[c(1/5\ KMnO_4) = 0.1mol/L]$、高锰酸钾标准滴定溶液 $[c(1/5\ KMnO_4) = 0.01mol/L]$、硫酸（$H_2SO_4$）、硫酸溶液（1＋2）、草酸标准溶液 $[c(1/2\ H_2C_2O_4) = 0.1mol/L]$、草酸标准滴定溶液 $[c(1/2\ H_2C_2O_4) = 0.01mol/L]$。

三、实训原理

样品经浸泡液浸泡后，试样浸泡液在酸性条件下用高锰酸钾标准溶液滴定。根据样品消耗滴定液的体积，计算试样中高锰酸钾消耗量，用此含量表示聚丙烯塑料吸管可溶出有机物质的含量。

参考标准：

GB 4806.7—2016《食品安全国家标准 食品接触用塑料材料及制品》

GB 31604.2—2016《食品安全国家标准 食品接触材料及制品 高锰酸钾消耗量的测定》

GB 5009.156—2016《食品安全国家标准 食品接触材料及制品迁移试验预处理方法通则》

四、实训步骤

1. 取样　所采样品应具有代表性。样品应完整，无变形、规格一致。采样数量应能满足检验项目对试样量的需要，供检测及复测之用。

2. 样品与实验器材处理　试样应清洁无污染，按实际使用情形进行清净。用剪刀剪取聚丙烯吸管若干（长度以能浸没入烧杯为宜），放至干净的 500ml 烧杯中，再向容器中加入浸泡液至容积的2/3 ~ 4/5，确保聚丙烯吸管被完全淹没。吸管面积计算如图 8 – 11 所示，以吸管面积之和计算加入浸泡液的量，其比例为：6dm² 吸管面积对应 1000ml 浸泡液。浸泡温度 60℃，浸泡 2 小时。

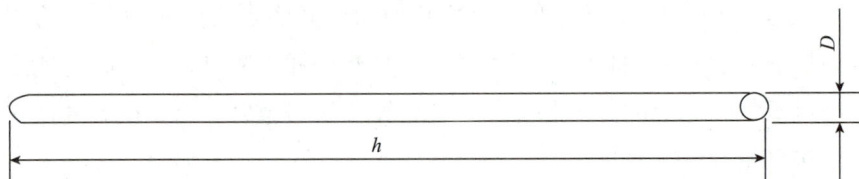

图 8 – 11　塑料聚丙烯吸管面积的计算方法

其中 250ml 锥形瓶的处理：取 100ml 水，放入 250ml 锥形瓶中，加入 5ml 硫酸（1 + 2）、0.04% 高锰酸钾溶液 5ml，煮沸 5 分钟，倒去，用水冲洗备用。

塑料聚丙烯吸管：全部浸入模拟物。其面积为圆柱体侧面积的 2 倍。按式 10 – 1 计算。

$$S = \pi Dh \times 2 \qquad (10 – 1)$$

式中，S 为面积，单位平方分米（dm²）；D 为直径，单位分米（dm）；h 为吸管长度，单位分米（dm）；π 为圆周率，取 3.14。

3. 滴定　准确吸取 100ml 浸泡液（可根据实际情况调整取样量）于上述处理过的 250ml 锥形瓶中，加 5ml 硫酸（1 + 2）及 10.0ml 高锰酸钾标准滴定溶液（0.01mol/L），再加玻璃珠 2 粒，准确煮沸 5 分钟后，趁热加入 10.0ml 草酸标准滴定溶液（0.01mol/L），再以高锰酸钾标准滴定溶液（0.01mol/L）滴定至微红色，并在 0.5 分钟内不褪色，记取最后的高锰酸钾标准滴定溶液的滴定量。

另取 100ml 水做试剂空白试验。

五、实训注意事项

1. 试样溶液煮沸不可太快，最好是加热 5 分钟之后沸腾，加热时间不宜太长。

2. 趁热滴定，最好在 60 ~ 80℃，而且滴定达到终点时溶液温度仍不低于 50℃，且红色至少应维持 15 秒不褪色。

六、实训结果

1. 原始数据记录

样品组	S	V	V_1	V_2	V_3
实验组 1					
实验组 2					

2. 数据处理　按式 10 – 2 计算。

$$X_i = \frac{(V_1 - V_2) \times c \times 31.6 \times V}{V_3 \times S} \qquad (10 – 2)$$

式中，X_i 为试样中高锰酸钾消耗量，单位 mg/dm²；V_1 为试样浸泡液滴定时消耗高锰酸钾溶液的体积，单位 ml；V_2 为试剂空白滴定时消耗高锰酸钾溶液的体积，单位 ml；c 为高锰酸钾标准滴定溶液的实际浓度，单位 mol/L；31.6 为与 1.00ml 高锰酸钾标准滴定溶液 $[c(1/5KMnO_4) = 1.000mol/L]$ 相当的高锰酸钾的质量，单位 mg；V 为试样浸泡液总体积，单位 ml；V_3 为测定用浸泡液体积，单位 ml；S 为与浸泡液接触的试样面积，单位 dm²。

计算结果以重复性条件下获得的两次独立测定结果的算术平均值表示，结果保留两位有效数字。

七、思考题

1. 在我国现行食品安全国家标准中，关于塑料吸管的理化指标有哪些？
2. 样品大小与浸泡液多少对实验结果有哪些影响？

实训九　预包装食品标签设计制作及应用

一、实训目的

1. 熟悉预包装食品标签的内容、相关标准和法律法规知识。
2. 能够进行预包装食品的食品标签设计与制作，掌握食品营养标签的内容、制作方法及格式。
3. 了解国内外预包装食品标签、营养标签的发展及现状，我国食品营养标签法规的发展。

二、实训材料

市场中各类食品的食品标签及营养标签。

三、实训原理

食品标签是指食品包装容器上或附于食品包装上的一切附签、吊牌、文字、图形、符号及其他说明物。根据《食品安全国家标准 预包装食品标签通则》（GB 7718—2011）和《食品安全国家标准 预包装食品营养标签通则》（GB 28050—2011）及相关法规、标准，结合生活中的食品标签，进行食品标签的设计。

四、实训步骤

1. 食品标签标示规范性调查　采用市场调查的方法，选择三类不同类型的食品，调查市场现有食品标签标注情况，每个类型产品调查 3 个以上标签，对照《食品安全国家标准 预包装食品标签通则》（GB 7718—2011）和《食品安全国家标准 预包装食品营养标签通则》（GB 28050—2011）及相关法律法规等进行评价，写出调查结果分析报告。

注意：如选择保健食品、特殊医学用途配方食品、绿色食品等具有特殊标识的食品，应注意相应的标签标识规范性要求。

2. 食品标签设计制作

（1）自主选择一种加工食品或拟开发的一款新产品，对其产品特性及包装要求进行分析。

（2）结合产品营养成分和营养特性、包装产品的设备及其技术、产品贮运的基本要求以及消费对象和品牌定位等，进行食品标签设计（包括色彩、文字和图形等）、结构设计、安全设计。

（3）根据《食品安全国家标准 预包装食品标签通则》（GB 7718—2011）和《食品安全国家标准 预包装食品营养标签通则》（GB 28050—2011）要求标示的食品标签内容，进行预包装食品标签及营养标签设计。

（4）标签制作展示。可利用办公或制图软件对该产品的标签进行制作，或模拟 3D 动画以便展示。同时，撰写食品标签设计和制作报告。

3. 总结和报告

（1）组内讨论，谈心得体会并总结。根据调查结果撰写一份调研报告（主要内容为预包装食品标

签标示规范性情况，其次为食品包装设计及其标签现状和发展情况等）

（2）组内设计，设计制作预包装食品标签，并制作 PPT 和（或）动画，汇报设计制作思路、过程及结果。

（3）每组进行 PPT 演讲、答辩展示，其他组聆听并提问或质疑，教师和企业专家共同提问、评价。

五、实训注意事项

1. 实验前需认真学习并理解《食品安全国家标准 预包装食品标签通则》（GB 7718—2011）和《食品安全国家标准 预包装食品营养标签通则》（GB 28050—2011）及相关法律、法规、标准内容。

2. 调查设计小组以 3～5 人为宜，确定 1 人为组长，每人各有任务侧重点，相互协作。

3. 调研产品类别可选乳类、饮料类、粮谷类、调味料类、方便食品类、糕点类、糖果类或其他预包装食品/特殊食品。各组尽可能选择不同类型的食品或品种。

4. 汇报过程中可展示实物或作品，可提供视频和（或）动画。

六、思考题

1. 预包装食品标签的基本要求有哪些？
2. 简述食品营养标签的含义和内容。
3. 在数字化经济时代，如何设计和应用"数字标签"？

练 习 题

答案解析

一、单选题

1. 下列塑料包装材料中，耐热性较强的是（　　）

    A. 酚醛树脂　　　　B. 聚酯　　　　C. 聚乙烯　　　　D. 聚丙烯

2. 负责组织拟订食品安全国家标准的机构是（　　）

    A. 中国海关总署　　　　　　　　　　B. 国家食品安全风险评估中心

    C. 国家市场监督管理总局　　　　　　D. 国家卫生健康委员会

3. GB 9685《食品安全国家标准 食品接触材料及制品用添加剂》属于（　　）

    A. 通用标准　　　　B. 产品标准　　　　C. 检验方法标准　　　　D. 生产规范标准

4. 下列通常不属于产品标准类食品接触材料食品安全标准涵盖内容的是（　　）

    A. 理化指标　　　　B. 物理机械指标　　　　C. 迁移量指标　　　　D. 感官指标

5. （　　）的含量值不是营养成分表中须强制标示的

    A. 蛋白质　　　　B. 碳水化合物　　　　C. 糖　　　　D. 脂肪

6. 食品行业俗称的"蓝帽子"是（　　）类产品的特征标识

    A. 特殊医学用途配方食品　　　　　　B. 有机食品

    C. 特殊膳食用食品　　　　　　　　　D. 保健食品

7. 下列不属于食品接触材料迁移试验条件选取通常考虑因素的是（　　）

    A. 预期使用温度和时间

    B. 食品接触材料价格

    C. 是否重复使用

D. 食品接触面积与食品模拟物体积比（S/V）

二、简答题

1. 简述纸质包装、金属类包装在安全性上的区别及其各自适用于承装的食品类别。

2. 简述我国食品包装安全管理架构。

3. 简述我国食品包装食品安全国家标准体系。

4. 简述符合 GB 7718 和 GB 28050 的食品标签应当强制标示的内容。

5. 简述阻隔性能对食品包装的意义及决定阻隔性能的主要因素。

书网融合……

本章小结

参考文献

［1］ 孙金才，江津津．食品包装技术［M］．北京：中国医药科技出版社，2019．

［2］ 路飞，陈野．食品包装学［M］．北京：中国轻工业出版社，2019．

［3］ 章建浩．食品包装［M］．北京：科学出版社，2019．

［4］ 章建浩．食品包装技术［M］．北京：中国轻工业出版社，2015．

［5］ 张昊，郑宝东，张钦发，等．食品包装学［M］．2 版．北京：中国农业大学出版社，2021．

［6］ 刘士伟，王林山，许月明．食品包装技术［M］．2 版．北京：化学工业出版社，2021．

［7］ 刘旭彤．基于 g－C_ 3N_4 功能性纤维包装材料的研究［D］．天津科技大学，2022．

［8］ 于世伟．新型食品塑料包装材料的应用分析［J］．粮食与油脂，2023，36（02）：163－164．

［9］ 朱蕾，张俭波．GB 9685—2016《食品安全国家标准 食品接触材料及制品用添加剂使用标准》实施指南［M］．北京：中国标准出版社，2017．

［10］ 潘红，孙亮．食品安全标准应用手册［M］．杭州：浙江工商大学出版社，2018．

全国高等职业院校食品类专业第二轮规划教材

全国高等职业院校食品类专业"十四五"规划教材

医药大学堂
刮开涂层
获取图书激活码
www.yiyaodxt.com

上架建议 高职高专教材

ISBN 978-7-5214-4584-8

获取图书免费增值服务的步骤说明：
1. 登陆医药大学堂网站 <http://www.yiyaodxt.com> 或下载医药大学堂APP。
2. 注册用户，登录后输入激活码激活，免费阅读数字教材、配套数字资源。
3. 使用微信或客户端"扫一扫"功能，扫描书中二维码即可快速阅读数字资源。
激活码有效期为自激活之日起一年。

"医药大学堂"公众号   责任编辑：呼延天如   封面设计：王英磊

9 787521 445848 >

定价：45.00 元